"十三五"国家重点出版物出版规划项目 现代土木工程精品系列图书

黑龙江省优秀学术著作 / "双一流"建设精品出版工程

U0185339

智能临时结构原理与实践

SMART TEMPORARY STRUCTURE
PRINCIPLES AND PRACTICE

何 林 侯钢领 刘 聪 袁 健 编著

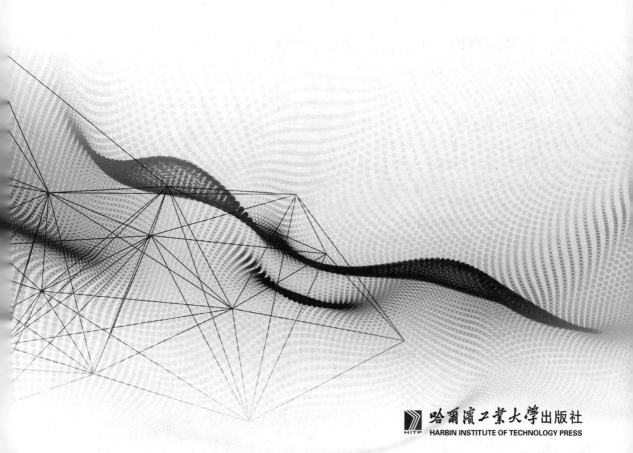

哈爾濱工業大學出版社
HARBIN INSTITUTE OF TECHNOLOGY PRESS

内 容 简 介

　　智能临时结构对国民经济和国防建设具有十分重要的作用,本书较全面、系统地研究了临时结构在文化体育领域中的应用,并对演出平台(舞台、看台)、智能临时滑雪平台等临时结构的基本概念、智能管控、设计方法、参考标准等内容进行了详细阐述,给出了临时结构典型工程的应用实例,诠释了传统钢筋混凝土、钢结构、地基与基础等永久结构及部件在临时结构理论与应用上的延伸。全书共分 5 章,主要内容包括:概论、智能临时结构的设计、临时结构的基础设计、临时结构的智能管控设计及智能临时结构的舒适度设计。

　　本书可供演艺工程、体育装备、土木工程和计算机学科领域等交叉学科相关技术人员阅读,也可作为对临时结构有兴趣的本科生、研究生、科研人员和工程技术人员的进修读物和参考书。

图书在版编目(CIP)数据

智能临时结构原理与实践/何林等编著. —哈尔滨:
哈尔滨工业大学出版社,2022.1
ISBN 978 - 7 - 5603 - 6473 - 5

Ⅰ.①智… Ⅱ.①何… Ⅲ.①建筑结构-研究
Ⅳ.①TU31

中国版本图书馆 CIP 数据核字(2017)第 030859 号

策划编辑	王桂芝　王　慧	
责任编辑	张　瑞　杨明蕾　谢晓彤	
出版发行	哈尔滨工业大学出版社	
社　　址	哈尔滨市南岗区复华四道街 10 号　邮编 150006	
传　　真	0451-86414749	
网　　址	http://hitpress. hit. edu. cn	
印　　刷	黑龙江艺德印刷有限责任公司	
开　　本	787 mm×1 092 mm　1/16　印张 14.5　字数 362 千字	
版　　次	2022 年 1 月第 1 版　2022 年 1 月第 1 次印刷	
书　　号	ISBN 978 - 7 - 5603 - 6473 - 5	
定　　价	58.00 元	

前　　言

智能临时结构是一类较全面的节能绿色可持续发展的空间结构。高可靠度、高舒适度、高度智能已成为目前临时结构研发最前沿的研究课题,培养具有创新能力的智能临时结构研发交叉人才,是成功面对未来临时结构国际竞争的重要内容。

多年来国内外一直缺少比较系统、适于临时结构设计的图书,在传统工程领域,人们接触的临时结构大多是脚手架和模板体系,对临时结构进行系统介绍的国外书籍主要是 Sounder Christopher 编著的 *Temporary Structure Design*,该书系统地介绍了传统意义上的临时脚手架和模板支架体系,但对于其他领域快速发展的临时结构,譬如已经普遍使用的临时看台、临时舞台、智能临时减灾救灾房、临时滑雪场等各种大型快速组拼临时体育场馆、临时停车场以及具有多功能用途的临时民居(含国防用高性能临时营房、临时战备医院等)的专门性介绍,仍缺乏相关的书籍。除此之外,临时结构由于其设计的独特性,如何保障其安全,也急需专业理论指导和工程经验的积累。本书作者在"十三五"国家科技支撑研究计划项目的支持下,完成了临时演出平台构件与安全应用的相关工作,并结合近十年对临时结构理论探索和工程经验的积累,在本书中对智能临时结构基本原理尝试进行阐述。

临时结构的功能随着社会需求的变化正在快速地演变,传统建筑模板临时结构也正在快速地向智能化方向发展。本书除了论述临时结构基础共性特点之外,也对杆系临时结构性能图像的智能识别、人群移动荷载的智能管控、临时演出平台人群荷载及舒适度的智能设计等内容进行了分析和阐述。本书讨论了智能临时结构的核心概念,提出了智能临时结构的基本设计方法,同时书中也介绍了智能临时结构的最新发展态势、研究成果和工程应用实例。通过上述内容的安排,希望读者对智能临时结构的内容定义、形式组成、核心功能及设计方法有一个较为全面的认识和理解。

本书撰写过程中,袁健博士和刘聪博士做了大量认真细致的工作,并承担了部分章节的撰写,研究生张珂、王振亮、邹晓旭、肖可军、杨宇也在书稿的形成过程中做了很多工作。他们在建筑模板智能设计、人群荷载与结构舒适度、临时结构节点设计方面进行了模型研究、数据统计、成果整理和校对验证工作,科研团队的其他成员也做了许多有益的工作,他们的努力奉献共同成为本书的重要支撑。另外,侯纲领教授与本书作者逐章逐节地讨论,并具体整理了书稿中的部分内容;哈尔滨大智临科技开发有限责任公司、北京安德固脚手架工程有限公司在工程应用、实验研究、安全管控、节点测试等方面提供了大量的帮助,在此一并表示感谢。

由于智能临时结构还是一个比较新的研究领域,理论与技术发展日新月异,作者的研究和工程经验仍然非常有限,同时囿于作者水平,书中疏漏和不当之处在所难免,敬请同行专家和广大读者不吝赐教。

何　林

2021 年 8 月

于哈工大土木菁华园

目　　录

第1章 概　　论

1.1　临时结构的基本概念

临时结构作为特定的一大类结构,而非具体指一种结构类型,在定义临时结构的基本概念时,出现多种多样的定义,据国内外现有可查询的资料统计,有十几种定义,虽表述各尽不同,但又有相同之处(表1.1)。本书在概念上结合各定义相近之处,将临时结构定义为:利用可拆卸杆件或装配式构件,抑或可折叠构件,通过快速安装及搭建技术,形成居住、娱乐及储物等特定功能的一类结构,该结构可无基础,地基亦可不做处理,随事件完成可快速拆卸,并可重复使用。它基本包括施工临时结构(脚手架、模板支架及施工用活动房屋)、临时看台、临时舞台、临时居住房屋、临时公共休闲或娱乐场所、篷房、临时仓储等临时性结构。所谓临时性结构,是相对于传统意义上的永久结构而言,在结构使用时间和构件连接及场地要求等方面存在明显的不同之处,更重要的是体现临时结构对满足事件功能的需求。

表1.1　临时结构的定义

序号	临时结构的定义
1	"为辅助建造永久结构而搭建的结构。"——McGraw - Hill's Encyclopedia of Science and Technology
2	"快速建造,造价比传统结构低。"——Versatility Temporary Structure(a web)
3	"结构应该可以重复安装,只需较低的施工水平,临时并不意味着使用时间短,不需要在地面上进行湿作业,不限制结构形式,能够预测将来也能使用。"——Predicting Future Use
4	"任何一个构件都可以移动和重复使用,并且计划使用周期不超过90个施工日,结构应该满足在当地使用的标准要求。"——Scottsdale, Ariz
5	"结构无须基础,可以随着设计时间周期移动、拆卸并重复使用。"——Santa Monica, Calif
6	"结构可以在申请使用的场地内不需要基础,并且能够随着事件的完成进行移动或重复使用。"——Lake Elsinore, Calif
7	"结构不固定在永久基础上。"——Wood River,III
8	"结构建造完应使用一定的时间,不应超过一个季节,一般不需要基础,不需要水源和排水系统,结构具有多种形式,并具有临时性开放功能,如果依附于永久结构建造,则需要满足南方建筑标准规范。"——Dewey Beach, Del
9	"结构建造不超过一年,可以包括看台、舞台、展台、移动的小房子或者其他类似的结构,结构的建造一般需要专门的申请。"——Chelsea,Mass

续表 1.1

序号	临时结构的定义
10	"装配式材料形成的建筑,能够容纳人,可满足生产、加工及制造。"——Village of Akron, NY
11	"广泛地应用于各种功能活动场所,一般持续时间不超过 28 天,具有 3 个明显的结构单元:基础、上部结构和稳定性支撑系统。"——IStructE
12	"设计使用年限不超过 5 年的结构。"—— 建筑可靠度设计统一标准

其实临时结构在我们的生活中并不陌生,人类早期能够使用的建筑材料中的木材和竹材,经常被用来搭建简易的木屋和竹屋。据史料《马可波罗行纪》记载,我国元朝 1256 年忽必烈在上都城(今内蒙古正蓝旗五一牧场境内)居住的竹宫,"此草原中尚有别一宫殿,纯以竹茎结之,内涂以金,装饰颇为工巧。宫顶之茎,上涂以漆,涂之甚密,雨水不能腐之。茎粗三掌,长十或十五掌,逐节断之。此宫盖用此种竹茎结成。竹之为用不仅此也,尚可作屋顶及其他不少功用。此宫建筑之善,结成或拆卸为时甚短,可以完全折成散片运之他所,唯汗所命。结成时则用丝绳二百余紧之"。该竹屋为典型的临时结构。查阅国外资料发现一张 15 世纪手绘画图片(图 1.1),展示了以木质杆件作为支撑构件的临时看台和舞台。而今,随着建筑功能的多样化,科技的进步促进了建筑施工技术的发展和应用,推动了材料应用的日新月异,使得临时结构被广泛应用于公共活动中,甚至私人订制的临时结构也在蔚然兴起,由此出现了各式各样的临时结构。

图 1.1 古代临时演出平台

在实际生活中,我们会经常遇到各种各样的临时结构,最普遍的是城市建设过程中所看到的在建建筑物周围的脚手架。根据临时结构不同的功能需求,可分为以下常见的几类建筑:临时民居(居住或休闲场所)、临时帐篷(救灾或野外生存居所)、临时演出平台(看台和舞台)、临时娱乐设施(滑雪场等)以及常见的建筑施工临时架体(脚手架和模板支架)和艺术性的临时结构等。

1.2 智能临时结构的基本组成

临时结构的基本组成与永久结构类似,由基本的墙、板、梁、柱、基础及柔性篷布等构件组成,其中连接这些构件的节点是临时结构最明显的特征。下面对各个构件进行简要叙述。

1.2.1 墙

墙指平面尺寸较大而厚度较小的竖向构件,临时结构的墙一般应用在临时居住房屋或公共休闲娱乐建筑中。墙体作为临时结构的外围护构件,一般采用玻璃墙和压型钢板墙,如图 1.2 所示。

(a) 玻璃墙   (b) 压型钢板墙

图 1.2 临时结构墙体构件

1.2.2 板

板是应用在临时结构中受弯的构件,在临时结构中一般应用于楼板、看台走道板、舞台板、滑雪场雪道面板及屋面板,主要承受人体荷载及屋面荷载等,按所用材料可分为木板、工程塑料板、钢板等。板的截面形式一般采用实心板或压型钢板,如图 1.3 所示。

(a) 实心板   (b) 压型钢板

图 1.3 临时结构板构件

1.2.3 梁

梁作为临时结构中重要的受弯构件,通常水平放置,有时也斜向设置以满足功能要求,如看台斜梁。梁的截面形式众多,一般采用钢梁截面,如图1.4所示。

(a) 临时看台斜梁   (b) 临时舞台桁架梁

图1.4   临时结构梁构件

1.2.4 柱

柱是临时结构中主要的竖向受力构件,通常处于受压或压弯状态。柱的截面形式多采用圆形,一般采用圆形钢管形成的单柱或组成的格构式柱。在临时看台、临时舞台及临时滑雪场等临时结构中常见杆系结构柱,如图1.5所示。

(a) 临时看台柱   (b) 临时舞台桁架柱

图1.5   临时结构柱构件

1.2.5 基础

基础是位于临时结构最底部的构件,相比传统的钢筋混凝土和钢结构,临时结构对地形及地基条件等要求较低,并且很多临时结构的基础都是一种简单的可调底座或者条形木板。有些临时结构的基础埋入土层很浅,并且可移动。只有大型临时结构(如临时滑雪场)对基础的要求与永久结构相同。本书将在第3章中详细介绍临时结构的基础设计。

1.2.6 柔性篷布

柔性篷房结构一般指帐篷、临时遮阳棚等,如图1.6所示。其中外围护结构采用具有一定张力的柔性篷布。

(a) 临时舞台柔性篷布

(b) 临时帐篷

图1.6 临时篷房结构

1.2.7 临时结构的节点

节点是临时结构不同于传统结构的最重要的连接构件,根据节点种类的不同,分为可拆卸式和可折叠式两种形式。室内普遍使用的可折叠临时看台采用比较典型的可折叠式节点(图1.7(a))。可拆卸式临时结构的节点有梁柱节点的螺栓式(图1.7(b))、薄壁杆件的承插式(图1.7(c))、圆盘式(图1.7(d))、扣件式(图1.7(e))以及大跨空间结构的球节点(图1.7(f))等连接节点,以上节点形成的临时结构被广泛使用。本书将在第2章中展开介绍临时结构的节点。

(a) 可折叠式

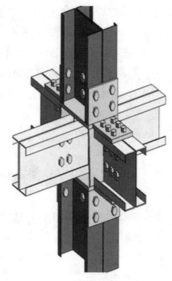

(b) 螺栓式

图1.7 临时演出平台使用节点

(c) 承插式　　　　　　　　　　　　　　(d) 圆盘式

(e) 扣件式　　　　　　　　　　　　　　(f) 球节点

续图 1.7

1.3　智能临时结构的安全定制

传统意义上,临时结构安全定制比永久结构安全定制的要求要低,主要原因是结构的可临时性,所以在临时结构设计方面要求不严格,这是一种不合理的理念。每年因为临时结构造成的人员伤亡事故和经济损失不计其数。传统结构设计一般是以 50 年、100 年为设计周期,结构设计安全系数较高,具有一定的局限性和强制性。而临时结构的安全设计具有很大的灵活性,这是因为临时结构是为满足特定功能和特定事件而建造的一种建筑物或构筑物,它具有特定的安全定制,可以依据功能需求,在满足一定的安全要求下,设定特定的安全系数和使用周期,能够在很大程度上优化结构设计及降低施工成本,提高结构的安装效率。

1.4　智能临时结构的设计方法

临时结构设计采用以概率理论为基础的极限状态设计方法,用分项系数的设计表达式进行计算。临时结构中的承重结构或构件应按照承载能力极限状态和正常使用极限状态进行设计。

（1）承载能力极限状态。

当临时结构或构件达到最大承载力、疲劳破坏或达到不适于继续承载的变形状态时,该结构或构件即达到承载能力极限状态。当结构或构件出现下列状态之一时,即认为超过了承载能力极限状态：

① 结构构件或连接因超过材料强度而破坏，或因过度变形而不适于继续承载。

② 整个结构或其一部分作为刚体失去平衡。

③ 结构转变为机动体系。

④ 结构或结构构件丧失稳定。

⑤ 结构因局部破坏而发生连续倒塌。

⑥ 地基因丧失承载力而破坏。

⑦ 结构或结构构件疲劳破坏。

（2）正常使用极限状态。

当临时结构或构件达到正常使用或耐久性能的某项规定限值的状态时，该结构或构件即达到正常使用极限状态。当结构或结构构件出现下列状态之一时，即认为超过了正常使用极限状态：

① 影响正常使用或外观的变形。

② 影响正常使用或耐久性能的局部损坏。

③ 影响正常使用的振动。

④ 影响正常使用的其他特定状态，如适用性。

临时结构的设计在正常使用极限状态下，更加关注结构的适用性，除了满足承载大量人群结构的人体振动舒适度，还要求结构的构件具有一定的可重复使用性。临时结构节点的特性使结构极易发生振动，并在一定程度上允许结构发生大变形，所以设计临时结构时，在满足结构安全性的前提下应充分考虑结构的振动性。关于临时结构振动舒适度的问题将在本书的第 5 章详细介绍。

1.5 智能临时结构的发展趋势

目前，临时结构的发展已经融入社会进步需求的大环境，临时结构的应用正在逐步走向产业化、智能化。临时装配式结构、临时滑雪平台、临时演出平台以及临时仓储结构等快速发展，已经凸显当前传统永久性结构发展的瓶颈。建筑结构正面临多向选择，无论从经济效应，还是行业管理制度，现代安全临时结构的快速发展体现了传统结构正向临时结构过渡。针对传统结构出现供大于求的现状，以及传统钢结构、混凝土结构无法在特定功能、特定事件等情况下满足便捷、快速和安全的既定要求，发展临时结构已经成为建筑结构中重要和关键性的改革。

临时结构具有安装快捷、服役安全和高度信息自主化的独有特性，使其在军方和社会安全领域有着非常巨大的应用前景和价值。随着临时结构技术的快速发展，它已经成为涉及国家和社会安全、极端环境探索、智慧城市维护、美丽乡村建设等可持续发展所必需的共性核心科学技术，是现代智能空间设计专业交叉和领域跨界的集中体现，是我国中长期和2035 年科技发展规划纲要中的重要研究内容，也是发达国家智能空间综合实力竞争的重要舞台。

进入 21 世纪以来，随着现代科技的发展，传统结构已无法满足公众生活的需要。特别是大型公共户外演出平台或娱乐平台逐渐从过去的"小秀场"向现在的"大秀场"发展，户外各类文化旅游表演、经济会展、政治宣传和科普推广活动正逐年增多,社会亟须能够适应各种规模的临时结构,以保证演出、展示及娱乐活动的顺利进行,并确保临时结构的安全,特别是随着我国旅游市场和城镇老年身体锻炼对临时结构的井喷式市场需求,急切需要发展临时结构,其具有十分重要的社会意义和显著的市场经济价值。

智能临时结构由于安全,连接节点快速检测、可控,具有无可比拟的性价比和突出的环境保护功能,产品具有很强的可持续性特征。社会科学发展也已表明,国家传统建筑行业发展到一定阶段,必然要进行新的改革,以推动社会的进步。

随着公共户外活动的增加,大型安全临时结构即将成为这种活动的基础性平台,户外活动平台结构的关键技术体现在演出舞台和观众看台的可靠性、安全性、舒适性以及施工节点快速检测性 4 个指标上,这也是公众活动顺利进行的根本保证。美国拥有专门研究各种大型临时演出舞台结构技术的公司和科研单位,由于演出主要在露天场合与公园中进行,除了演出平台结构的可靠与安全外,还要保证结构对周围环境的保护,最为明显的就是对公园中的绿色草坪和周围建筑结构的保护以及演出噪声的有效降低,因此临时演出平台结构从最初简单的组合结构,逐渐向现代高大、智能、环保、绿色和可持续性结构发展。随着信息技术的飞速发展,临时结构将成为建筑中不可或缺的重要组成部分,这种结构体系不仅能够大幅降低造价,而且与任何其他永久结构体系相比,对环境的影响最小,可持续性最高,环保性能最优,因此临时结构综合技术含量的高低已经成为现代公共活动品质优劣的指标。

例如,2012 年伦敦奥运会主场馆“伦敦碗”可容纳观众 8 万余人,和我国的“鸟巢”容量几乎相等,但“伦敦碗”拥有 5.5 万个可拆卸轻质钢架搭设的临时看台。临时看台技术的应用不仅能降低体育馆的整体高度,让观众有更好的视野,而且总造价不到 40 亿元人民币,比“鸟巢”80 亿元人民币的造价低很多。奥运会结束后,“伦敦碗”不仅可以举办各类大奖赛活动、大型运动会和其他全国性的体育运动,而且把临时看台撤走后还可以腾出大量的空间,为社会和国家提供各种社区服务。这种大型临时演出平台技术的应用,让英国在奥运会上呈现了现代舞台和看台可持续设计文化科技产品,得到了世界环保组织的一致好评和很好的后期经济效益。

随着临时结构控制技术的发展,目前临时住宅结构可做到 6 层,除了高度的增加外,临时结构的安全性也逐渐得到重视,可容纳先进智能结构和信息技术的临时结构,其智能和信息化程度越来越高,针对临时结构相关安全的关键技术研究也越来越受到国家和相关机构的支持,目前已经进入蓄势待发的阶段。

如前所述,作为最为重要的软实力,临时结构产业将是衡量和影响一个国家经济可持续发展最为核心的力量,也是绿色消费、服务型社会的基本标志。最为明显标志的临时结构是临时演出平台结构。目前,在美国,拥有专业演出平台研发、设计和制作的公司每年投入大量的专项研究基金到大学和科研院所,演出平台技术已从过去的简单组合结构发展到现在的轻质高强大型化、折叠化、材料与过程无损害(对演出场地地基、环境和周围建筑与动物等影响最小和无害作用)以及信息化和智能化,并具有反恐功能。大型临时平台结构除了能够满足演出的各种特技功能需求外,还需要在结构整体上抵抗各种动力荷载,经得起各种严苛的环保审查,做到隔声、隔热和隔光,要求对周围生活和居住环境零污染。随着现代结构与信息技术的应用,现代户外演艺大型临时结构平台已经成为现代演艺事业的重要装备和综合技术实力的象征。

在欧洲,以德国为代表,依赖于其强大的制造业及材料技术,临时大型平台结构技术也迅速发展,并在德国车展中显示了其技术的先进性。德国的各种先进车辆在运输途中由于其可靠的车载平台技术,在轮船运输中无论遇到多大的风浪,都能使参展车辆毫发无损;在展台上,重达几十吨甚至上百吨的越野房车,都能够在临时舞台上进行各种角度的展示和现场驾驶,这些展示技术都体现了德国现代大型临时平台结构研究与应用的雄厚实力。

除了安全技术外,随着结构环保及可持续应用的不断提高,现代临时结构环保、低碳特征逐渐成为现代临时结构的主要品质,开发和利用低碳、可持续、耐久性好的临时结构,设计对公共环境无影响的友好型临时结构,是评价现代大型临时安全公共平台结构质量高低的重要内容。

为了发展临时结构设计与安全监控现代技术,推进现代临时结构发展,展开智能、环保、低碳、反恐与可持续、环境友好型的安全临时结构研究,建立中国临时结构技术标准和规范、培育临时结构关键产业链将具有十分重要的意义和良好的市场经济效益,因而本书对研究临时结构具有重要的指导意义。

第2章 智能临时结构的设计

2.1 临时结构设计的基本要求

作为一种新型结构形式,临时结构应在安全使用的基础上,实现应用的多重性、构件的可重用性、安装的便捷性、监测的简易性和构件的信息化管理。从材料上看,应积极采用钢材、铝合金、工程塑料及其他新型建筑材料。从构件上看,临时结构所使用构件应为可拆卸式或可折叠式构件。临时结构设计中应特别注重构件的模数化、共用性。

1. 应用的多重性

当前临时结构的应用已十分广泛,在施工邻域,脚手架、模板支架等都属于临时结构;在文化体育领域,随着公共户外活动的增加,临时演出平台作为一种临时结构形式,已成为国民进行这种多样性文化活动的基础性和高技术平台。同时,临时性篷房结构在婚庆休闲场所和仓库中也有较为广泛的应用。

从设计角度来看,应努力寻求各类临时结构的共性,实现临时结构构件的通用性。以杆系结构为例,将当前脚手架或模板支架的承重构件应用于临时看台和临时舞台承重体系中,就是结构应用多重性的一种体现。当前,如何将杆系结构应用于房屋结构中成为扩展临时结构应用的重要方面。

2. 构件的可重用性

临时结构若要实现周期性使用,构件的可重用性是关键,也是提高临时结构经济性的重要方面。诸如脚手架和模板支架等结构形式需要频繁搭建与拆卸,如果构件不能重复使用,或是重复利用率较低,将会造成大量的浪费。

要实现临时结构构件的可重用性,一方面,要实现构件的可拆卸,这部分需在构件连接节点处实现;另一方面,要保证杆件在使用过程中不会发生过大变形,例如模板支架杆件在使用过程中,如果发生了弯曲,或是节点处发生了变形,就无法再次安装使用。临时结构构件在受力过程中,应具有足够的刚度和强度,避免构件进入塑性阶段。同时,构件在安装过程中亦不应因工人施工产生构件变形。

3. 安装的便捷性

区别于永久性结构,临时结构应能够短时间搭建和拆卸,即安装便捷。要实现这一目的,可从两个方面入手:一方面,要实现构件的轻质化,避免使用大型吊车等重型设备,比如杆系结构,整体结构是由大量杆件组装而成的,单个杆件质量非常小,采用人工即可实现快速安装,避免了机械的协调;另一方面,要提升构件连接节点的构造来加快节点安装速度,提高安装效率。例如,在杆系结构中,插销式节点就比扣件式节点的安装效率高,且在此方面还有较大的提升空间。

4. 监测的简易性

由于临时结构为临时搭建而成,构件多为多次使用,易存在结构的安全隐患,特别是对于临时看台和临时舞台等结构在服役时,结构上部有大量人群活动,若是结构安全存在问题,会对人身安全产生严重威胁。因此,临时结构服役过程中应采用一定手段来监测结构的工作状态,当结构安全受到威胁时,能够及时给出提醒,为疏散人群做好预警。

对于一部分临时结构,结构的服役周期较短,若是采用传统监测手段,如设置应力、位移传感器,不仅安装较为复杂,成本也较高,且对结构应用环境要求较高。因此,应提高临时结构监测的简易性,实现监测设备快速安装,监测结果快速反馈。要实现此目标,一是要在监测手段上实现突破,比如可积极采用图像处理技术,对多节点、多维度实时监测;二是在设计方面,通过采取一定的设计手段,做好杆件和节点标识,配合图像处理技术,实现监测的简易性与准确性。

5. 构件的信息化管理

以装配式杆系结构为例,结构构件在反复使用过程中,必然会使构件的延性降低,初始缺陷增大。结构设计过程中,在满足安全性要求的基础上,应对构件使用次数、安装位置进行精确识别定位,存储每次使用过程中的信息,实现构件的信息化管理。

实现构件与构件信息的一一对应,从构件设计角度,可在构件表面设置唯一标识的二维码,通过二维码识别,将构件一一标识,然后在每次使用过程中将构件的力学信息以及构件初始缺陷的变化情况,与构件编码一一对应,建立构件使用信息库。

2.2　智能节点设计

临时结构设计的关键在于连接节点的设计,节点性能会对整体结构性能产生巨大影响。进行临时结构智能节点设计时,要考虑以下几点要求:

(1) 便捷性要求。

这是临时结构区别于永久性结构的关键所在,从焊接到螺栓连接,实现了节点的可拆卸,从螺栓式到插销式,大大提高了安装效率,但插销式节点存在易松动的安全隐患。因此,设计临时结构节点的首要问题就是从构造上解决节点安装的便捷性。

(2) 安全性要求。

虽然临时结构节点设计对便捷性要求较高,但也不能损害节点的安全性,在节点构造上,每一处连接都要在强度和刚度上满足要求,既要避免节点在服役过程中先于构件过早地破坏,也要避免节点产生过大变形,使结构产生连锁反应,丧失承载力。因此,在节点设计过程中,首先要进行理论计算,使节点构造满足强度和刚度要求,然后通过仿真软件模拟,进一步优化节点构造,降低节点材料用量,最后应进行节点实验,验证所得到的节点形式真正能够满足要求。

(3) 监测要求。

临时结构节点为应力集中区域,受力十分复杂,临时结构的监测应以节点性能监测为主。为实现节点监测的简易性,应该努力从构造上为监测创造条件。以采用图像处理方法监测为例,若是直接进行图像获取,需要在节点旁粘贴纸质标识(图2.1)以进行裂纹检测和位移监测。

图 2.1　纸质标识

如果能够从节点构造角度出发,采用激光技术直接将标识刻在节点表面,将能大大减少监测过程中的工作量,提高标识的稳定性,也便于监测结果的存储。图 2.2 所示为一插销式节点构造形式,该节点在实现立杆与横杆连接的基础上,在节点表面设置二维码,可通过二维码识别进行节点的精确定位,后期在节点关键位置处设置方格标志即可实现节点位移与应力的双重监测。后期应该进一步提高图像处理水平,改进图像获取方法,进一步提升节点监测效率,实现大批量节点的快速实时监测。

图 2.2　临时结构节点二维码标识

2.2.1　传统临时结构节点

以装配式杆系结构为例,目前常用的节点形式如图 2.3 所示。

传统节点形式以扣件式节点为主,此类节点造价低,技术纯熟,主要应用于脚手架与模板支架中。此节点依靠抗滑力传递荷载,连接简便,钢管间距可根据需要任意调节。但是在应用中,扣件易丢失,节点偏心受力,杆件连接偏心,且受施工质量及长期使用影响,节点承载力变化较大。扣件拧紧扭矩越大,扣件与钢管之间的摩擦力越大,节点的承载力越高,但当拧紧扭矩达到一定程度后,摩擦力增加并不明显,拧紧扭矩过大会使扣件发生损伤。因此,施工质量对结构的承载力影响较大,同时也给结构性能评估带来困难。

后来又出现了碗扣式节点和各类插接式节点。碗扣式节点主要由上碗扣、下碗扣、立杆横杆接头与上碗扣限位销组成,立杆的长度一般为 3 000 mm,碗扣间距为 600 mm,横杆的长度采用 1 200 mm 与 1 500 mm 两种。采用此节点,结构搭建速度较扣件式快,横杆与立杆之间为偏心,且具有一定的抗弯抗剪能力,但该结构杆件尺寸与节点位置较固定,应用易受限。插销式节点(又称 CRAB 节点)由焊接在立杆上的 U 形卡及横杆端部的 C 形卡组成,通过楔形限位销实现杆件的连接,斜杆可以通过锁销连接在 U 形卡侧面的预留孔内。该节点操作简单,工人易上手,施工速度快。但当节点处连接杆件较多时,连接易偏心,且造成节点庞大,受力复杂。限位销楔紧的程度与结构装配误差及节点承载力直接相关,结构性能受施工影响较大。从理论模型分析,杆件连接节点只受拉压荷载,但横杆连接偏心及立杆的不均匀沉降使得节点还承受一定的弯矩。插盘式节点是将带有连接孔的圆盘按一定间距焊接于立杆上的节点,横杆通过限位销与节点相连。此节点与插销式节点类似,同样具有操作简单、施工速度快的优点。由于此节点连接时需用锤子敲击楔形销,长期使用楔形销易发生不可恢复的变形,降低结构施工速度。因此,对于临时节点智能节点设计,还有非常大的空间。

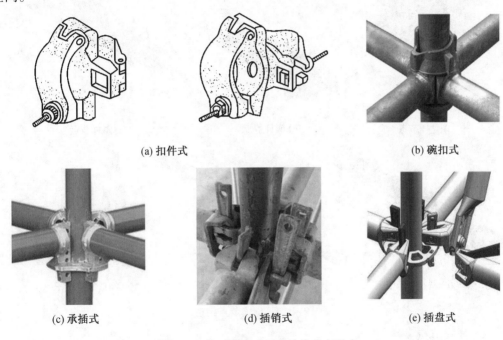

(a) 扣件式   (b) 碗扣式

(c) 承插式   (d) 插销式   (e) 插盘式

图 2.3 临时装配式杆系结构节点形式

2.2.2 新型临时结构节点

本节主要介绍三种新型临时结构节点形式,这三种节点形式各具特色,能够丰富现有节点形式,启发对节点构造的进一步探索。

(1) 双盘式节点。

双盘式节点包含立杆节点、横杆节点、斜杆节点、斜杆中节点、立杆中节点、节点销子共 6 部分,如图 2.4 所示。立杆节点采用八边形双盘式节点,目的是实现横杆连接的半刚性,以及斜杆的多杆轴心连接。

斜杆节点采用 U 形双板设计,锥形管过渡方法。横杆节点采用锥形双板设计,目的是实现轴向连接与半刚性。鉴于现有的立杆与斜杆连接方式,斜杆在装配时必须能够伸缩(首先令其处于缩短状态,先连接一端,然后令其伸长,再连接另一端),为此设计此斜杆中节点,其中连接轴采用唐氏螺纹,斜杆两段分别采用正反螺纹,通过旋转连接轴,实现杆件的伸缩。斜杆与连接轴之间的连接环起固定作用。

节点销子作为杆件的连接件,必须具有一定的抗剪切能力(满足几何要求时,抗剪切能力越大越好)。再者,要实现快速插接,最好是采用单珠弹簧实现卡位。操作方法有两种:一是嵌入弹簧片,优点是弹簧片有成品件,易于加工,缺点是销子需加工为空心(放置弹簧片),这样会大大削弱抗剪切能力;二是采用弹簧实现,优点是可以避免销子的空心所带来的抗剪切能力的削弱。

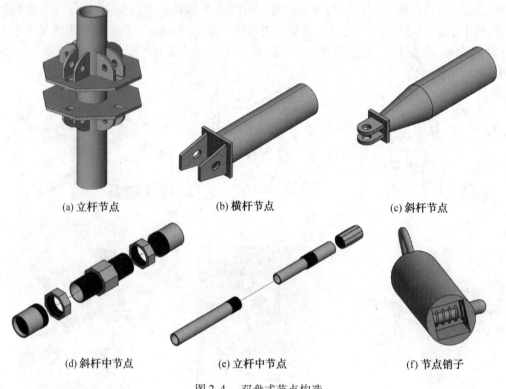

(a) 立杆节点 (b) 横杆节点 (c) 斜杆节点

(d) 斜杆中节点 (e) 立杆中节点 (f) 节点销子

图 2.4 双盘式节点构造

(2) 耳式节点。

虽然双盘式节点解决了杆件偏心和多杆连接的问题,但从整体上来看,节点略显笨重。耳式节点是在双盘式节点的基础上,简化节点构造,其节点构造如图 2.5 所示。

该节点采用了 U 形耳的形式将立杆与横斜杆连接,能够避免斜杆的偏心,斜杆节点通过两个连接片与 U 形耳相连。节点销子由两个连接头组成,安装时将两部分插入节点孔内,然后通过螺纹旋转 3 圈实现连接。连接头从端部到中部采用锥形过渡,解决了杆件节点孔不完全对齐时难以插入的问题。

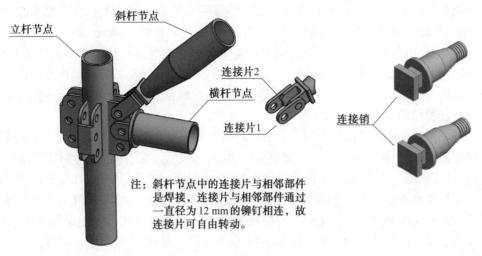

图 2.5　耳式节点构造

（3）新型可折叠临时结构体系。

虽然临时杆系结构能够通过节点构造的创新实现节点连接加强,安装速度有所提升,但难以实现根本上的改变,比如跨度与单层高度的限制。杆系结构正是降低了跨度和层高,才使得单个构件的质量大幅度降低,实现构件连接的人工化和可拆卸。这种情况在作为脚手架和模板支架时是合适的,但随着其应用领域的推广,结构内部空间的应用显得十分必要。因此,如何增加临时结构的跨度与层高,进一步降低材料使用,是当前一个新的课题。

本节给出一种新型临时结构体系,采用"局部可折叠,整体可拆卸"的思想,将部分构件集成为单元,将竖向构件截面增大,提高层高,材料采用高强度铝合金,降低自重。如图 2.6 所示,结构一榀单元将横杆、斜杆与立杆集成,避免了现场组装,一榀单元之间通过特定的连接节点连接。通过立杆的侧向连接将原来的单根杆件变成了"组合柱",增大了立柱截面,提高了立柱的稳定性,也使得增加层高成为可能。

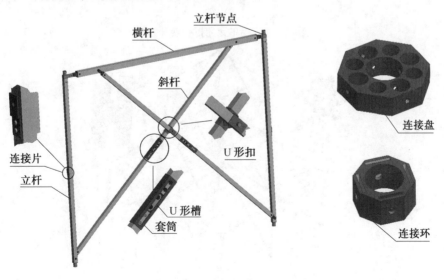

图 2.6　新型临时结构组成

一榀单元中的横杆、立杆和斜杆都是在矩形管两端连接对应连接头,三者之间的连接为销轴连接,彼此之间可转动。在立杆中部设置连接片,用以插接连接环。斜杆在中部断开为相同的两部分,用 U 形槽连接,两部分斜杆能绕 U 形槽一侧发生转动。套筒固定在上斜杆,并能够向下滑动一定距离,主要起防止两部分斜杆发生相对转动的作用。U 形扣由三个 U 形槽连接而成,彼此之间可转动,通过一段 U 形槽上的螺栓和斜杆预留孔进行固定,主要起固定两斜杆的作用。

一榀单元的折叠展开过程如图 2.7 所示。单元初始状态为折叠状态,然后令立杆绕着横立杆连接处转动,相应的斜杆也会随着立杆的运动而展开。当两根立杆都旋转至与横杆平行后,斜杆也将变为直线状态,此时滑动套筒,固定斜杆。最后,将 U 形扣安装在两斜杆交叉处。在结构组装过程中,首先要将连接盘放置于确定位置处,然后将展开的一榀单元下方立杆节点插入连接盘中。一榀单元共有两种类型,一种是立杆连接片朝上设置,一种是立杆连接片朝下设置。在结构中,同一平面内的一榀单元采用相同类型,在安装时首先安装连接片朝上的单元,然后将连接环插入连接片,再安装连接片朝下的单元,同样需要将立杆节点插入连接盘,立杆连接片插入连接环。组成的结构体系示意图如图 2.8 所示。

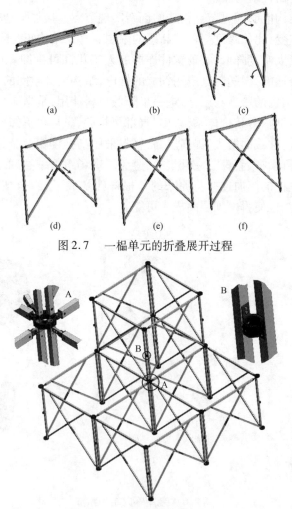

(a)   (b)   (c)

(d)   (e)   (f)

图 2.7　一榀单元的折叠展开过程

图 2.8　组装结构体系示意图

2.2.3 节点力学性能研究

为了研究插销节点横向拉压和正负半刚性节点性能,本节设计了四类足尺节点,每个节点有 3 ~ 4 个试件,进行力学实验。其中,第一组是横杆节点拉伸实验(HBT),共有 3 个试件;第二组是横杆节点压缩实验(HBC),共有 3 个试件;第三组是节点正半刚性实验(PSR),共有 4 个试件;第四组是节点负半刚性实验(NSR),共有 3 个试件;第五组是斜杆节点拉伸实验(BTT),共有 3 个试件;第六组是斜杆节点压缩实验(BCT),共有 3 个试件。在试件加工中,为充分考虑节点性能的影响区域,每个试件都是在距离节点一定距离的管上焊接连接板。

横杆节点拉伸实验在拉力实验机上进行。对于此试件,立杆部分在距离 U 形卡 50 mm 处截断,两横杆部分在距离 C 形卡 50 mm 处截断,在管上焊接一块 60 mm × 60 mm × 10 mm 的正方形钢板,并在钢板上焊接 30 mm × 40 mm × 5 mm 的夹板用于实验机夹具夹持(图 2.9)。待节点拉伸试件夹持在夹具上,将测量系统安置于距离试件 0.8 m 处,然后在试件关键位置粘贴测量标志点,其实验装置如图 2.10 所示。

图 2.9　横杆节点拉伸试件　　　　图 2.10　横杆节点拉伸实验装置

为满足其余节点实验的要求,设计了一种 U 形架加载装置,U 形架由截面为 120 mm × 80 mm × 5 mm 的矩形管加工而成,中部使用高强螺栓固定在反力柱上,顶部通过截面为 50 mm × 40 mm × 4 mm 的矩形管支撑(图 2.11)。U 形架下端部为活动部分,进行横杆节点受压实验,斜杆节点拉压实验时将其拆下,进行横杆节点半刚性实验时再将其安装上。实验中采用 30 t 千斤顶施加作用力,千斤顶通过连接板与地面轨道梁连接。试件上下焊接端板,以便与 U 形架和力传感器相连,横杆节点受压实验装置如图 2.12 所示,测量系统放置于 U 形架侧面 1.0 m 处,横杆节点半刚性试件和斜杆节点拉压试件如图 2.13 所示。

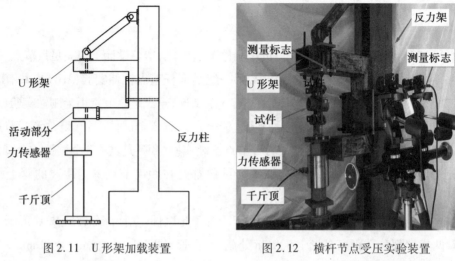

图 2.11　U 形架加载装置　　　　图 2.12　横杆节点受压实验装置

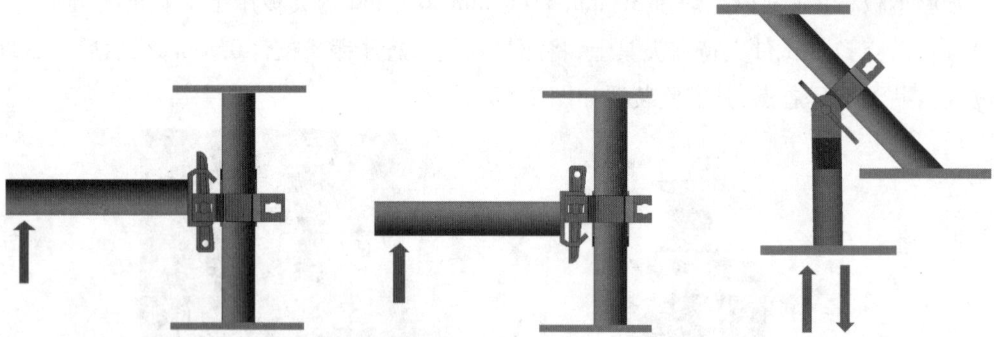

(a) 横杆节点正半刚性试件　　　(b) 横杆节点负半刚性试件　　　(c) 斜杆节点拉压试件

图 2.13　横杆节点半刚性试件和斜杆节点拉压试件

2.2.4　实验结果与分析

（1）节点拉压性能。

对于横杆节点拉伸实验,加载初期阶段无明显现象,随着荷载的增大,插接销发生弯曲,当荷载接近极限荷载后,变形迅速增大,节点破坏为插接销的弯曲(图 2.14)。实验过程中夹片与夹具之间发生轻微滑移,由于采用的是基于图像的位移测量系统,对位移的采集没有影响。横杆节点拉伸实验的荷载 – 位移曲线如图 2.15 所示。节点拉伸的极限承载力为 40 kN 左右,节点破坏前的变形为 1 mm。

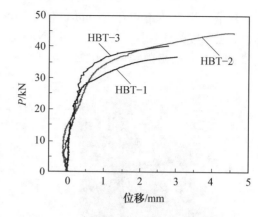

图 2.14　横杆节点拉伸破坏模式　图 2.15　横杆节点拉伸实验的荷载－位移曲线

　　对于横杆节点受压实验,三个试件的破坏模式均表现为立杆节点 U 形耳的受压屈曲,属于延性破坏(图 2.16),横杆节点受压的荷载－位移曲线如图 2.17 所示。当荷载从 0 加至 40 kN,每个试件的荷载－位移曲线都近似为线性,整个过程位移从 0 增至 1 mm,表明横杆节点压缩的初始刚度等同于受拉的刚度。当荷载从 40 kN 增至 60 kN,曲线表现出一定的非线性,直至节点破坏。与横杆节点受拉相比,横杆节点受压的极限承载力提高至 60 kN 左右,节点破坏前的变形能力也有所提高。

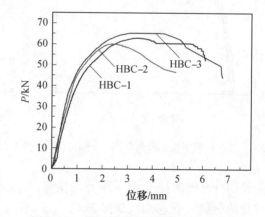

图 2.16　横杆节点受压破坏模式　图 2.17　横杆节点受压荷载－位移曲线

（2）节点正负半刚度性能。

　　横杆与立杆连接节点的旋转刚度因旋转方向的不同而产生差异。定义横杆绕节点向下旋转表现为正半刚性,绕节点向上旋转表现为负半刚性。对于横杆节点的正半刚性,随着荷载的增加,节点破坏的现象不明显,只是绕立杆旋转,节点正半刚性实验破坏模式如图 2.18 所示。对于横杆节点的负半刚性,横杆在荷载作用下旋转,同时插销下端也随横杆节点 C 形卡的转动发生弯曲(图 2.19)。

　　横杆节点正半刚性实验的弯矩－转角曲线如图 2.20 所示。当弯矩从 0 加载至 0.6 kN·m,节点旋转刚度近似为线性,没有出现节点的松弛,旋转角度从 0 增至 0.05 rad。当弯矩超过 0.6 kN·m 后,节点旋转刚度表现出一定的非线性,直至达到极限值(约

0.8 kN·m),节点极限转角约 0.15 rad。对于节点负半刚性实验,弯矩 - 转角曲线如图 2.21 所示,节点刚度的线性段处于 0 ~ 0.4 kN·m 之间,相应转角为 0 ~ 0.025 rad。节点极限弯矩为 0.85 kN·m,极限转角为 0.25 rad。

图 2.18　节点正半刚性实验破坏模式　　图 2.19　节点负半刚性实验破坏模式

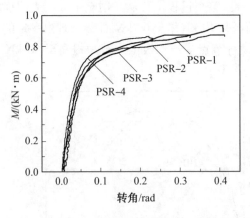 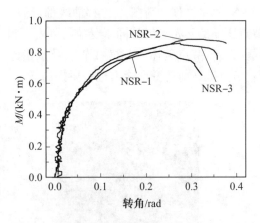

图 2.20　节点正半刚性实验的弯矩 - 转角曲线　　图 2.21　节点负半刚性实验的弯矩 - 转角曲线

　　无论是斜杆节点的受压,还是节点的拉伸,节点破坏模式都表现为销轴的剪切破坏。斜杆节点拉伸的荷载 - 位移曲线如图 2.22 所示,节点的初始松弛依然存在但不明显,加载过程可分为两个阶段,第一阶段为荷载从 0 到 17 kN,位移从 0 增至 5 mm,之后节点受力进入第二阶段,节点刚度有所提高。三个试件的极限承载力基本一致,约为 23 kN,而节点达极限状态时的位移有所不同,最小为 6 mm,最大为 10 mm。斜杆节点受压的荷载 - 位移曲线如图 2.23 所示,随着荷载增加,节点共经历三个阶段。在加载初始阶段,节点出现松弛,在微弱力作用下位移即增至 5 mm。第二个阶段是荷载从 5 kN 到 17 kN,相应位移从 5 mm 增至 9 mm 当节点受力达极限状态时,荷载为 35 kN,位移为 10.5 mm。与斜杆节点受拉相比,节点受压时的极限承载力与达极限状态时的位移都有所提高。

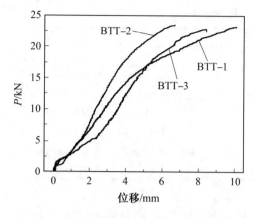
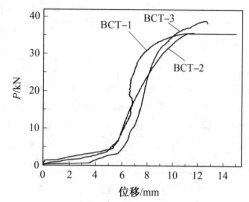

图 2.22　斜杆节点拉伸的荷载－位移曲线　　图 2.23　斜杆节点受压的荷载－位移曲线

横杆节点拉伸极限承载力比节点受压小 22.92 kN，主要是由不同的破坏模式导致的。而对于斜杆节点拉压，虽然破坏模式相似，极限承载力仍相差 14.06 kN。根据各工况得到的荷载－位移（弯矩－转角）曲线，可用多段线进行数据拟合获取节点的计算模型，折线模型如图 2.24 所示。图中 k_1、k_2、k_3 表示不同受力阶段的节点刚度，β_1、β_2、β_3 表示节点不同受力阶段的临界位移（转角）。多段线拟合参数见表 2.1。

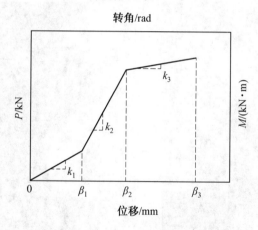

图 2.24　折线模型

节点计算模型能够为临时杆系结构数值模型提供节点参数来进行结构的三维非线性分析。从表 2.1 可知，横杆拉压具有相似的初始刚度。对于横杆节点的正负半刚性，当旋转角度超过 β_1 后，节点半刚性突然大幅度下降，节点丧失半刚性能。根据欧洲规范 Eurocode3 有关节点刚性的分类标准，对于有支撑结构，刚性界限为 $8EI_b/L_b$，铰接界限为 $0.5EI_b/L_b$，其中 EI_b/L_b 为梁的线刚度系数。插销式临时结构横杆直径为 48.48 mm，壁厚为 3.15 mm，长度为 1.5 m，据此可求得插销式临时结构节点刚性界限为 123.43 （kN·m）/rad，铰接界限为 7.71 （kN·m）/rad。根据表 2.1 可知节点的正半刚性为 13.17 （kN·m）/rad，负半刚性为 16.03 （kN·m）/rad，因此为半刚性节点。节点松弛仅发生在斜杆节点拉压中，且节点拉压的性能差异较大。

表 2.1　多段线拟合参数

类别	参数					
	k_1	k_2	k_3	β_1	β_2	β_3
HBT	60.24 kN/mm	3.67 kN/mm	—	0.528 mm	3.463 mm	—
HBC	49.95 kN/mm	11.49 kN/mm	—	0.868 mm	2.85 mm	—
PSR	13.17 (kN·m)/rad	0.914 (kN·m)/rad	—	0.052 rad	0.311 rad	—
NSR	14.965 (kN·m)/rad	1.814 (kN·m)/rad	—	0.036 rad	0.233 rad	—
BCT	0.795 kN/mm	7.565 kN/mm	2.025 kN/mm	5.23 mm	8.90 mm	11.51 mm
BTT	3.569 kN/mm	1.443 kN/mm		5.02 mm	8.37 mm	

（3）耳式节点力学性能。

针对耳式节点的实验分 3 组,每组 3 次,分别包含横杆受拉、斜杆受压、斜杆受拉。

在拉力作用下,横杆与立杆连接节点的破坏模式为销轴的弯曲,属于延性破坏,破坏模式如图 2.25 所示,节点的极限抗拉承载力平均值为 30.6 kN。对于斜杆与立杆连接节点受压实验,节点在压力作用下,销轴弯曲,进而斜杆连接片屈曲,节点失效,节点破坏模式如图 2.26 所示,节点受压极限承载力平均值为 32.9 kN。对于斜杆与立杆节点受拉实验,节点破坏模式与横杆受拉相同,仍是表现为销轴的弯曲,节点受拉极限承载力平均值为 31.8 kN。节点极限承载力见表 2.2。

图 2.25　横杆节点受拉破坏模式

图 2.26　斜杆节点受压破坏模式

表 2.2　节点极限承载力

工况	横杆受拉			斜杆受压			斜杆受拉		
	试件 1	试件 2	试件 3	试件 1	试件 2	试件 3	试件 1	试件 2	试件 3
P/kN	26	34.1	31.8	31.4	34	33.4	30.6	32.3	32.5

无论是竖向力作用还是水平力作用,横杆的受力都较小,而一般插销式节点的半刚性都较微弱,可认为此横杆连接节点强度满足要求。斜杆主要用于抵抗水平荷载与保证结构整体稳定性,在较大水平力作用时,会产生较大应力。对比插销式节点,此斜杆连接节点承载力与其基本一致,但由于此节点消除了斜杆偏心,结构侧向承载力将会大幅度提升。

（4）新型可折叠临时结构体系核心柱力学性能。

当一榀结构单元通过连接盘连接为结构整体后,在同一连接盘上连接的 4 个一榀单元的立杆将组合为一种新型组合柱,此柱由上下连接盘、4 根矩形管和矩形管中部连接环组成。为研究此柱的力学性能,以及连接环对组合柱性能的影响,特进行了组合柱轴心受压实验。

此轴心受压实验包含 7 个试件,每个试件都包含 4 根矩形管和 2 个连接盘。试件 A、B、C、D 和 E 的长度为 2 500 mm,其中试件 A 没有连接环,试件 B 在管中部设置一个连接环,试件 C 在管的三分点处设置两个连接环。试件 B 和试件 C 的连接环用连接片插接后再用螺栓横向连接。为研究螺栓对连接环的约束作用,试件 D 在试件 C 的基础上去掉螺栓连接。试件 A、B、C 和 D 的矩形管截面都是 50 mm × 50 mm × 3 mm。试件 E 是在试件 B 的基础上将矩形管截面改为 60 mm × 60 mm × 4 mm。试件 F、G 分别是将试件 A 和试件 B 的长度改为 1 500 mm。试件 B 的几何尺寸如图 2.27 所示。除连接片和杆件连接头为钢材(Q235)外,所有构件都是铝合金材质(6061 – T6)。

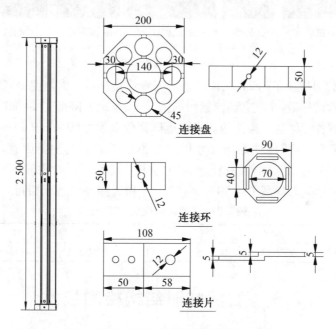

图 2.27　试件 B 的几何尺寸(单位:mm)

组合柱失稳模式如图 2.28 所示。当没有安置连接环时,构件整体表现为一侧的半波弯曲失稳,但每根矩形管的弯曲程度不同,最后导致四根管件几乎位于同一平面。当安置一个中部连接环后,整体仍旧表现为一侧的弯曲,但四根管件的变形更加协调。当安置两个连接环后,构件整体变形不变,但在杆件中部出现了局部屈曲。试件 D 和试件 C 的变形基本相同,只是试件 D 没有使用螺栓,连接片发生了部分翘曲,使得连接环与管件之间出现了一定的间隙。试件 E 的变形与试件 B 一致。当构件长度缩短后,构件整体失稳模式没有变形,各杆件的相对变形减小了。由此可得,连接环的设置改变了构件的破坏模式,增加了各杆件的协同工作能力。

试件轴向极限承载力见表 2.3。当安置 1 个连接环后,承载力增加了 26.86 kN,当安置

| (a) 试件A | (b) 试件B | (c) 试件C | (d) 试件D | (e) 试件E | (f) 试件F | (g) 试件G |

图 2.28　组合柱失稳模式

2 个连接环后,承载力增加了约 24%,因此通过安置连接环可以大幅度提高构件的轴向承载力。对比试件 C 和试件 D,在没有螺栓紧固的情况下,承载力降低了 14.83 kN,说明不加螺栓降低了连接环对各管件的约束作用。当把矩形管截面改为 60 mm × 60 mm × 4 mm 后,构件承载力大幅度提升,表明构件截面尺寸仍旧是影响承载力的主要因素。当构件长度由 2 500 mm 改为 1 500 mm 后,构件的极限承载力也相应增加了。对比试件 F 和试件 G,连接环的安置使得极限承载力提高了约 10%,与试件 A 和试件 B 的情况相同。

表 2.3　试件轴向极限承载力

试件	A	B	C	D	E	F	G
P/kN	195.52	222.38	242.25	227.42	500.02	411.44	452.78

2.3　智能临时结构检测技术

结构检测技术经过多年发展,针对钢结构的平整度、裂纹缺陷、焊缝质量、涂层厚度、硬度、损伤等,已形成多种较为成熟的检测方法,这些方法中,多数都能应用于临时结构检测中,本书对此进行简要介绍。

1. 钢材的硬度和强度检测

钢材的硬度和强度检测普遍采用里氏硬度计法。里氏硬度计是根据弹性冲击原理制成的,用于测定金属材料的硬度。硬度计由冲击装置和显示装置两部分组成。其特点是:硬度值由数字显示,体积小、质量轻,可以手握冲击装置直接对被测材料和工件进行硬度检测,特别适用于不易移动的大型工件和不宜拆卸的大型部件及构件的硬度检测,用来检测建筑结构用钢的硬度值十分方便。由于钢材硬度与抗拉强度之间可以相互换算,因此用里氏硬度计检测钢材硬度和强度非常合适。

2. 焊缝无损检测

所谓焊缝无损检测,就是为了判定焊接结构或焊件在成型后能否满足使用要求,在不进行大面积破坏性实验的情况下对焊缝进行检测的技术。检测方法主要有射线探伤、超声波探伤、磁粉探伤、渗透探伤和全息探伤。

(1)射线探伤。

射线探伤是一种广泛使用的检查焊缝内部缺陷的方法,它是采用 γ 射线或 X 射线照射,使其透过焊接接头部位,照射在照相底片或荧光屏上。然后根据底片上出现的缺陷形状、大小和数量,便能定量评定焊缝质量并进行分类定级,作为产品验收的质量指标。射线探伤中的射线对人体有害,检测成本高,一般较少采用。

(2)超声波探伤。

超声波探伤是利用超声波探测材料内部缺陷,超声波是一种频率大于 20 000 Hz 的机械振动,在同一均匀介质中按恒速直线传播,而从一种介质传播到另一种介质时,它会产生反射和折射。超声波探伤就是利用这一原理,通过超声波仪探头产生和发射高频超声波到待检材料中,再用探头接收这些反射、折射的超声波到超声仪,由超声仪放大显示在超声显示屏上,超声波探伤工作者根据显示的波形来分析和判定缺陷的类型及大小。超声波探伤具有灵敏度高、操作简便、探测速度快、成本低且对人体无损伤等优点,因而得到了广泛应用。

(3)磁粉探伤。

磁粉探伤是利用铁磁性材料在强磁场中因表层缺陷产生漏磁从而吸附磁粉的现象进行的一种无损检验法。按测量漏磁方法的不同,磁粉探伤分为磁粉法、磁感应法和磁记录法,其中磁粉法的应用最广。

(4)渗透探伤。

渗透探伤是利用有色染料和荧光染料具有强渗透性的物理特性以显示缺陷痕迹的一种无损探伤方法,又称为着色探伤或荧光探伤。这种方法不但可以用来检测钢焊缝,还可用于检查不锈钢、耐候钢和有色金属及其合金材料,以及其他非磁性工件的缺陷。厚度小于8 mm 的板材和曲率半径较大的管材的对接焊缝多采用磁粉探伤和渗透探伤,而角焊缝基本采用磁粉探伤和渗透探伤。

(5)全息探伤。

全息探伤是利用激光、X 光和声学全息照相来探测和显示缺陷三维立体情况的一种探伤检测方法。全息探伤技术能够准确地检测到焊件表面和内部缺陷的位置及大小,并能获得缺陷的全方位情况,从而方便探伤人员正确地判断和评定焊缝的质量。全息探伤技术虽然是发展方向,但目前工程实践中几乎没有应用。

3. 钢结构损伤检测

钢结构损伤检测主要包含裂缝检测和变形检测。

裂缝的检测包括裂缝出现的部位分布、裂缝的走向、裂缝的长度、宽度和深度。裂缝宽度的检测工具主要为10 ~ 20 倍放大镜、裂缝对比卡及塞尺等工具;裂缝长度可用钢尺测量;裂缝深度可用极薄的钢片插入裂缝粗略地测量,也可沿裂缝方向取芯或用超声仪检测。判断裂缝是否发展可用粘贴石膏法,将厚 10 mm 左右、宽 50 ~ 80 mm 的石膏饼牢固地粘贴在裂缝处,观察石膏是否裂开。

测量结构或构件变形的常用仪器和工具有水准仪、经纬仪、锤球、钢卷尺、棉线、激光测位移计、红外线测距仪、全站仪等。结构变形有许多类型,如梁／屋架的挠度、屋架倾斜、柱子侧移,需要根据不同测试对象采用不同的方法和仪器。测量小跨度的梁、屋架挠度时,可用拉铁丝的简单方法,也可选取基准点用水准仪测量。屋架的倾斜变位测量,一般在屋架中部拉杆处从上弦固定吊锤到下弦处,测量其倾斜值并记录倾斜方向。

4. 智能临时结构检测

对于智能临时结构的检测,以临时装配式杆系结构为例,主要包含裂纹检测和杆件初弯曲的检测。对于杆件初弯曲的检测,可在杆件中部和端部分别设置激光标志,然后采用图像处理技术进行识别,通过坐标计算得到杆件初弯曲程度,如果条件允许,也可采用全站仪进行标志点的坐标定位,得到各点的三维坐标,而后进一步得到初弯曲值。构件裂纹检测宜采用图像处理方法进行,具体图像处理方法可参见本书第 4 章的介绍。在图像获取阶段,为提高图像获取的自动化程度和提取效率,可将双目摄像机搭载至无人机上,实现构件图像的自动化获取。依据当前无人机的发展,可采用四旋翼无人机。相比其他类型无人机,四旋翼无人机体积更小,能够在大型临时看台构件之间穿行,它的垂直起降和自由悬停功能能够保证图像获取的稳定性,而且速度可自由控制。当前此类型的无人机技术已经相当成熟,能够作为载体运用于其他领域。相机部分应增加远程传输与控制模块,该模块是在原数据传输的基础上,增加了相机的控制功能,使得相机在对准杆件或节点时,能够手动控制图像采集的时间点,与无人机飞行控制相结合,通过不断调整无人机方位来获取高辨识度的图像,避免了出现大量无效图像,可提高图像采集效率。另外,还需在设备上加载光源点,由于图像处理是基于灰度值的,光照条件会大大影响图像处理的效果,加之临时看台结构搭建完毕后,结构内部光照环境十分复杂,故而此处在无人机设备的基础上增加泛光光源点,目的是为待采集图像区域提供均匀光照。

2.4　智能临时结构设计实例

2.4.1　大型临时滑雪平台设计实例

下面以某大型临时滑雪平台(图 2.25)为例,举例说明智能临时结构的结构设计。

该临时滑雪平台分为滑雪区和缓冲区两部分,其主体用临时装配式杆系结构搭建,滑雪场由两座滑雪架体组成,一个架体高 35 m,长 267 m,另外一个架体高 20 m,长 179 m,两个滑雪场的宽度都是 50 m。架体基础采用专门为临时结构设计的快速型钢基础,钢桩顶部采用十字交叉钢梁焊接,立杆底部与交叉梁进行焊接,以防地基不均匀变形时立杆和基础的脱离,地基采用分层夯实法,形成一个人工加固地基,压实系数为 0.94,局部加强。结构构件采用 $\phi48 \times 3.6(\pm 0.3)$ mm 的直流焊缝钢管,采用标准的扣件节点连接,其中对接扣件采用了新型的节点进行局部处理。通过顶部调节装置保证立杆处于轴压状态。顶部可调节点采用螺纹与承插两种状态,在螺纹部分直径不小于36 mm,梯形螺纹,顶部节点承插部分立杆长度为160 mm,螺杆旋合长度不小于5扣,螺母厚度不小于30 mm。顶部调节节点承载力设计值不低于 40 kN,调节节点外伸梁厚度不小于 5 mm。

滑雪场挡风系数根据实际风压测取风载计算方法进行,具体数值结合临时结构实测和

图 2.25　大型临时滑雪平台

经验模型选取合适的。

　　为实现结构服役时关键节点位移实时监测,将基于图像处理的位移测量系统应用于大型临时滑雪平台关键节点的位移监测中,如图 2.26 所示,一组监控摄像头布置在立杆顶部应力最大处,另一组布置在临时滑雪平台中部位置处,对临时滑雪平台 8 个关键节点位移进行实时测量。

(a) 关键节点一　　　　　　　　　　　　(b) 关键节点二

图 2.26　关键节点位置

　　位移监测系统现场测试如图 2.27 所示,监控摄像头通过管箍牢固地固定在临时滑雪平台立杆上,距关键节点 2 ~ 3 m,两者之间的基线距离为 500 mm。监控摄像头首先通过网线与交换机相连,然后连接到计算机,实现图像数据的高速采集。由于现场光照强度变化明显,并且节点表面灰度与立杆灰度趋于一致,此处采用棋盘格标志。数据采集箱位于传感器下方的地面上,通过数据线与旁边的计算机相连。

　　大型临时滑雪平台节点位移监测系统界面如图 2.28 所示,共分为主界面、预览、实时图像、回放、管理、设置及退出 7 部分。主界面左侧为节点位移实时显示界面,下方为报警区域,当节点位移超过报警线时,指示灯闪烁,发出警报。

(a) 视觉传感器

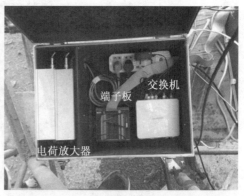

(b) 数据采集箱

(c) 加速度传感器

(d) 数据处理平台

图 2.27　位移监测系统在临时滑雪平台现场测试图

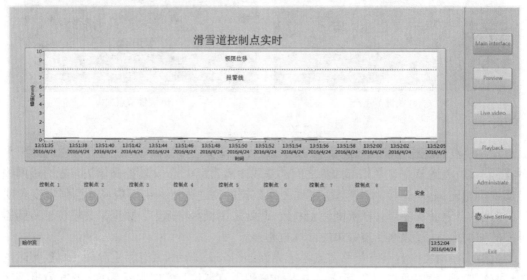

图 2.28　位移监测系统界面

2.4.2　智能临时舞台设计实例

本书另外一个智能临时结构设计实例为智能临时舞台,下面对智能临时舞台的结构设计进行详细介绍。

1. 研究背景

国外现代临时演艺舞台结构经过近 30 年的发展,目前已经在常规技术和标准规范上拥有较为全面的技术体系。美国随着各种教育机构、宗教团体、社区及影视业的高度发展,大型安全临时结构为每年大量的演出活动、募捐活动和体育赛事提供了基础性平台;德国凭借强大制造业及材料技术,在临时结构领域发展迅速并显示了雄厚的实力;每年举行大量体育活动、音乐会的英国在临时结构上也呈现了高速发展的趋势。下面分别从机构与技术、文献与标准、知识产权三方面详细阐述国外研究现状。

国外研究机构中,除了主要针对整个土木行业和建筑结构领域的科研机构,例如美国土木工程师协会、健康与安全执行局及印第安纳州国土安全部、防火和建筑安全委员会等,对临时结构的定义、设计、荷载、安全及各种量化指标做出了详细的规定和要求之外,还设有专门研究各种大型临时演出舞台结构技术的公司和科研单位,例如英国结构工程师学会和英国结构安全性常设委员会出版并规定了舞台设计、设备的安全使用要求以及临时舞台屋顶设计和其他注意事项。

在技术方面,以美国为代表的西方演出平台的综合技术凸显了先进的大型临时演出舞台结构应用技术的研发水平和实力,演出平台技术已从过去简单笨重的组合结构发展到现在的轻质、高强、大型化、折叠化、材料与过程无损化(对演出场地地基、环境和周围建筑与动物等影响最小和无害作用)以及信息化和智能化,并具有反恐功能。大型临时舞台结构除了能够满足演出等各种基本功能需求外,还需要结构整体经得起各种动力荷载的严苛考验,并做到隔声、隔热、隔光及对周围生活和居住环境的零污染,其中德国依赖于其强大的制造业和材料技术,使得临时大型平台结构技术迅速发展,可承受上百吨的车展展台和车载平台技术都显示了其雄厚的技术实力。

美国给出了搭建类似音乐会及相关活动的临时舞台指导原则,主要涉及舞台的一般设计要求、荷载的计算(如舞台台面的承载力、对悬挂设备的荷载要求、抵抗侧向风荷载的能力、连接点的要求),也系统介绍了舞台的基本类型和舞台上部结构(即顶部结构的类型和分类)。

英国结构安全性常设委员会在 2008 年出版了相关舞台的标准,主要介绍临时舞台显示设备(如大型电视／视频屏幕)在供应、采购、设计和使用方面有关结构安全考虑事项,另外还对大型屏幕的组装、连接、荷载、支撑结构等要求进行了阐述。2010 年又出版了修改标准,主要介绍临时结构屋顶的设计要求和注意事项。由于风荷载是室外舞台的控制荷载,也是室内与室外舞台在设计时最主要的区别,因此该标准特别强调指出了在风荷载设计时必须考虑的因素和需明确的参数。

Jamshid Mohammadi 等针对可拆卸重复使用的临时结构后续再次使用时结构的承载力会有所折减提出了"更新"方法。该方法以临时结构在前一个使用周期中性能表现为依据,特别就风荷载对结构的影响折减,如临时结构在上一个服役周期没出现重大风速(设计风速)或出现了重大风速且未破坏两种情况,分别给出结构现阶段失效概率计算公式,对比可接受的失效概率,确定能否再次使用。

William B. Gorlin 指出对于未明确给出设计荷载的临时结构,如音乐会舞台、临时屏幕、屋顶结构、灯光音响等可参考《结构施工荷载》(SEI／ASCE 37—02)建造的施工较短的永久结构的设计荷载。

美国 ICA 对临时舞台的定义、安装、用电安全和维护进行了一般性描述。Scott G. Nacheman 等重新审视印第安纳州博览会格构式桁架舞台倒塌事故并分析了事故原因,该文献同时从政府文件、结构构件、悬挂设备、场地、风载分析和材料测试等方面详细检查事故发生的原因,在确定造成结构倒塌因素基础之上,文献最后还给出了一些舞台搭建建议。

季天建等指出,现代结构大都比以前同类结构更加轻盈,而且跨度更大,人体荷载的作用变得日益显著,这在临时舞台中显得尤为重要。文献指出 1996 年 9 月颁布的英国荷载规范增加规定了针对凡是可能承受同步舞蹈荷载结构的设计内容:抵抗预期的动荷载(人群荷载)和避免显著的共振响应。关于避免共振的设计方法,一般应同时考虑结构自振频率和激励外荷载频率的相互关系。对于结构自振频率,通过实测数据分析得知,结构上其他静止人体提供了一个额外的附加阻尼,应将静止人体当作一个"质量 – 弹簧 – 阻尼"系统,而不能仅仅考虑为一惯性质量,对于荷载频率,文献指出在使用和设计临时舞台结构时,运动频率可以根据音乐节拍的频率确定,并对创作于 20 世纪 60 年代至 90 年代的 210 首音乐作品(包含舞曲、电影音乐、流行音乐和摇滚四大类)的节拍频率进行了测定,其中 98% 的歌曲频率位于 1 ~ 3 Hz 之间。

某个领域知识产权的多少可以从侧面反映一个领域所处的发展阶段和发展进度。经过国际专利联机检索系统和美国专利及商标数据库检索到的国外有关临时舞台的专利信息中,涉及临时舞台的仅有两项,一项阐述了一种能够调节高度的可拆卸舞台,另一项阐述了一种舞台与看台结构功能互换所需要的技术,均与临时舞台关键技术相关性较弱。

国内的公共户外演出近几年开始较快发展,特别是把文化产业作为我国重要的消费性支柱产业以后,大型临时演出平台(舞台)才逐渐成为高技术行业,因此我国现阶段临时演出平台主要呈现两个显著的特点。首先,目前我国临时舞台现有技术主要从其他领域借鉴而来,如舞台下部结构从建筑领域内的脚手架和模板技术转变而来,针对技术相对成熟的传统脚手架,国内相关资料和文献较多。其次,临时舞台搭建作为新兴行业,相关研究和行业标准及规范较少。对于室内永久剧场,早在 1996 年国家文化部起草的行业标准就对相关产品的技术要求、实验方法、检验规则、标志和包装等做了明确细致的规定,2000 年由建工部和文化部联合发布的剧场建筑设计规范比较翔实地说明了剧场设计的规范和要求,2007 年所提出的舞台机械验收规范也为舞台设计提供了相关依据和规范。如果直接将这些室内永久剧场规范应用在临时舞台上,势必会有标准相对偏高、不经济和不便于使用等问题,与临时结构的本质含义相去甚远。

随着文化市场的迅速发展,户外临时舞台搭建的爆炸式增长与我国现状形成的矛盾越加尖锐,因此国家和地方政府以及科研机构也都开始对临时舞台进行相关研究和颁布相关规范。例如,2011 年经文化部批准颁布的舞台看台技术标准,主要针对临时搭建演出场所所做出规定,包括舞台工艺、舞台机械、舞台灯光、舞台音响的特殊性安全技术要求;2005 年上海市建设工程安全质量监督总站针对临时性建(构)筑物量大面广、错综复杂这一现状,通过调研和实践,编写了对应技术规程,提出了临时建(构)筑物设计、搭设和拆除等一系列操作性较强的数据性指标和规定;中国艺术科技研究所、北京工业大学和国家大剧院出于对演出事故频发的考虑,借鉴、翻译和收集整理了国外相关安全管理资料,并给出了相关研究报告,从而为建立剧场等演出活动场所的安全和技术规定以及实施执行提供了依据,该报告被列为 2010 年度文化部科技创新项目。在临时结构尤其针对临时舞台方面,我国正处于一个因技术落后、行业规范缺失造成协防机制跟不上演出飞速发展的时期,呈现出只能单纯借鉴永久结构而使临时舞台结构形式单一的时期。从国外相关文献和规范看到,国外对临时结构的研究和设计要求更早、更加系统规范,已经形成了一套相对完善的理论体系,国外临时舞台结构的形式和选型也更加丰富多彩,如张拉结构和舞台模块化的使用使临时舞台实现了大跨度和快速搭卸,但仍存在规范对临时结构的覆盖面不广,需借鉴永久结构相应理论作为临时结构设计依据的情况。

在国家文化和文化科技及其关键技术推陈出新的背景下,现代文化科技发展竞争愈加激烈。然而,一方面是经济飞速发展和精神文化生活日益丰富推动户外临时搭建演艺活动日益增多;另一方面,频繁的演出事故所带来的公共安全问题一直是社会关注的焦点。根据新闻报道,近些年在国内发生的部分舞台事故统计列于表 2.1,其原因是临时搭建演出平台规模越来越大、设备越来越先进、复杂程度越来越高和这一新兴行业的规范标准、技术安全要求严重不平衡,因此各种演出事故如舞台坍塌倾覆、舞台演出设备的掉落和倒塌、火灾、演职人员跌落和自然荷载(如风荷载)对演出过程的灾难性影响就在所难免。在国外,近些年也发生一些类似的事件,例如:2009 年麦当娜西班牙演出由于舞台坍塌取消了演出;2011 年在印第安纳州举行的音乐会因遭遇大风引起舞台坍塌;2011 年加拿大首都渥太华举办的蓝调音乐节由于一阵强风导致舞台坍塌;2012 年 6 月 Radiohead 原定于在加拿大多伦多晚上举行的演唱会因舞台发生坍塌而宣布取消;经过近 10 年的发展,临时结构技术仍然面临许多挑战,2021 年印度发生了较严重的舞台倒塌事故。从事故统计可以看出,演出场所和活动事故频发,临时搭建舞台营业性演出安全许可标准亟待研究。

表 2.4　国内部分户外临时舞台事故统计

时间	发生地点	舞台类型/用途	事故原因	事故危害
2003 年	济南	公共演出	舞台坍塌	至少 2 人受伤
2004 年	台北	个人演唱会	火灾	演出延期
2005 年	北京	个人演唱会	操作失误	1 人坠落身亡
2006 年	深圳	个人演唱会	操作失误	1 人摔落身亡
2006 年	北京	音乐剧演出	操作失误	演员坠台造成韧带断裂
2008 年	北京	奥运会开幕式	操作失误	演员高空坠下受伤
2009 年	武汉	个人演唱会	操作失误	嘉宾跌落升降空洞
2009 年	北京	个人演唱会	操作失误	演员掉入升降空隙
2009 年	湖南	汇报演出	火灾	经济损失
2009 年	广州	音乐会	舞台坍塌	多人受伤
2010 年	浙江	跨年晚会	火灾	经济损失
2010 年	山西	媒体发布会	舞台坍塌	多名记者受伤
2011 年	陕西	公共演出	舞台坍塌	6 名工人受伤
2011 年	台湾	跨年晚会	舞台坍塌	1 死 1 重伤
2012 年	北京	国际文化节	舞台坍塌	1 名留学生受伤
2012 年	扬州	公共演出	舞台坍塌	多名工作人员受伤
2013 年	南京	婚庆演出	舞台坍塌	多人受伤
2013 年	南京	庆典演出	舞台坍塌	1 人死亡,多人受伤
2014 年	通州	草莓音乐节	舞台倒塌	多人受伤
2014 年	绍兴	中国好声音	舞台坍塌	多人受伤

续表2.4

时间	发生地点	舞台类型／用途	事故原因	事故危害
2014 年	杭州	中国好声音杭州站	舞台倒塌	1 死 1 伤
2015 年	北京	北航师生联欢	舞台坍塌	20 余人受伤
2015 年	南宁	蔡依林 PLAY 世界巡回演唱会	舞台坍塌	1 死 13 伤
2016 年	上海	中国大学生 3×3 篮球总决赛	舞台倒塌	经济损失
2017 年	香港	红磡体育馆演唱会	舞台倒塌	多人受伤
2018 年	许都	许都公园音乐秀	舞台倒塌	1 死 5 伤
2019 年	漳州	儿童舞蹈海选	舞台坍塌	1 死,14 人受伤
2020 年	泰国	音乐舞蹈会	舞台坍塌	多人受伤
2021 年	印度	47 届全国青年卡巴迪锦标赛开幕式	舞台倒塌	2 人死亡

临时舞台主要承力结构由下部和上部结构组成,下部结构主要承担演员运动荷载和台面设备荷载,上部结构主要承担屋顶设备荷载(光学设备、声学设备和显示设备)、环境荷载(风、雪等荷载)等。

舞台下部台面支撑结构大多采用装配式杆系结构,该结构具有组装拆卸方便、便于施工等优点,经过合理的结构设计,能够承受较大外部荷载以满足工程需要。我国现阶段大多数户外临时舞台上部结构采用空间格构式钢管桁架结构,该结构通过将钢管预制焊接为格构式模块单元,在使用时,模块单元通过螺栓或插销连接,拼接成所需长度。空间格构式桁架结构由于自身的截面性能良好、模块化的快速组装施工和经济效益明显等优点,广泛用于国内外临时舞台演出、商业展览、电视电影产业和企业社交等活动中,但该结构往往不经过严格的结构设计和计算,只是单纯凭搭建人员的经验进行组装、搭建和使用,加之临时结构领域缺乏相应安全规范和标准,在使用过程中就势必会发生这样或那样的问题,这就要求必须对临时舞台结构进行系统的设计和安全计算,以应对在演出过程中可能出现的各种偶然和环境荷载(风、雪等荷载)的作用。

随着现代全媒体文化信息技术和传统演艺行业的飞速融合发展,现代临时舞台规模越来越大型化、材料越来越轻型化、结构越来越环保绿色和可持续化。在这种现代新型临时舞台的要求下,传统钢桁架结构的缺点非常突出:只适用于跨度和规模相对较小的临时舞台;结构用钢量大、结构笨重;运输不便、组装拆卸烦琐。基于上述工程特点,本书借鉴国内外在临时舞台新形式上的探索和工程实例,为使临时舞台实现跨度更大、结构更轻便、快速搭卸和绿色环保等要求,对临时舞台引入张拉索结构。张拉索结构是一种张力结构,需通过给索施加轴向拉力来抵抗荷载作用。张拉结构具有充分发挥钢材的高强度性能和曲线灵活优美等特点,尤其当索材料强度较高时,可以经济地跨越大跨度和大幅度,并减轻结构的自重。张拉索结构在工程实践中所采用的结构形式十分丰富,针对临时结构的特殊要求,在满足结构形式简单、易拼装拆卸和稳定性较好的前提下,需改变结构形式,使其更适用于临时舞台上部承力结构的要求。

临时结构最主要的特点是服务周期短、搭卸快速。为了实现临时舞台的自动化和参数化建模与分析,缩短临时结构在结构设计、计算分析、施工和使用过程的周期,实现最大经济化、效益化和高效化,需开发专门针对大型临时结构的自动设计软件,通过自动化软件的功能,将临时舞台的建筑设计如功能区间、声光电特效布置和附属设施等同时自动纳入设计软件的功能范围,保证大型临时舞台建筑、结构设计高度的自动统一。

基于以上研究背景和工程需求的实际情况,在国家科技部资助下,针对我国现有临时搭建场所安全标准的空白和不足,本书中智能临时舞台的设计主要针对大型公共户内外临时可拆卸舞台,并对以下具体内容展开详细介绍:

(1) 整理已有临时搭建演出舞台的相关设计规范和标准,借鉴室内永久演出舞台设计规范,了解演出剧场的建筑设计和结构设计基本构成和要求,为自动化临时舞台设计提供数据分析。

(2) 对台下支撑结构(以下简称台下结构),通过人体多体特定运动实验,确定舞台的人群荷载,建立 ABAQUS 数值仿真模型,分析结构的静力学性能和结构在人体运动作用下产生的动力响应,确定结构的设计频率和振型,验证脚手架体系斜撑布置准则对临时舞台的适用性,强调和重申承受舞蹈荷载的临时舞台设计时考虑"结构 – 人"交互作用的重要性,提出避免共振的安全设计方法。

(3) 针对台面以上支撑结构(以下简称台上结构),首先建立传统格构式桁架结构临时舞台有限元模型,考虑到舞台倒塌事故大都为结构失稳而发生坍塌,对格构式桁架结构进行线性屈曲分析和非线性屈曲分析,得到材料非线性和不同初始缺陷对舞台结构稳定承载力的影响水平,验证非线性屈曲分析的必要性。随后通过对参数进行正交实验,确立结构稳定性对各参数的敏感程度,并针对显著性因子进行单一参数分析,获得各参数对结构稳定极限承载力的影响规律,并给出参数建议值。

(4) 为了满足现代大型临时舞台安全设计的要求,将张拉索结构引入临时舞台,对台上结构的形式进行探索。为了更适合临时舞台的应用和设计,改变永久结构中的索桁架和单层索系结构,基于 MATLAB 开发的找形程序,得到张拉结构初始形态,利用建立的有限元模型,分析验证张拉结构大型临时舞台力学性能的优越性。

(5) 利用 ABAQUS 开源性和二次开发功能,通过编写 Python 脚本,操控 ABAQUS 内核,以实现临时舞台参数化建模、计算分析、结果后处理等自动舞台设计功能,为临时结构设计自动软件提供重要的基础。

临时舞台作为临时可拆卸结构(TDS)的一种类型,一般指为短期演出搭建,演出结束即拆除的舞台,其中"短期"指通过验收至使用结束少于30天(含30天),"舞台"指舞台台面、台下设施、台上设施及舞台附属设施的集合。从结构设计角度,舞台由台上结构和台下结构组成,验算内容包括:强度、刚度、稳定性;基础承载力;风荷载对顶篷面、显示屏、横幅和广告牌等大面积区域的作用;舞台台面人群运动荷载。

临时舞台经历了从最初的组合简单、小型、材料单一到现代的精细复杂、大跨、材料多样的发展过程,结构本身越发轻便、环保。图2.29所示为4个典型的舞台。

2. 建筑功能与结构要求

临时舞台作为一个功能完备的临时演出场所,必然包括建筑功能和结构功能。下面分别从建筑设计和结构设计角度进行临时舞台设计。

演出剧场按舞台类型分镜框式舞台、突出式舞台、岛式舞台及其他类型的舞台,按演出类型分歌剧剧场、话剧剧场、戏曲剧场、音乐厅和多功能剧场。不同剧场类型除演出曲目类型不同外,在功能组成、舞台尺寸、视距、声学和光学要求上也不尽相同。本节针对一般临时舞台最基本的建筑功能,从组成、尺寸、声光及附属部分分别进行了简单设计,下面分别详述这些内容。

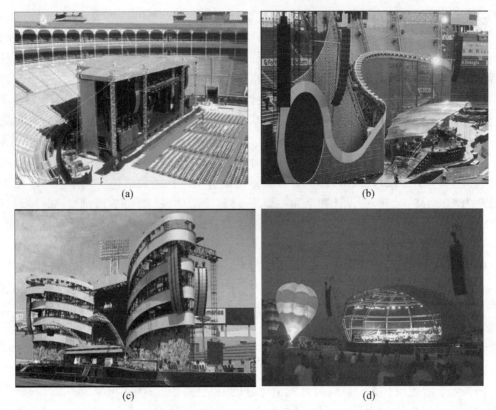

(a) (b)

(c) (d)

图 2.29　临时舞台

参考室内永久剧场规范,舞台结构主要由台口、台唇、主台、侧台、栅顶、台仓等组成,个别大型舞台设置后舞台及背投影间。

临时舞台相对于室内演出剧场会根据演出类型和需要做相应的功能简化,符合临时舞台的短时性和简易性。现代大型临时舞台同时设置屋顶、主台、台唇、转台及升降台等结构,还可设有多道用于悬挂灯光和幕布的吊杆,其中幕布包括大幕、二道幕(三道幕等)、纱幕、前沿幕、天幕和边幕。

舞台灯光是演出空间构成的重要组成部分,具有使舞台画面更清晰和加强舞台表演效果的功能。随着多媒体技术和现代演艺事业的发展,灯光在舞美效果中的作用越发重要,如以灯光的光线变化暗示环境、气氛渲染、突显舞台主要人物,并提供演出所必需的灯光效果如模拟雨、云、水、闪电等。参照室内演出舞台照明规定和说明,根据舞台灯具的常用光位,临时舞台光学设施包括以下设置:

①面光:由舞台前上方正面射至表演区中心的光,用以人物正面照明及舞台基本光线渲染,设置一道或两道。

②耳光:由舞台台口外两侧斜射至舞台的光,用于加强面部照明和增强人物景物立体感,一般两侧对称布置。

③顶光:自舞台上方射至舞台的光,用于舞台普遍照明、增强舞台照度,视舞台大小设2~6道。

④侧光:自台口内两侧射至舞台中央的光,用以人物或景物的侧面照明,增加立体感和轮廓感,一般两侧对称布置。

⑤ 桥光:在舞台两侧屋顶处射至舞台的光,用以辅助侧光和增强立体感,也可用以其他光位投射不到的方位,一般两侧对称布置。

⑥ 脚光:由舞台台口的台板上投向舞台的光线,用以辅助面光和消除阴影。

⑦ 地排光:自天幕下方投向天幕的光,用于天幕的照明和色彩变化,可置于天幕前或后方。

⑧ 天排光:自天幕上方投向天幕的光,用于天幕的照明和色彩变化,可置于天幕前或后方。

其他位置光位的光学设备,如逆光、流动光、追光等,可根据实际需要另行设置,后续舞台设计软件参数设置也未考虑。临时舞台声学设备的设置相对简单,一般有落地式和吊装式两种,也可在舞台前上方增设小型扩声设备。

临时舞台的附属设施考虑功能区、疏散通道和安全设施。作为演艺演出重要附属功能支持,功能区包括候场区、休息室、设备间、化妆间、服装道具间、应急室和卫生间。从突发事故安全逃生角度考虑,设置疏散通道并针对不同人群分阶梯式和斜坡式两种,通道宽度、深度、坡度为可定义参数。在安全设施中又分为构造加强、护栏、增设通道、防火和消火栓等措施,其中构造加强可同时通过增设抛撑的结构构造加强和增设地锚或地脚螺栓的垫板构造加强的方式提高结构安全度。

临时舞台主要由台下结构和台上结构组成,目前实际工程使用较多的户外临时舞台如图 2.30 所示,其台下部分采用装配式杆系结构,台上部分采用空间格构式桁架结构。下面分别针对台下结构和台上结构进行 ABAQUS 有限元仿真分析,确定结构力学性能和受力特点。

台下结构指舞台台面标高以下的构件。台下结构目前大多采用装配式杆系结构,考虑舞台台下结构的高度较低和该结构具有组装快捷、方便等优点,本节临时舞台台下承力结构仍采用装配式杆系结构。另外,舞台受到同步的人群冲击荷载会远大于建筑行业脚手架所承受的荷载,因此,对于工程应用只有经过严格的结构设计和计算分析才能保证演出活动的安全进行。

为了得到人体多体特定运动荷载值,通过三维测力板实验实时采集人体运动产生的水平(前 - 后、左 - 右)和竖向三向荷载值,分析大量不同样本得到人体运动产生的荷载与受试者体重的关系,以此作为人群设计荷载。

考虑到演出类型的不同,演出人员的跳跃频率会随之改变,产生的运动荷载也会有所差异,因此三维测力板实验考虑受试者跳跃频率从 1.0 Hz 进行到 3.0 Hz,期间每次增加 0.1 Hz,总共进行 21 次实验,为考虑一般性,受试者同时包含不同体重、不同性别的人员。以竖向荷载为例,图 2.31 画出了 4 个受试者(两男两女)以不同频率(限于篇幅只给出了 1.0 Hz、1.5 Hz、2.0 Hz、2.5 Hz 和 3.0 Hz 这 5 种情况)跳跃产生的竖向荷载时程曲线。

由图 2.31 可以看出,同一个受试者以不同频率跳跃荷载峰值相差较大,跳跃频率较低时曲线为双波峰,频率较高时为单波峰,其中受试者以 1.0 Hz 和 3.0 Hz 跳跃会明显感觉不舒适,导致荷载时程曲线规律性不强且时程曲线的峰值变化较大,也说明人体运动频率一般介于 1.0 Hz 和 3.0 Hz 之间;不同受试者由于每个人舒适的跳跃姿势不尽相同,因此单波峰和双波峰出现的频率段也不一样,另外,不同测试者最大竖向荷载与自身体重的比值最大为 4.3,最小为 3.2。

(a) 台下结构

(b) 台上结构

图 2.30 户外临时舞台结构组成

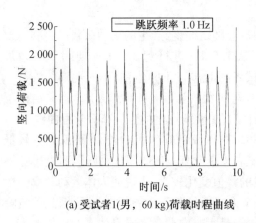

(a) 受试者1(男，60 kg)荷载时程曲线

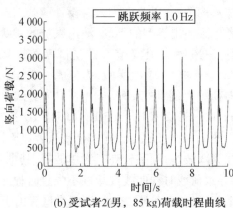

(b) 受试者2(男，85 kg)荷载时程曲线

图 2.31 人体不同频率跳跃引起的竖向荷载时程曲线

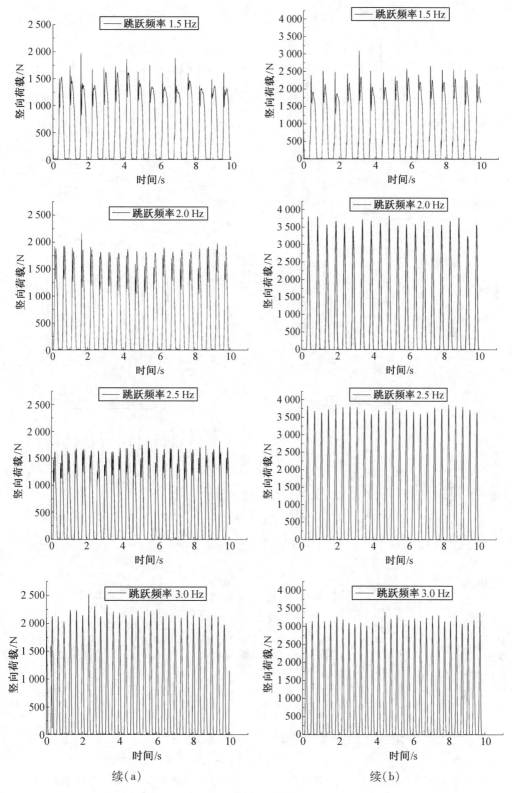

续(a)　　　　　　　　　　　　续(b)

续图 2.31

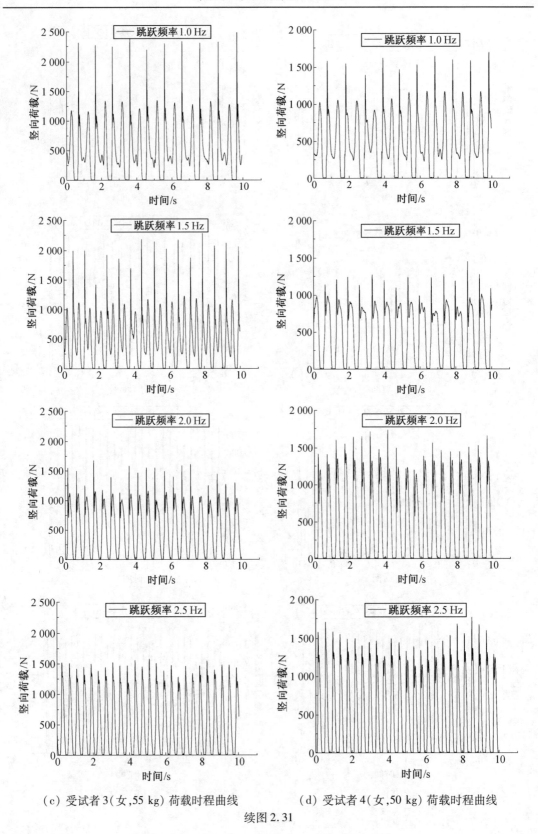

(c) 受试者 3（女，55 kg）荷载时程曲线　　　（d）受试者 4（女，50 kg）荷载时程曲线

续图 2.31

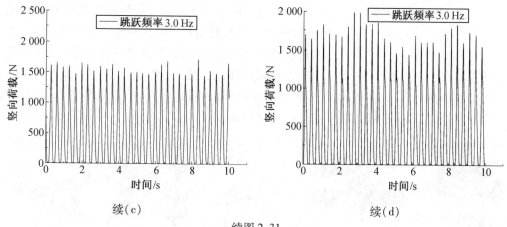

续(c)　　　　　　　　　　　　　续(d)

续图 2.31

采用统计方法得到人体跳跃竖向动力放大系数平均值为 3.346,取为 3.5,《2000 年国民体质监测公报》显示,我国成年男性平均体重为 67.7 kg,现取为 70 kg。现采用正弦波形式 $3.5G\sin(5\pi t)(0 < t < 0.2 \text{ s})$ 描述跳跃频率为 2.0 Hz 的单人竖向荷载时程曲线 0 ~ 0.2 s 时间段,$0.2 \text{ s} < t < 0.5 \text{ s}$ 为人体腾空荷载等于 0 时段,时程曲线如图 2.32 所示,考虑每平方米两人,即人群活荷载峰值取 4.8 kN/m²。由于人群跳跃下落到台面时瞬时产生较大的冲击荷载,即加载时间较短,意味着惯性效应可能是重要的,因此将人群跳跃荷载施加在临时舞台有限元模型上对结构进行静力分析和动力分析对比计算。

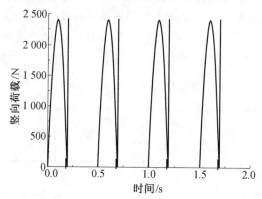

图 2.32　单个人体跳跃竖向荷载时程曲线

同理,分析人体特定运动产生的水平荷载样本,确定水平荷载大小值,由分析结果考虑水平荷载为:人群竖向荷载峰值的 8% 作为前 - 后向水平荷载;人群竖向荷载峰值的 3% 作为左 - 右向水平荷载。由于水平荷载相对竖向较小,不再考虑水平荷载的时程变化,即以荷载常数输入。

综上,考虑舞台板和附属设施的自重荷载为 0.1 kN/m²;

竖向荷载取 $1.2 \times 0.1 + 1.4 \times 4.8 = 6.84$ (kN/m²);

前 - 后向水平荷载取 $1.4 \times 4.8 \times 0.08 = 0.537\ 6$ (kN/m²);

左 - 右向水平荷载取 $1.4 \times 4.8 \times 0.03 = 0.201\ 6$ (kN/m²)。

(1) 临时舞台有限元模型说明。

随着绿色环保理念的提出,新型材料如木材、钢木混合材料和铝合金或多种材料混合使用的临时舞台越来越频繁,新材料的引入和混合应用必然导致节点形式的改革,而且搭建不同临时舞台的主要区别在于杆件的连接形式。目前使用较多的为源自脚手架技术的装配式杆系结构,使用的连接件节点设计方法也源自脚手架技术,如直角扣件、轮扣扣件、承插或套筒连接为常用节点形式,如图2.33所示。根据国内现行脚手架规范,节点模型可采用常用的偏安全的铰接计算法,即假定立杆和水平杆或斜杆为理想铰接,节点只能用来传递轴力,而不能传递弯矩,水平杆用来减小立杆的计算长度。

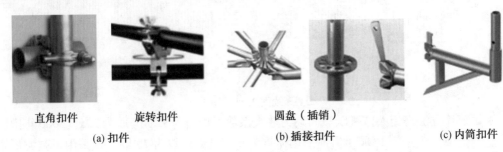

直角扣件	旋转扣件	圆盘(插销)	
(a) 扣件		(b) 插接扣件	(c) 内筒扣件

图2.33 常用结构节点构造

演员在舞台上由运动产生的水平荷载主要由斜杆来承担,而且斜杆的不同布置方式对结构整体的刚度影响显著,也有人提出了三个概念用来指导斜杆布置方式的设计以得到刚度更大的结构。基于其中的"内力传递路径越直接,结构刚度越大"这一概念,文献归纳得到5条用于布置装配式杆系结构斜杆的准则,以获得结构刚度更大的临时舞台来抵抗水平荷载和由此引起的水平位移。根据文献中的斜杆布置原则,同时采用图2.34所示两种斜杆布置形式进行仿真分析,可知布置一满足其中三条准则,布置二满足四条准则。

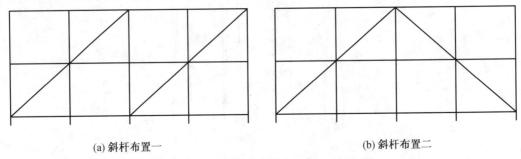

(a) 斜杆布置一　　　　　　　　　　　　　　(b) 斜杆布置二

图2.34 两种不同斜杆布置方式

装配式结构一般采用Q235普通钢管,根据实际工程应用,本模型的立杆、水平杆、斜杆均采用外径48 mm、壁厚3.5 mm规格的Q235圆钢管。

本模型为长、宽、高分别取24 m、24 m和2.7 m的装配式临时舞台台面支撑结构,纵深方向立杆跨距为2 m,横宽方向立杆跨距为2 m,横杆步距为1.25 m,步数为2,底部0.2 m作为下部伸出长度(图2.34)以便于支座的安装。有时可将伸出部分设置为长度可调支座,作为处理场地不平整的方法。

分析有限元结果有以下结论:①结果显示最大应力均出现在立杆,而斜杆和横杆受力较小,比较两种斜杆布置方式不同的结构可知斜杆布置二比布置一最大内力和最大位移均小,说明斜杆本身的受力较小,但会影响力的传递路径,从而影响结构的刚度;另外,有斜撑连接的立杆支座处的反力要明显大于只有扫地撑连接的立杆支座处反力,也可直接说明斜杆布置对力的传递路径的影响;② 结果也显示了对于 5 条斜杆布置方式准则,满足准则越多,力的传递路径越直接,结构刚度越大,位移和内力越小,结构越安全;③ 通过提取空载结构和满载荷结构的振动频率和振型,确定结构第一阶振型为水平向 S 形,结构本身自振频率较大,不易发生共振,但置于舞台之上的设备质量或演员荷载会降低结构的自振频率,应注意避免发生共振;④ 对比人群荷载动力分析和静力分析结果,考虑惯性力的动态结果要比静态分析内力增加近一倍,位移增加80%,说明惯性力的动态效应影响明显,图2.35 为最大节点位移时程曲线。

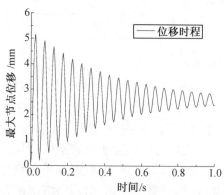

图 2.35 人群荷载动力分析最大节点位移时程曲线

为了研究临时舞台格构式桁架结构的稳定性,分别进行线性屈曲和非线性屈曲分析,得到荷载 – 位移关系曲线;并以稳定承载力为指标,通过正交实验获得对结构稳定性影响最大的因素,并确定各参数的合理范围。

(2)舞台线性屈曲分析。

线性屈曲分析假设结构处于理想受力状态,虽然不能准确反映结构的实际稳定极限承载力,但可初步了解结构屈曲变形形状,所得临界荷载和屈曲模态可作为后续非线性屈曲分析的上限值和施加初始缺陷依据。为了了解桁架梁结构的屈曲稳定性能,桁架梁模型长度为 40 m、截面高 1.2 m、宽 0.5 m、横隔间距 0.7 m。上下弦杆采用 ϕ51@3.5,腹杆和横隔采用 ϕ42@3.5,并考虑实际工程使用材料大多均采用 Q235 圆钢管,格构式桁架结构有限元模型中,假设上下弦杆之间采用刚接、横隔和腹杆与弦杆的连接节点均为铰接。结果显示第一阶屈曲模态临界荷载为 5.858 kN/m,为平面外弯扭失稳。

(3)舞台非线性屈曲分析。

在实际工程中不可避免地存在初始缺陷,另外,结构的材料非线性以及几何非线性都是客观存在的,而且对稳定承载力的影响都是不可忽略的。为了得到结构更真实的屈曲荷载,下面进行非线性屈曲分析,计算模型同线性屈曲分析模型保持一致,区别为非线性屈曲分析考虑几何非线性,材料非线性考虑为理想弹塑性体,即材料不发生硬化,初始屈服应力为 215 MPa。为了考察不同初始缺陷对结构稳定承载力的影响,采用一致缺陷模态法,并分别取线性屈曲分析中第一阶屈曲模态的1/300、1/200、1/100、1/50 和0 作为初始缺陷进行非线性屈曲分析,结果显示于图2.36。

从图2.36 可以看出:同时考虑几何非线性、材料非线性和初始缺陷的非线性屈曲分析

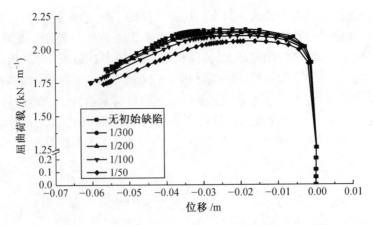

图 2.36　桁架梁在不同初始缺陷下平面外荷载 – 位移曲线

临界荷载仅为线性屈曲分析的 36%，主要原因为线性屈曲认为材料的应力 – 应变为线性关系，结构屈曲的极限荷载根据特征值的求解来确定，实际情况往往在发生线性屈曲之前结构强度可能已经破坏；从不同初始缺陷荷载 – 位移曲线可以看出，初始缺陷对临时舞台格构式结构屈曲前路径影响较小，达到屈曲以后随初始缺陷的增加，结构的极限承载力依次降低；从线性屈曲分析和非线性屈曲分析对比可知，两者结果差别较大，线性屈曲对于工程没有实际意义，也不能得到结构的极限承载力。因此，需对格构式临时舞台进行非线性屈曲分析才能得到结构更加接近实际工作状态、用于结构设计分析的结果。

　　为了准确得到临时舞台格构式桁架结构的失稳过程，对上述 1/300 初始缺陷情况同时追踪结构平面内和平面外荷载 – 位移曲线，结果对比显示于图 2.37。

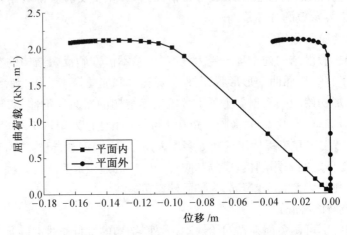

图 2.37　桁架梁平面内和平面外荷载 – 位移对比

　　从图 2.37 平面内和平面外荷载 – 位移曲线可以看出结构失稳的过程：在达到屈曲荷载之前临时舞台格构式结构首先发生平面内的弯曲变形，并随着荷载的增加，平面内的位移等比例增大，此阶段平面外变形很小；直到达到临时舞台结构的屈曲荷载时，平面外的位移迅速增大，此时平面内的位移变形也达到了极限，最终格构式桁架梁结构发生弯扭失稳。

　　为了寻求对结构稳定性影响最显著的参数，避免过多使用材料又不能保证结构安全的情况发生，从而得到临时舞台台上结构最合理的结构形式以充分发挥材料的性能。下面以平面外失稳时极限承载力作为指标,通过正交实验获得对结构稳定性影响最大的因素并确定它们的合理范围。

在确定影响参数和各参数水平时借鉴实际工程常用的跨度和截面尺寸,具体各几何因子的水平见表2.5。不考虑各因子之间的交互作用,正交表选用$L_{16}(4^5)$,以结构平面外失稳时的极限承载力(线荷载:kN/m)为指标,实验方案及结果列于表2.6。

表 2.5　正交因子的水平

水平	因素			
	横隔间距 t/m	截面高度 h/m	截面宽度 w/m	横梁跨度 L/m
1	0.6	0.5	0.3	20
2	0.7	0.8	0.5	30
3	0.8	1.0	0.8	40
4	0.9	1.2	1.0	50

注:桁架结构柱高对整体稳定性的影响会很显著,但柱高是根据临时舞台结构的使用要求确定的,并不由设计者主观决定,因此该参数未考虑在参数分析范围内。

表 2.6　正交实验表

实验编号	因素				误差	极限荷载 /(kN·m^{-1})
	因素 t	因素 h	因素 w	因素 L		
1	1(0.6 m)	1(0.5 m)	1(0.3 m)	1(20 m)	1	13.872
2	1	2(0.8 m)	2(0.5 m)	2(30 m)	2	11.867
3	1	3(1.0 m)	3(0.8 m)	3(40 m)	3	11.524
4	1	4(1.2 m)	4(1.0 m)	4(50 m)	4	8.736
5	2(0.7 m)	1	2	3	4	2.436
6	2	2	1	4	3	0.576
7	2	3	3	1	2	73.254
8	2	4	4	2	1	33.769
9	3(0.8 m)	1	3	4	2	2.470
10	3	2	4	3	1	9.400
11	3	3	1	2	4	5.624
12	3	4	2	1	3	70.850
13	4(0.9 m)	1	4	2	3	8.658
14	4	2	3	1	4	39.054
15	4	3	2	4	1	2.016
16	4	4	1	3	2	2.160

注:此水平组合结构发生受压杆件局部屈曲而非整体失稳,数值为杆件局部屈曲时的极限承载力。

采用方差分析法对正交实验结果进行统计分析,正交表格为$L_n(r^j)$实验(n 为水平组合数,r 为因素的水平数,j 为因素数或列数)的实验结果为 y_i,则有

$$\overline{K}_{ij} = (r/n)K_{ij} \tag{2.1}$$

$$\bar{y} = \left(\sum_{i=1}^{r} y_i \right)/n \tag{2.2}$$

$$S_j = (n/r) \sum_{i=1}^{r} \left(\overline{K}_{ij} - \bar{y} \right)^2 \tag{2.3}$$

式中 $\overline{K}_{ij}$——因素 j 第 i 水平的实验结果平均值；

K_{ij}——第 j 列上水平号为 i 的各实验结果之和；

$\overline{y}$——实验结果总平均值；

S_j——第 j 列偏差平方和。

检验某因素对正交实验结果的影响显著性：

$$F_{因} = \frac{\dfrac{S_e}{f_e}}{\dfrac{S_因}{f_因}} \qquad (2.4)$$

式中 $S_因$、S_e——因素的偏差平方和、误差的偏差平方和，由式(2.3)得到；

$f_因$、f_e——因素的自由度、误差的自由度，由 $f_j = r - 1$ 计算得到。

方差分析结果见表2.7。

表 2.7 方差分析表

因素	S_j	自由度	F 值	F 分布值	显著性
因素 t	694.316	3	2.500		
因素 h	1 100.696	3	3.963	$F_{1-0.01}(3,3) = 29.5$	
因素 w	1 442.386	3	5.193	$F_{1-0.05}(3,3) = 9.23$	$L > w > h > t$
因素 L	5 327.362	3	19.181	$F_{1-0.1}(3,3) = 5.39$	
误差	277.740	3			
总和	8 842.500	15			

由表2.7可以看出，在水平 $\alpha = 0.1$ 下，因素 L 即临时舞台空间桁架梁的跨度对整个结构的稳定性影响是显著的，参数截面宽度、截面高度和横隔间距对结构稳定性影响次之，并逐渐减小。由分析可知，横隔间距对此种结构的稳定性影响最不明显，即通过减小横隔间距并不能大幅度提高结构的极限承载力，并由实验13、14、15可知，较大的横隔间距会使杆件的失稳形式由整体失稳转向桁架梁中的受压杆件局部屈曲，因此横隔间距应在保证杆件安全长细比的前提下增大横隔间距，以减轻结构自重和降低经济成本。由表2.6可以看出，所有发生局部屈曲的水平组合实验，截面的高宽比均小于2，说明高宽比应大于2以避免单个构件受压屈曲。此外，发生整体失稳的正交实验编号均为平面外失稳。

综上，临时舞台空间格构式钢管桁架梁失稳为平面外弯扭失稳，局部失稳则表现为受压杆件达到极限承载力而发生屈曲。

由正交实验确定了跨度和截面的高宽比对结构稳定性影响较大，为了进一步了解跨度和截面高宽比单个因素对临时舞台稳定性的影响规律，考虑跨度 $L = 20$ m、25 m、30 m、35 m 和40 m 这5种情况，并分别针对截面高宽比(h/w)为1.0、1.6、2.0、2.4和3.0(高宽比分别为 0.5 m：0.5 m、0.8 m：0.5 m、1.0 m：0.5 m、1.2 m：0.5 m、1.5 m：0.5 m)5种结构形式，以非线性屈曲分析所得极限荷载为指标，对比各种单一因子作用下结构的稳定承载力。图 2.38 显示了5种跨度情况在不同截面高宽比下结构非线性稳定极限承载力。

由图2.38可以看出，截面高宽比在 1～3 之间时，随高宽比的增加，结构极限稳定承载力也随之提高；但在高宽比由 1 提高到 3 时，跨度为 20 m 的桁架梁稳定承载力可提高 7 kN/m，跨度为40 m 的桁架梁只提高了1 kN/m，还可以看出，在高宽比一定的情况下，跨度

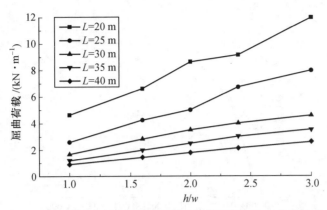

图 2.38　不同跨度桁架梁屈曲荷载随截面高宽比变化的曲线

小的两条曲线差值大于跨度较大的差值,综上可知,临时舞台结构跨度越小,结构稳定承载力对截面高宽比敏感度越高,若桁架梁跨度超过 40 m,仅仅通过增加高宽比不能有效提高结构的稳定性。

　　以跨度为 30 m 为例,进一步绘制不同截面高宽比时平面外荷载 – 位移曲线,结果示于图 2.39。

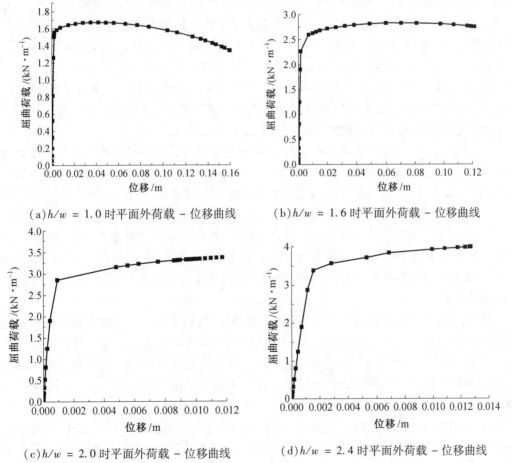

（a）h/w = 1.0 时平面外荷载 – 位移曲线　　　　（b）h/w = 1.6 时平面外荷载 – 位移曲线

（c）h/w = 2.0 时平面外荷载 – 位移曲线　　　　（d）h/w = 2.4 时平面外荷载 – 位移曲线

图 2.39　不同截面高宽比时平面外荷载 – 位移曲线

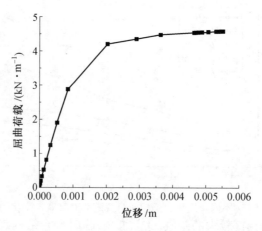

(e)h/w = 3.0 时平面外荷载 – 位移曲线

续图 2.39

从图 2.39 可以看出:当高宽比小于 2.0 时,荷载 – 位移曲线由上升段和下降段组成,下降段的出现意味着结构承载力降低,即结构失稳;当高宽比大于等于 2.0 时,曲线不再有下降段,参照图 2.37 结构失稳过程,可判定结构变形超过规定限值,即结构失稳。由图 2.39(a) ~ (e) 曲线可以看出,平面外位移在失稳之前变化较小,当平面内位移达到一定数值时,平面外位移迅速增加导致结构失稳;随着高宽比的增加,荷载 – 位移曲线逐渐平滑,说明结构在小高宽比截面形式下失稳会突然发生,不具有预见性。

以上介绍了临时舞台结构定义和相关内容,并对临时舞台进行了简单的建筑设计,对于结构设计,通过有限元软件 ABAQUS 对装配式杆系结构的舞台下部结构和空间格构式桁架结构的舞台上部结构进行了数值仿真分析,可以总结如下:

① 临时舞台作为功能完备的临时演出场所,建筑设计是必不可少的。本节通过查阅剧场设计相关规范,针对不同舞台类型、演出类型,考虑了主台、台唇、转台和升降台等基本组成部分,对幕布、光学和声学设施的常用类型和位置进行了设计,在此基础上,考虑了功能区、疏散通道和安全设施等附属设施。

② 通过人体多体特征运动实验,利用三维测力板实时采集人体运动三向荷载值,并对 1.0 ~ 3.0 Hz 的跳跃运动产生的荷载时程曲线进行统计计算,得到适合我国公民体质的跳跃荷载放大系数为 3.346。斜杆的布置方式会改变结构的传力路径,从而显著影响结构的刚度和安全性。

③ 通过对比人群荷载静力分析和动力分析结果,得到动力产生的内力和位移约为静力分析的 2 倍,即得出舞台结构考虑惯性力的人群动力分析的必要性。并通过对比两种不同斜撑布置方式的临时舞台结构,说明了斜杆的布置方式通过改变结构的传力路径来影响结构的刚度和承载力,验证了脚手架搭设的五条准则同样可作为临时舞台结构斜杆布置准则。

④ 通过对比空舞台结构和布满人员的舞台结构的动力特性,得到舞台结构的自振频率和振型会有所改变,加之结构 – 人交互作用的影响,应避免在使用过程中因动力特性的改变引发共振。

⑤ 对舞台上部空间格构式桁架结构进行线性屈曲和非线性屈曲分析,验证了材料非线性和初始缺陷对桁架梁的极限承载力的不同程度降低,为了更符合实际情况,应对结构进行非线性屈曲分析。

⑥ 由正交实验可知,临时舞台的跨度和桁架梁截面的高宽比对结构的稳定性影响显著。大跨度的临时舞台格构式桁架一般为平面外弯扭失稳,小跨度为压杆达到极限承载力而发生局部失稳。

⑦ 跨度较小的临时舞台通过增加高宽比可有效提高结构的稳定承载力,若对于跨度为 40 m 的格构式桁架梁,整体结构的稳定承载力较低,而且通过增加高宽比也不能有效提高结构稳定性;建议桁架梁截面高宽比大于 2。

3. 智能临时舞台软件设计

ABAQUS 是国际上最先进的大型通用有限元计算分析软件,为了提高前处理和后处理的工作效率,实现结构的快速有限元建模、分析和后处理,需对其进行二次开发。Python 作为 ABAQUS 脚本接口开发和扩展的基础,又由于自身的强大功能、简洁性和面向对象性,使 Python 越来越受到软件开发者的关注,也成为 ABAQUS 二次开发首选编程语言。

临时结构最主要的特点是服务周期短、搭卸快速,为了实现临时舞台的快速有限元建模、分析、后处理功能,减少前期的设计时间和经济花费,同时也便于参数分析得到更为经济合理的结构形式,本书利用商业有限元软件 ABAQUS 的开源性和二次开发性,编写 Python 语言脚本操纵 ABAQUS 内核实现程序化、参数化、通用化建模分析,避免了重复烦琐的界面操作,提高了工作效率。

利用 ABAQUS 的开源性实现二次开发一般有用户子程序、环境初始化文件、内核脚本和 GUI 脚本 4 种途径,现通过第三种方法,即编写内核脚本来控制 ABAQUS 内核实现自动前处理和后处理。ABAQUS 脚本接口是一个基于对象的程序库,并通过集成 Python 语言向二次开发者提供了很多库函数,因此可以通过 Python 脚本语言来绕过 CAE 界面,进而直接控制 ABAQUS 内核实现参数化建模和输出结果的后处理。

(1) 智能临时舞台程序流程和参数设计。

按照 ABAQUS 软件界面操作流程,编写 Python 程序依次访问有限元软件相应模块,最终完成各项分析过程。现将有限元建模分析过程中的参数提取出来作为供用户可输入选项,按照用户意愿完成相应的有限元分析,为后续临时结构设计软件设计做后台程序的准备。

(2) 临时舞台程序实现流程。

编写脚本的顺序和访问 ABAQUS 各个模块顺序相同,图 2.40 为 Python 语言脚本实现流程。

针对结构建模中需用到的参数和实际舞台结构模型,现将结构的尺寸形式、材料属性、荷载类型等设为可供用户自由输入的参数,将这些输入参数调入 Python 语言脚本,操作有限元软件实现参数化结构建模,图 2.41 为结构建模参数设置。

针对 ABAQUS 现有设置的分析步和工程荷载,分别针对计算分析内容和荷载输入设置以下参数输入,如图 2.42 和图 2.43 所示。

由上述计算分析步经过有限元计算可以输出图 2.44 所示结果。

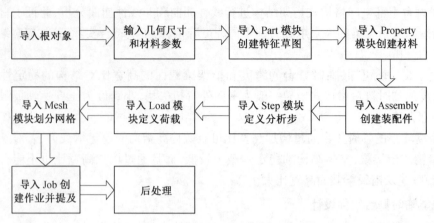

图 2.40　Python 脚本实现流程

（3）参数化建模。

为了说明 Python 脚本开发过程,本节通过一简单实例介绍脚本参数化建模、分析和后处理过程。由于临时舞台台上部分和台下部分结构建模过程大致类似,因此只以台上结构的格构式桁架为例详细说明建模过程,台下结构只以最终结果给出,过程如下:

首先,导入 ABAQUS 模块中的所有对象和符号常量模块。

其次,导入 Material 模块,创建材料。材料参数输入界面(GUI) 如图 2.45 所示,创建相应的材料脚本语言如下:

import material
myMat_hengliang. Elastic(table = ((210000000000 ,0. 3) ,))
myMat_hengliang. Density(table = ((7800 ,) ,))
myMat_hengliang. Plastic(table = ((215000000 ,0) ,))
import section
myModel. PipeProfile(name = ′Profile_hengliang′ ,r = 0. 0255 ,t = 0. 004)
A_hengliang_hg = 0. 00031
A_hengliang_fg = 0. 00031

图 2.45 所示交互式对话框的 Python 程序可由以下脚本实现:

Fields = (("Elastic Modulus:" ,"210000000000") , ("Poisson's ratio:" ,"0. 3") , ("Density:" ,"7800") , ("Yield Stress:" ,"215000000"))

E,u,p,YS = getInputs(fields = Fields , label ="Material Property:")

Fields = (("Steel Pipe's Radius for Chord members:" ,"0. 0255") , ("Steel Pipe's Thickness for Chord members:" ,"0. 004") , ("Steel Pipe's Radius for Stretcher and Diagonal members:" ,"0. 021") , ("Steel Pipe's Thickness for Stretcher and Diagonal members:" ," 0. 0025"))

R1 ,T1 ,R2 ,T2 = getInputs(fields = Fields ,label ="Steel Pipe Dimensions:")

然后,导入 Part 模块创建 Wire 元,再利用循环方法生成格构柱、格构梁基本单元,通过柱高和梁跨参数确定最终模型。由于结构类型相似,格构柱模型采用相同方法创建,下面只以桁架梁为例说明,建模参数输入界面如图2.46(a) 所示,图2.46(b) 所示为三维桁架梁模型,相应地创建截面形状、截面和部分分配截面属性的脚本语言如下:

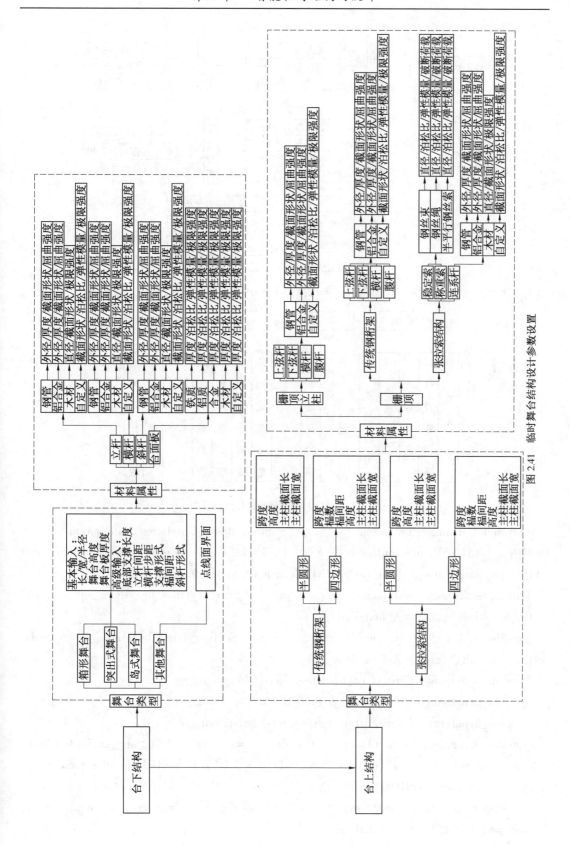

图 2.41　临时舞台结构设计参数设置

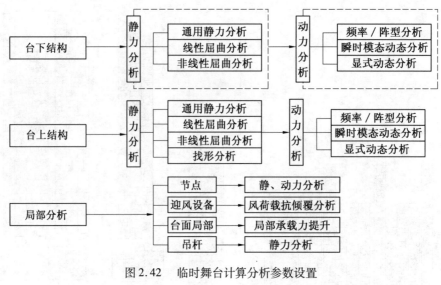

图 2.42　临时舞台计算分析参数设置

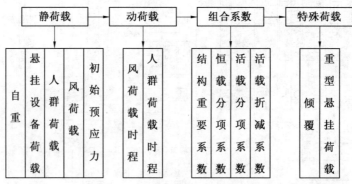

图 2.43　临时舞台荷载输入参数设置

myModel. BeamSection(name　　　　　＝　　"Section_Beam_hengliang",integration　　　　＝ DURING_ANALYSIS,poissonRatio　　　　＝　　　0,profile　　　＝　　"Profile_hengliang",material ="CL_hengliang",temperatureVar = LINEAR,consistentMassMatrix = False)

myModel. TrussSection(name　　　　　＝　　　"Section_Truss_hengliang_hg",material ="CL_hengliang",area = A_hengliang_hg)

myModel. TrussSection(name　　　　　＝　　　　"Section_Truss_hengliang_fg",material ="CL_hengliang",area = A_hengliang_fg)

region_hengliang_xg = myPart_hengliang. sets["hengliang_xg"]

region_hengliang_hg = myPart_hengliang. sets["hengliang_hg"]

region_hengliang_fg = myPart_hengliang. sets["hengliang_fg"]

myPart_hengliang. SectionAssignment(region　　　＝　　region_hengliang_xg,sectionName ="Section_Beam_hengliang",offset = 0,offsetType = MIDDLE_SURFACE,offsetField ="", thicknessAssignment = FROM_SECTION)

myPart_hengliang. assignBeamSectionOrientation(region　　＝　　region_hengliang_xg, method =N1_COSINES,n1 = (0,0, − 1))

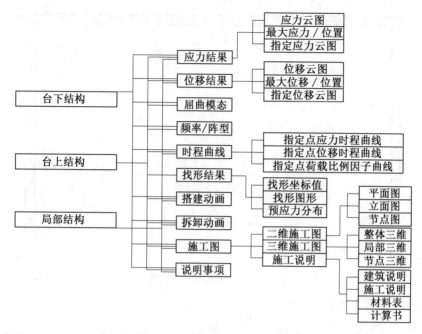

图 2.44　临时舞台结果输出参数设置

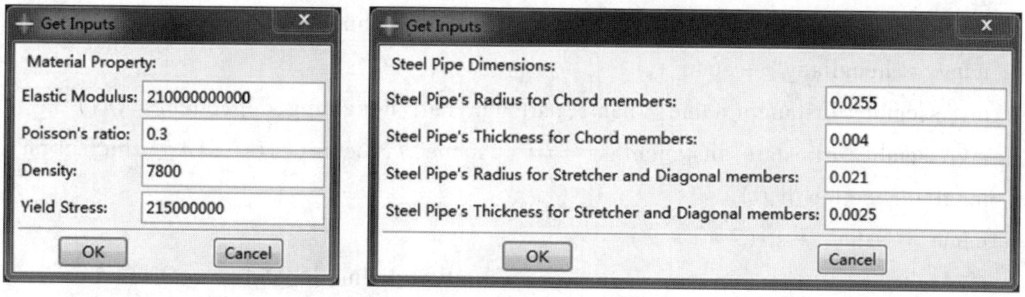

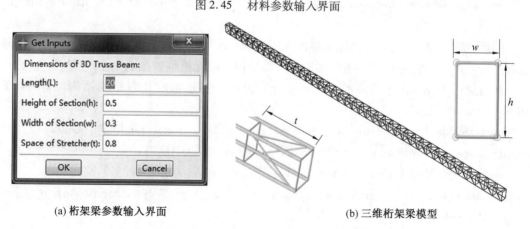

图 2.45　材料参数输入界面

(a) 桁架梁参数输入界面　　　　　(b) 三维桁架梁模型

图 2.46　桁架梁参数建模

其后,导入 Assembly 模块,通过对生成的 Instance 移动、旋转和定位操作得到一榀结构单元,显示结果如图 2.47 所示。

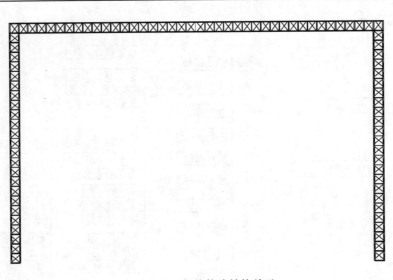

图 2.47　一榀格构式结构单元

相应的脚本语言如下：

i == 0

name ="lizhu" + str(2 * i + 1)

myAssembly. Instance(name = name, part = myPart_lizhu, dependent = ON)

name ="hengliang" + str(i + 1)

myAssembly. Instance(name = name, part = myPart_hengliang, dependent = ON)

myAssembly. translate(instanceList = (name,), vector = (CC_lizhuSection_l, CC_hengliangSection_h,0))

name ="lizhu" + str(2 * i + 2)

myAssembly. Instance(name = name, part = myPart_lizhu, dependent = ON)

myAssembly. translate(instanceList = (name,), vector = (Span_hl + CC_lizhuSection_l, 0,0))

同理，整个结构的尺寸参数输入界面如图 2.48(a) 所示，通过对临时舞台桁架结构所有榀数进行循环、组装、平移得到格构式舞台上部结构有限元模型如图 2.48(b) 所示。

最后通过 Merge 命令将所有 Instance 合并为一个完整临时舞台桁架结构，脚本实现如下：

myAssembly. InstanceFromBooleanMerge(name = "wutaishanding", instances = tempInstance, originalInstances = SUPPRESS, domain = GEOMETRY)

myPart = myModel. parts["wutaishanding"]

myInstance = myAssembly. Instance(name = "wutaishanding", part = myPart, dependent = ON)

其中"tempInstance"为创建的所有 Instance 的集合。

考虑临时舞台在使用过程的安全，可在结构最后一榀桁架梁跨中增设支撑桁架立柱以抵御集中重型设备荷载(如大型液晶显示屏)和突然环境因素(如风荷载)，相应的脚本语言如下：

if(Add_lizhu == ON):

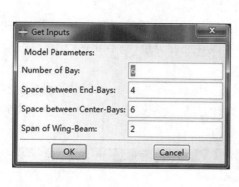

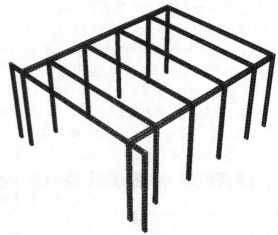

(a) 临时舞台结构参数输入界面　　　　(b) 临时舞台上部结构有限元模型

图 2.48　临时舞台格构式上部结构建模

$$name = "lizhu" + str(2*N + 1)$$

$$myAssembly.\,Instance(\,name = name,\,part = myPart\_lizhu,\,dependent = ON)$$

$$myAssembly.\,translate(\,instanceList = (\,name,\,)\,,vector = (\,(\,CC\_lizhuSection\_l + Span\_hl)/2,0,0)\,)$$

同理,通过 Python 脚本采用类似的建模过程,得到装配式舞台台下支撑结构。建模参数输入界面如图 2.49(a)、(b)、(c) 所示,有限元模型如图 2.49(d) 所示。

(a) 临时舞台深度方向参数输入界面　　　　(b) 临时舞台宽度方向参数输入界面

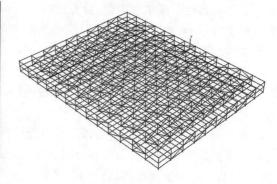

(c) 临时舞台高度方向参数输入界面　　　　(d) 临时舞台台下结构有限元模型

图 2.49　临时舞台装配式台下结构参数化建模

以上为 Python 脚本实现临时舞台在 ABAQUS 有限元软件中参数化建模过程,可供用户自定义输入的参数有结构尺寸、杆件布置、材料属性、荷载等。

目前通过 Python 脚本语言可进行的分析内容有:通用静力分析(位移、内力)、线性屈曲分析(屈曲模态)、考虑几何非线性和材料非线性的非线性屈曲分析(荷载比例因子)、频率/阵型分析、部分动力分析(人群荷载)等内容。

荷载参数输入界面如图 2.50 所示,其中结构自重为恒载,人群荷载、风荷载和设备悬挂荷载为活荷载,并借鉴永久结构中极限承载力状态设计方法,按照给定的荷载组合系数得到荷载设计值,施加在结构上进行相应的有限元计算分析。

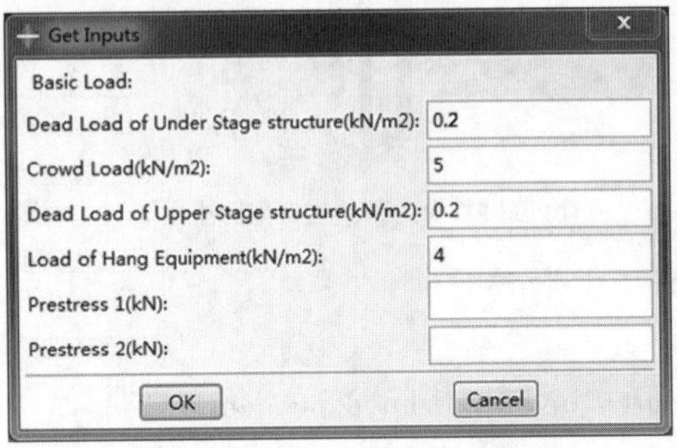

(a) 临时舞台基本荷载输入界面 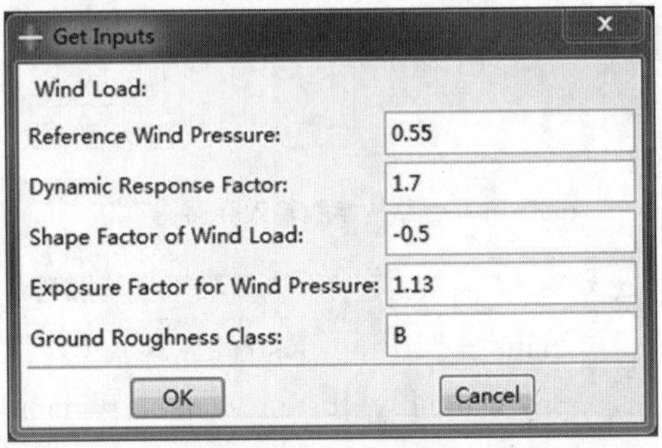   (b) 临时舞台风荷载输入界面

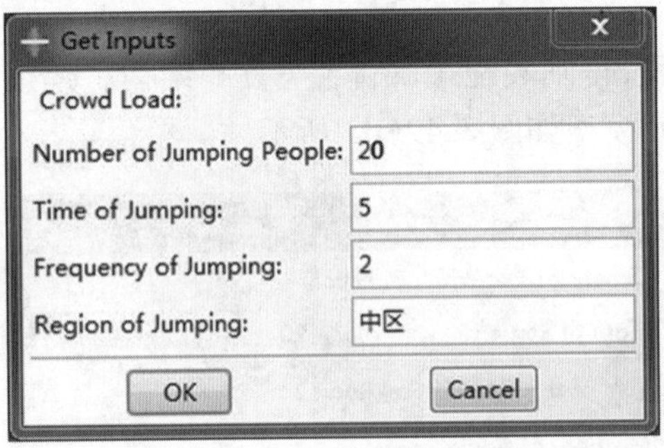

(c) 临时舞台人群荷载输入界面 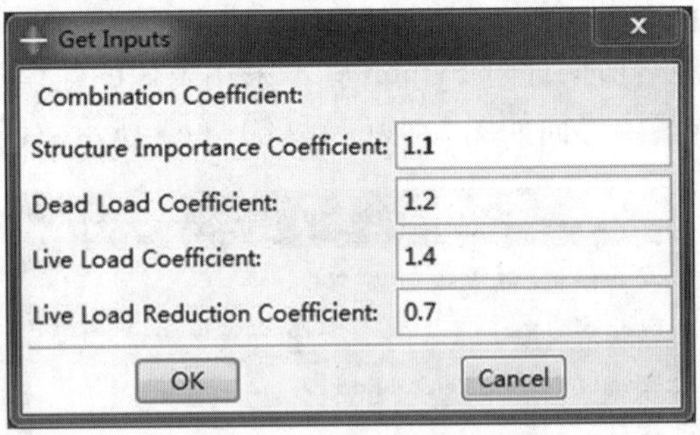   (d) 临时舞台荷载组合系数输入界面

图 2.50　荷载参数输入界面

其中部分所需参数,如阵型提取个数此处采用默认值,不再给出参数输入界面。

下面以舞台下部结构为例,首先通过 Python 脚本对输出结果直接进行访问和输出,在此基础上,Python 脚本语言还可对输出结果进行再处理,得到 ABAQUS 自身后处理无法完成和实现的功能。

首先,通过脚本语言将结果云图以图片形式输出,图 2.51(a) 为临时舞台应力结果,图 2.51(b) 为位移结果,图 2.51(c) 为自振阵型,图 2.51(d) 为人群动力分析水平位移时程曲线。

在此基础上,通过脚本对结果进行再处理,如查找所有分析步中所有帧的位移最大值,并指出节点编号和输出所有位移分量,如图 2.52(a) 所示;得到两个分析步的内力和位移增量,确定后一分析步荷载对结构的影响显著性,图 2.52(b) 为位移增量云图。同理,不同分析步的位移、应力也可进行求和与均值等操作。

在完成上述 Python 脚本实现参数化建模、分析和后处理的基础上,设想开发临时结构

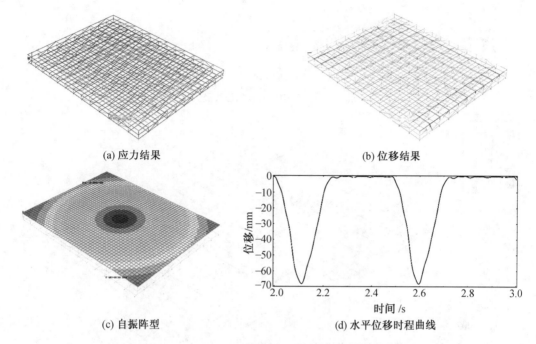

(a) 应力结果　　　　　　　　　　　　　(b) 位移结果

(c) 自振阵型　　　　　　　　　　　　　(d) 水平位移时程曲线

图 2.51　Python 脚本输出结果

设计软件,并将临时舞台建筑设计囊括在内,实现临时舞台一站式的结构设计、建筑设计、分析计算和后处理。

临时结构设计软件所借助的第三方软件以及软件间的数据传递流程如图 2.53 所示。

临时结构设计软件界面操作主要分建筑建模、结构建模、计算分析和结果输出四部分,其中结构建模、计算分析和结果输出是在上述编写的 Python 脚本的基础上改进实现的,具体参数设计和实现流程上述已介绍,在此不再赘述,只对需新增的建筑设计做简单说明。

关于临时结构设计软件的建筑设计部分,在前面临时舞台建筑设计阐述的基础上,提取建筑设计的共性参数作为软件设计中建筑设计部分的参数设置,如图 2.54 所示。

智能临时舞台通过 ABAQUS 的二次开发功能,利用 Python 语言编写临时舞台参数化建模、分析和后处理脚本,实现快速结构设计,其设计考虑了建筑建模,以期为后续临时结构智能设计提供基础,在智能临时舞台设计中,可以总结如下:

① 利用大型商业有限元软件 ABAQUS 的开源性,通过编写的 Python 语言脚本,可快速完成临时舞台结构的参数化建模、分析和后处理功能,在完善有限元软件自身后处理缺陷的同时,也有效降低了结构设计前期的时间和花费。

② 将结构尺寸、材料、分析步和荷载作为供用户可选择输入参数,可以实现多种舞台结构的分析和计算。

③ 类比结构设计,将临时舞台建筑设计共性内容提取归纳作为建筑设计参数,为后续临时结构设计软件的设计开发做铺垫准备。

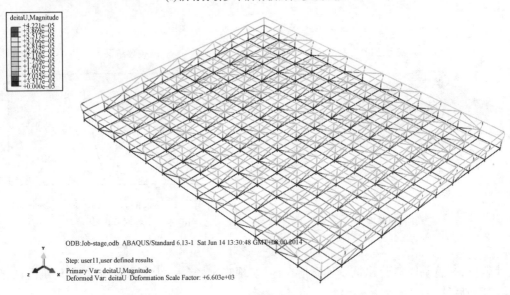

```
Step:                Step-static
Frame:               10
Instance:            PART-STAGE-1
Element Label:       3080
X-Displacement       0.000154366
Y-Displacement       -7.96931e-05
Z-Displacement       -0.000135044
Largest Displacement 0.00683916044681
```

(a) 所有分析步中所有帧的位移最大值

deitaU,Magnitude

ODB:Job-stage,odb ABAQUS/Standard 6.13-1 Sat Jun 14 13:30:48 GMT+08:00 2014

Step: user11,user defined results
Primary Var: deitaU,Magnitude
Deformed Var: deitaU Deformation Scale Factor: +6.603e+03

(b) 位移增量云图

图 2.52 Python 脚本再处理结果

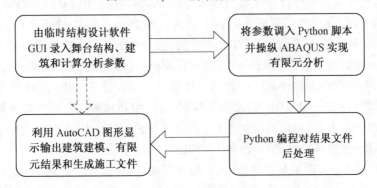

由临时结构设计软件 GUI 录入舞台结构、建筑和计算分析参数 → 将参数调入 Python 脚本并操纵 ABAQUS 实现有限元分析

利用 AutoCAD 图形显示输出建筑建模、有限元结果和生成施工文件 ← Python 编程对结果文件后处理

图 2.53 软件设计数据传递流程图

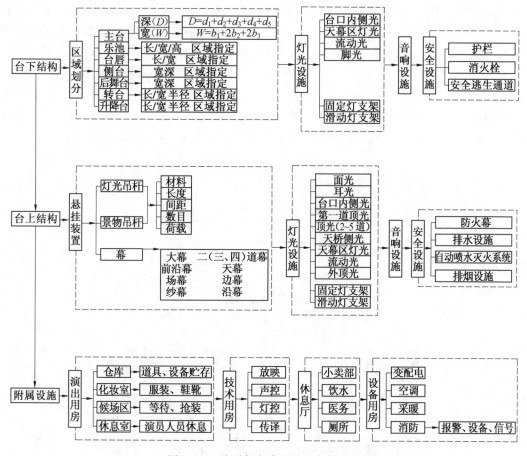

图 2.54　临时舞台建筑设计参数设置

2.4.3　临时舞台结构新型式——张拉临时舞台结构设计与计算

为了适应现代化的复杂演出,克服传统钢桁架结构的质刚比过大和施工缓慢等突出缺点,以满足大型临时舞台的要求,需使舞台上部结构实现更大跨度,这就势必要求结构形式的创新。国外临时舞台的结构形式更加丰富,相应技术也较成熟,例如,张拉结构的使用使舞台跨度更大,结构更轻便和灵活,外形更富曲线美;为了实现快速拼装技术,将舞台分割成多个便于拼装和运输的小单元,使用时只需将小单元通过拼装组成一个完整的大舞台,可实现快速搭建和拆卸。

本节采用张拉结构作为大型临时舞台上部结构的主要承力体系,张拉结构由于具有节省能源、充分发挥材料性能和结构曲线灵活优美等特点,在大型临时结构中具有重要的应用潜力,这些优点和特点也与大型临时结构的设计思路是吻合的。但目前张拉结构大都局限于永久结构,在临时结构中的实践和应用鲜有报道。为此本书将张拉结构引入临时舞台结构设计,改变永久结构中的索桁架和单层索系的结构形式使其更适合作为临时舞台上部的主要承力结构。

空间张拉结构在自然状态下不具有刚度和结构形状,也不具有承载能力,只有在施加预应力之后依靠应力刚度来形成结构的初始形态,因此张拉结构的分析设计分为两个阶段,即初始形态确定和荷载状态分析,其中第一阶段的形态分析(Shape – State Analysis)又有找形分析(Shape – Finding)和找态分析(State – Finding)两种不同的研究思路。本书将索单元设计为两节点直线索单元,采用几何非线性有限元法编制 MATLAB 找形程序,程序以初始预拉力分布作为已知,寻找与之对应的平衡态位形,即采用找形分析方法确定张拉结构的初始态。

本程序舍弃了变形协调条件和材料本构关系,从数值计算处理方法角度考虑,引入线性刚度矩阵以防止非线性刚度矩阵奇异。MATLAB 找形程序流程如图 2.55 所示。

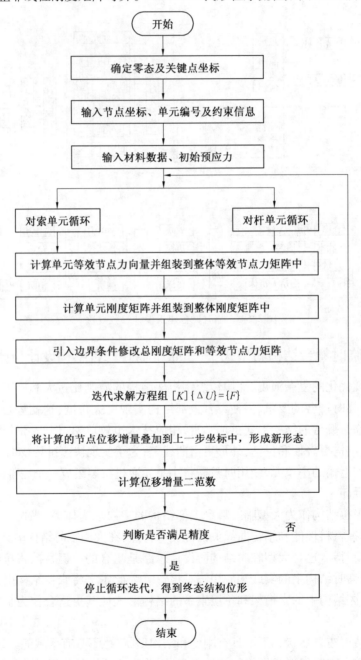

图 2.55 MATLAB 找形程序流程图

（1）张拉舞台结构算例。

下面通过对一通用索网结构进行找形分析,验证大型张拉临时舞台结构计算程序的相对正确性和精度,并将计算结果与其他程序和理论解进行对比。设定各索预拉力为800 kN,截面积为805.41 mm^2,从平面位置开始将角点 A、C 和 B、D 分别向上、向下移动3.66 m,索网结构如图 2.56 所示,其中节点编号示于图 2.56(a),MATLAB 绘图找形结果图示于图 2.56(b)。

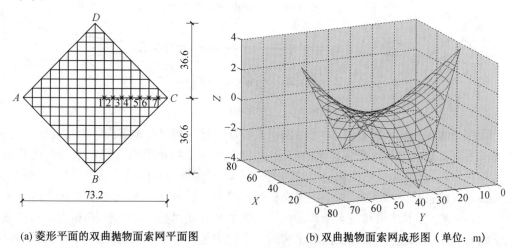

(a) 菱形平面的双曲抛物面索网平面图　　　　(b) 双曲抛物面索网成形图（单位：m）

图 2.56　索网结构

程序所得索网结构的找形位置和对比其他结果列于表 2.8。

表 2.8　计算结果对比表

节点	Z(杨庆山等)/m	Z(沈世钊等)/m	Z(自编程序)/m	误差 /%
1	- 0.055 8	- 0.055 5	- 0.056 0	0.90
2	- 0.224 8	- 0.223 7	- 0.224 9	0.54
3	- 0.508 3	- 0.506 8	- 0.508 3	0.30
4	- 0.907 5	- 0.906 0	- 0.907 3	0.14
5	- 1.422 7	- 1.421 8	- 1.422 4	0.04
6	- 2.053 9	- 2.053 7	- 2.053 5	0.01
7	- 2.800 2	- 2.800 5	- 2.800 3	0.007

从表2.8中可以看出,节点1 ~ 7的程序计算值与理论值的最大误差不超过1%,因此该找形分析程序可适用于结构的找形分析,所得结果是相对正确可靠的。

对于索桁架即双层悬索体系组成的舞台,它由一系列下凹的重索、上凸的稳定索以及它们之间的连系杆组成。由于双层索系的承重索、稳定索和连系杆一般布置在同一竖向平面内,外形和受力特点类似于承受横向荷载的传统平面桁架,因此常称为索桁架。索桁架按照不同的分类标准有凹型和凸型、索中点相连和不相连之分,图 2.57(a) 为凸型中点不相连索桁架,图 2.57(b) 为凹型中点相连索桁架结构。

索桁架结构虽然迎合了临时结构的轻柔、大跨度及节省材料等特点,但由于结构布置形式仍具有平面受力特征,因此仍存在着刚度不够、结构稳定性差、共振等问题。索桁架在永久结构应用中主要通过采用重型屋面板、施加预应力、选用合适钢索截面、设置侧向支撑或采用网状布置等措施改善以上问题,但在各种限定条件下,上述措施无法在临时结构中采用。

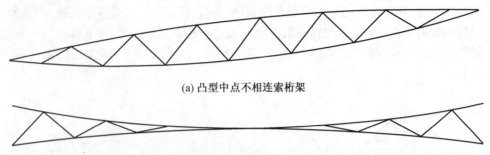

(a) 凸型中点不相连索桁架

(b) 凹型中点相连索桁架

图 2.57 常见索桁架类型

通过查阅相关文献和资料,两个结构形式特殊的索结构很好地解决了上述问题。其一,吉林滑冰馆在预应力双层悬索体系的应用中,首次采用了将承重索与稳定索相互错开半个柱间布置形式,既解决了刚度和稳定性问题,又解决了屋面排水问题。其二,以设计巧妙、质量轻而著名的特拉弗西那桥,主要由提供桥面支撑的木质三角形框架和承受从上传下来荷载的钢索组成,是木结构和钢索结构的杰作。整个桥的立面呈抛物线形,与桥在均布荷载作用下的弯矩图形状相同,由立面图看出桥的承力结构与索桁架很接近,唯一不同是桥的截面为空间三角形而非平面受力。借鉴以上工程实例,现将索桁架改用两根承重索和一根稳定索组成,承重索分别与稳定索相互错开布置,改变原有的平面结构成为空间受力模型,如图2.58 所示(本书称为空间索桁架)。下面通过仿真分析得到空间索桁架的力学性能,并对比传统平面受力索桁架,说明该结构具有更优的力学性能。

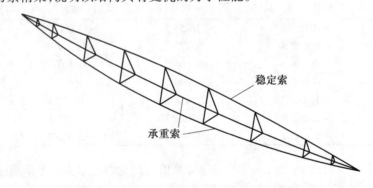

图 2.58 空间索桁架示意图

设一张拉临时舞台采用一跨度为 $l = 30$ m 的临时舞台结构,承重索和稳定索的形状均为抛物线形,其中承重索垂度为 $f_1 = 1.5$ m,稳定索垂度为 $f_2 = 1$ m。为了便于屋顶排水,设置两端高差为 3 m。荷载主要考虑结构恒载、预张力、风荷载和设备荷载,具体数值如下:

① 恒载:钢索和钢管自重,0.2 kN/m。

② 预张力:承重索为 $H_{10} = 400$ kN,稳定索为 $H_{20} = 600$ kN。

③ 风荷载:按基本风压为 0.55 kN/m²、B 类地貌设计,由于倾角小于 15°,故为风吸力,转化成线荷载为 2.5 kN/m(向上)。

④ 设备荷载:声光设备悬挂荷载,5 kN/m。

因此工况考虑以下 4 种:

① 承重索最大应力:1.2 × 恒载 + 预张力 + 1.4 × 活载(工况 ①)。

② 非对称荷载:1.2 × 恒载 + 预张力 + 1.4 × 半跨活载(工况 ②)。

③ 稳定索最大应力:1.0 × 恒载 + 预张力 + 1.4 × 风载(工况 ③)。

④ 所有荷载作用:1.2 × 恒载 + 预张力 + 1.4 × 活载 + 1.4 × 0.7 × 风载(工况 ④)。

承重索采用 55 根 ϕ5 系列半平行钢丝索(截面积为 1 080 mm^2,破断荷载为 1 696 kN),稳定索采用 61 根 ϕ5 系列半平行钢丝索(截面积为 1 197 mm^2,破断荷载为 1 880 kN),连系杆采用 ϕ48 × 3.5 圆钢管(弹性模量为 2.1 × 10^5 MPa,泊松比为 0.3,密度为 7 800 kg/m^3)。索单元采用修正弹性模量代替原弹性模量 E 来考虑柔性索自重引起的垂度对结构变形的影响,计算式如下:

$$E_{eq} = \frac{E}{1 + \frac{(rL)^2}{12\sigma^3}E} \tag{2.5}$$

式中 r——索单元的容量;

σ——结构应力;

L——索的水平投影长度;

E——索的真实弹性模量,取 1.8 × 10^5 MPa;

E_{eq}——修正弹性模量。

关于索单元有限元模型,还需考虑以下方面:索单元只能承受拉力,因此在计算过程中,只使用 ABAQUS 材料定义中的受拉模式,从而当索轴力等于零或小于零时取消索对整个结构刚度的贡献;结合实际情况,索与连系杆铰接连接;索结构变形较大,非线性特性显著,需考虑其几何非线性;ABAQUS 前处理中提供了单元初始条件的设定,初始预拉力通过 Predefined Field 中的 Temperature 场,采用降温法给拉索施加预应力。

为了验证模型的正确性,将得到的有限元解和解析解进行对比。需要说明的是,文献中的解析解是通过建立相应的平衡方程和变形协调方程,迭代求解方程组得到结构的内力分布和位移变形,在推导建立方程过程中,认为:索是理想柔性的,既不能受压,也不能抗弯;索的材料符合胡克定律。解析解和有限元解对比结果见表 2.9。

表 2.9 解析解和有限元解对比

对比内容	解析解	有限元解	误差
承重索内力 H_1	748 kN	766 kN	2%
稳定索内力 H_2	309 kN	317 kN	3%
竖向位移 w	0.332 m	0.312 m	6%

从表 2.9 中可以看出误差在可接受范围内,说明有限元模型的正确性。

为了研究和明确张拉舞台结构的各项力学性能,分别从以下四个指标对比分析空间索桁架和传统平面索桁架受力后的力学性能表现,说明该结构的力学性能优越性。

对于结构内力,在荷载工况 ① ~ ④ 下,空间索桁架和两种传统索桁架内力对比列于表2.10。

表 2.10　三种索桁架内力对比表

荷载工况	凸型不相连索桁架内力 /MPa		凹型相连索桁架内力 /MPa		空间索桁架内力 /MPa	
	承重索	稳定索	承重索	稳定索	承重索	稳定索
①	565	380	525	435	480	465
②	454	550	420	480	320	540
③	140	690	336	730	175	660
④	465	435	420	496	410	520

从表 2.10 可以看出,随着外荷载的增加,均出现承重索应力变大而稳定索应力减小的趋势,对比可以看出空间索桁架内力相对于其他结构在同种荷载工况下较小,变化相对平稳、幅度较小,说明该结构刚度大、稳定性好。

结构位移可在荷载工况 ① ~ ④ 下,根据承重索的变形曲线得出,如图 2.59 所示。

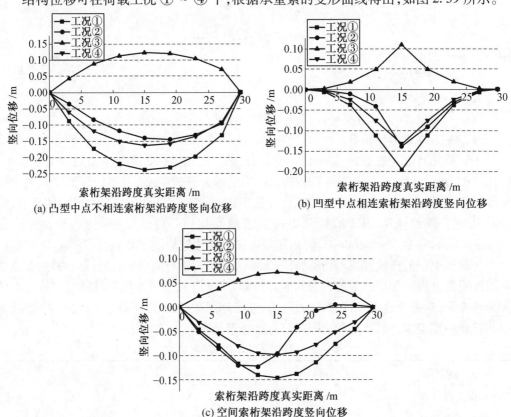

图 2.59　三种索桁架竖向位移对比

承重索和稳定索之间以连系杆(圆钢管)连接,认为两索之间没有竖向相对位移,图 2.59 竖向变形也即稳定索竖向变形。从图 2.59 中可以看到结构竖向变形曲线形状同索桁架类型(凹凸)是一致的,在 4 种荷载工况下,凸型索桁架最大竖向位移均大于其他两种索桁架;空间索桁架最大竖向位移均小于其余两种结构。工况 ③ 变形曲线向上是因为向上风吸力的作用。

双索体系一般具有平面受力特征,因而在结构设计时需要考虑其平面外稳定问题。以最不利荷载工况(工况①)进行弹性屈曲分析,结果对比列于表 2.11。

表 2.11　三种索桁架弹性屈曲分析对比

索桁架类型	特征值	失稳类型
凸型中点不相连索桁架	0.8	平面外
凹型中点相连索桁架	1.15	平面外
空间索桁架	1.8	平面内

从表 2.11 看出结构失稳类型由平面外失稳转为平面内失稳,极大地提高了结构的稳定性。

(2)弹塑性稳定分析。

弹塑性稳定分析指同时考虑结构的双非线性(材料非线性和几何非线性)和结构的初始缺陷进行弹塑性极限承载力分析,以确定极限荷载系数。仍然以最不利荷载工况(工况①)对空间索桁架进行弹塑性极限承载力分析,以索内力作为检测变量。图 2.60 曲线显示了极限荷载系数与索拉力的关系。

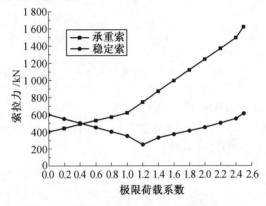

图 2.60　极限荷载系数与索拉力关系曲线

从图 2.60 看出在外荷载增加的过程中,承重索拉力随外荷载增加一直增大,而稳定索随外荷载增加经历了先减小而后增加的过程。按照《膜结构技术规程》(CECS 158:2015)对建筑结构用索的规定,索的安全系数为 2.5,转换为极限状态设计方法则抗力分项系数为1.8,由弹塑性极限承载力分析得到的安全系数远大于 1.8,结构安全。

(3)张拉临时舞台结构抗震设计。

考虑一 50 m × 50 m 的临时演出空间平台,模型采用张拉索结构作为临时舞台上部结构的主要承受体系,如图 2.61 所示。按照大型临时结构舞台荷载的研究结果,设定索预拉力为 500 kN,索截面为 0.001 197 m^2,索单元仍然采用上节理论。将张拉结构中的节点 1 和节点 11 分别向下移动 3 m、节点 6 和节点 16 向上移动 3 m,以考虑演出过程降雨引起的排水问题,通过找形程序得到控制点位移,图 2.61(a)为张拉索结构平面模型,图 2.61(b)为找形成形的张拉结构轮廓,其中 1 ~ 16 为周围边界支撑结构。

大型临时结构除了受到地震波和震级等输入能量影响外,临时结构本身的动力特性对地震反应有很大的决定性作用,准确计算结构振动频率和恰当的阻尼对临时结构的安全具有重要价值。因此在分析地震作用之前,首先对结构进行自振特性分析,本节大型张拉临时

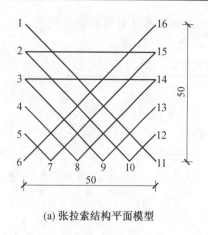

(a) 张拉索结构平面模型

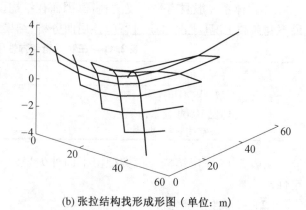

(b) 张拉结构找形成形图（单位：m）

图 2.61　张拉临时舞台上部结构

舞台采用瑞利阻尼，计算所得前 20 阶大型临时舞台自振频率见表 2.12。

表 2.12　张拉索结构自振频率　　　　　　　　　　　　　Hz

阶数	1	2	3	4	5	6	7	8	9	10
频率	2.640	3.289	3.803	4.039	4.040	4.420	4.694	5.015	5.286	5.400
阶数	11	12	13	14	15	16	17	18	19	20
频率	5.405	5.537	5.551	5.839	6.318	6.419	6.814	7.145	7.572	7.782

为了考查预应力对结构自振特性和结构地震反应的影响程度，在此分别考虑 300 kN、400 kN、600 kN 和 700 kN 四种预应力情况结构的自振特性，计算的频率分布和基频随初始预应力变化曲线如图 2.62 和图 2.63 所示。

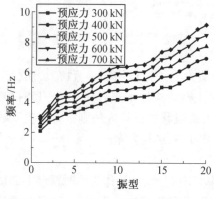

图 2.62　不同预应力结构频率分布

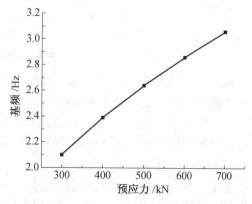

图 2.63　基频随初始预应力变化曲线

从图 2.62 和图 2.63 可以看出：预应力对频率的影响呈现较强的规律性，预应力大则结构刚度大，自振频率大，反之亦然；另外，随着预应力的比例增大，自振频率也增大，但呈现出非线性；低阶振型频率较密，高阶振型频率较疏，说明预应力对结构的高阶频率的影响突出。

由于缺乏临时结构抗震设计的相关依据，本节按照永久结构抗震设计进行大型临时张拉舞台的抗震类比设计。根据我国抗震规范的规定，按建筑场地类别选择适用于 Ⅱ 类场地的 EI Centro 波和 Taft 波两条地震波,设计地震分组取第一组,计算结构在 8 度多遇烈度设防下的动力时程反应,设计加速度峰值 70 Gal(1 Gal = 0.01 m/s^2),时间间隔 0.01 s,持续时间 15 s。其中,EI Centro 波的 0°至 180°方向、90°至 270°方向和竖向 3 个方向记录分别作为水平 X 向、水平 Y 向和竖直 Z 向的输入;Taft 波的 21°至 201°、111°至 291°和竖向首先转化为 0°至 180°方向、90°至 270°方向和竖向 3 个方向记录,再作为水平 X 向、水平 Y 向和竖直 Z 向的输入。由于所选实际地震记录的加速度峰值与设防烈度所对应的加速度峰值不一致,通过将实际地震记录的峰值加速度等比例放大或缩小来加以修正,得到实际地震峰值满足设防烈度对应加速度峰值的三向地震波,然后将 X、Y 和 Z 三向分别按 1 : 0.85 : 0.65 的比例进行结构动力输入。

为了尽量保证截取的 15 s 地震动不改变地震波的特征,截取前后地震动的峰值及频谱特征应保持基本一致。图 2.64 和图 2.65 为两组地震波三向地震动截取前后傅里叶谱图对比。

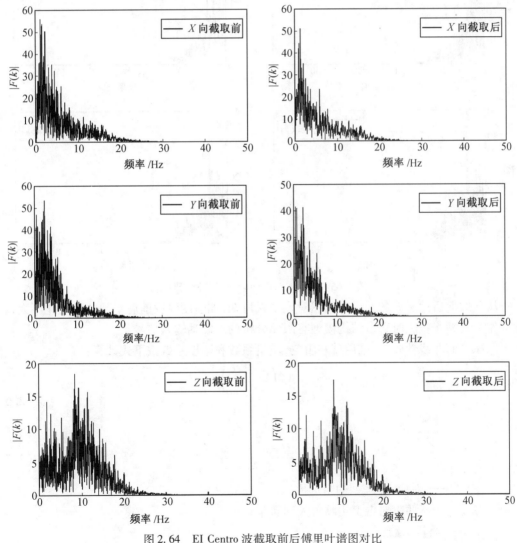

图 2.64　EI Centro 波截取前后傅里叶谱图对比

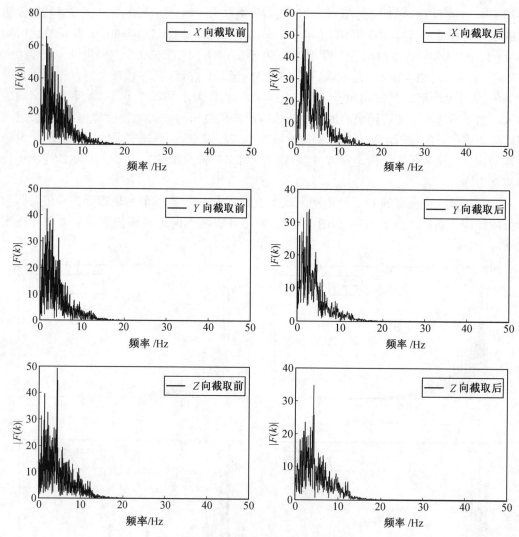

图 2.65 Taft 波截取前后傅里叶谱图对比

从截取前后地震波的傅里叶谱图对比结果可知,加速度时程前后卓越频率变化不大,因此可作为大型张拉临时舞台结构模型有限元分析的地震动输入信号。

考虑几何非线性效应,采用瑞利阻尼,质量系数和刚度系数按下式计算:

$$\alpha = \frac{2\left(\dfrac{\xi_i}{\omega_i} - \dfrac{\xi_j}{\omega_j}\right)}{\dfrac{1}{\omega_i^2} - \dfrac{1}{\omega_j^2}} \tag{2.6}$$

$$\beta = \frac{2(\xi_j\omega_j - \xi_i\omega_i)}{\omega_j^2 - \omega_i^2} \tag{2.7}$$

式中　　ξ_i、ξ_j——对应 i、j 阵型的阻尼比;

　　　　ω_i、ω_j——两阶对振型贡献较大的频率;

　　　　α——质量系数;

　　　　β——刚度系数。

假设控制结构频率的阻尼比相等,且钢结构(构件) 取 0.02,即 $\xi_i = \xi_j = \xi = 0.02$,则式 (2.6) 和式(2.7) 可简化为

$$\alpha = \frac{2\xi}{\omega_i + \omega_j} \times \omega_i \omega_j \qquad (2.8)$$

$$\beta = \frac{2\xi}{\omega_i + \omega_j} \qquad (2.9)$$

由前面所得结构自振频率,可求得 $\alpha = 0.577$,$\beta = 0.000\ 69$。根据上面参数,分别计算大型张拉临时舞台 X、Y 和 Z 向一维输入和三维输入时的地震动力时程反应,结构在 EI Centro 波和 Taft 波作用下的最大内力时程曲线分别如图 2.66 和图 2.67 所示。

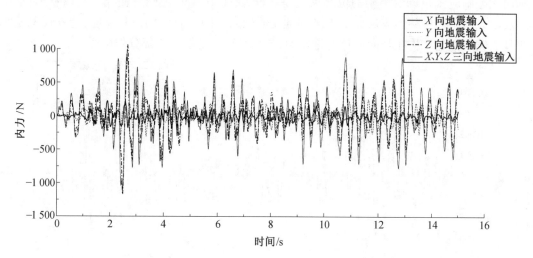

图 2.66   EI Centro 地震波作用下结构的最大内力时程曲线

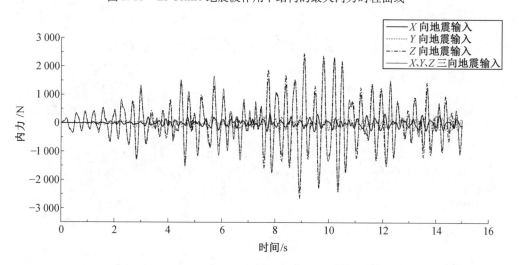

图 2.67   Taft 地震波作用下结构的最大内力时程曲线

从图 2.66 和图 2.67 的地震波作用结构最大内力时程曲线上可以看出:① 在同一种地震波作用下,相对于预应力而言内力变化较小,在整个地震作用下索始终处于弹性受力阶段,一般不会进入塑性阶段;② 在同一种地震波作用下,结构内力对 Z 向地震波的反应较 X、Y 向大,证明结构竖向振动敏感,这是因为结构自振振型主要以竖向振动为主;③ 不同地震

波作用下,即使地震波峰值相同,结构产生的内力反应差别也较大,其原因根据前面两种地震波 Z 向的傅里叶谱图对比可知,两条地震动加速度时程的卓越频率相差较大。

大型临时结构的位移计算是保证大型张拉临时舞台安全的重要内容,图 2.68 为 EI Centro 地震波作用下结构的最大位移时程曲线,图 2.69 为 Taft 地震波作用下结构的最大位移时程曲线,从结构位移反应可得出张拉大型临时舞台的动力位移特征:① 在同一种地震波作用下,临时舞台结构最大位移为 12 mm,位移相对较小,满足抗震设计,另外,结构的动位移变化范围(动位移与静位移比值)远大于动内力变化范围(动内力与静内力比值),显示结构由位移控制;② 位移时程曲线仍然呈现出对 Z 向地震波的反应敏感;③ 不同地震波输入时大型临时张拉舞台结构的位移反应差别较大;④ 从 Taft 波时程曲线中可以看出,三维地震输入时结构位移反应反而小于 Z 向地震波输入时的临时结构位移反应,这种现象是水平地震输入激起结构在竖向的反对称振型,与正对称振型抵消一部分作用所致。

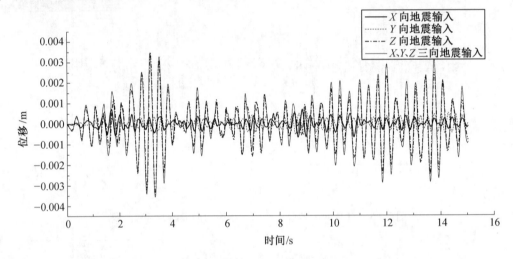

图 2.68 EI Centro 地震波作用下结构的最大位移时程曲线

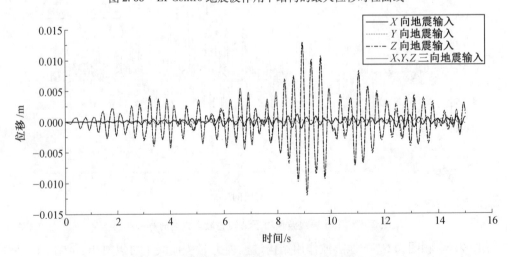

图 2.69 Taft 地震波作用下结构的最大位移时程曲线

通过比较大型张拉临时舞台结构内力时程反应曲线和位移时程反应曲线,可知临时结构在地震波作用下,结构内力和位移基本同步到达峰值;实际工程中,内力变化较小,对位移的控制应该高于内力的控制,大型张拉索结构的破坏往往会在索内力还未达到设计值时,由于结构的位移过大,结构构件破坏;临时结构受竖向地震荷载影响较大。

借鉴永久结构抗震设计规范,为了实现"三水准设防目标",结构设计采取"两阶段设计"步骤。"两阶段设计"中的第一阶段即本书前述按多遇地震进行结构线性弹性阶段的抗震分析,此阶段需同时进行结构构件极限承载力状态验算(内力验算)和结构变形正常使用极限状态验算(位移验算)两方面的考量。而第二阶段,临时结构按罕遇地震进行结构非线性分析时,只需检验结构的变形是否满足设计要求即可。为了考虑大型张拉临时演出平台遭受高于本地区抗震设防烈度的罕遇地震,下面提出了考虑材料非线性的弹塑性时程分析,以提前发现大型张拉临时结构的薄弱部位。

有限元模型给定材料屈服强度为 345 MPa,定义材料为双线性随动强化,计入几何非线性和预应力,罕遇地震下阻尼比取 0.05,重新计算瑞利阻尼系数。仍然采用本书上述动力设计 EI Centro 波和 Taft 波两种地震输入波,借鉴永久结构抗震设计规范,调整波峰值为 400 Gal。由前面分析已知结构对竖向地震荷载较为敏感,故此部分只考虑竖向一维地震输入,峰值修正为 $0.85 \times 400 = 340$ Gal,并以结构的位移为检测指标。图 2.70 显示了结构在罕遇地震作用下的位移时程曲线。

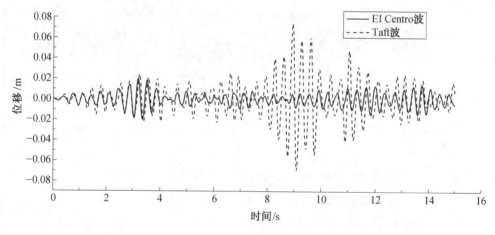

图 2.70　Z 向地震输入结构最大位移时程曲线

为了分析结构初始预应力对结构抗震性能的影响,考虑前述另外四种不同预应力动力模型,进行罕遇地震时程反应分析。图2.71 和图2.72 分别为 EI Centro 波和 Taft 波 Z 向输入作用下不同预应力结构的最大位移反应时程曲线。

从罕遇地震分析可知,当地震峰值提高 5.7 倍左右时,结构在两种地震波作用下,最大位移也都增大 5.7 倍左右,说明结构在罕遇地震作用下仍处于弹性工作阶段,在张拉临时舞台设计中无须考虑材料的塑性影响,可以只对结构进行弹性阶段的罕遇地震分析。但输入不同地震波时程,尽管加速度峰值相同,结果仍然呈现较大的差异性。考虑不同初始预应力,结构最大位移出现时间点有稍微提前或延后,在个别时间点上大型张拉临时舞台结构位移反应相差较大,由图 2.73 可以看出随预应力的增大结构的地震反应先增大后减小,相差最大值接近 27% 。

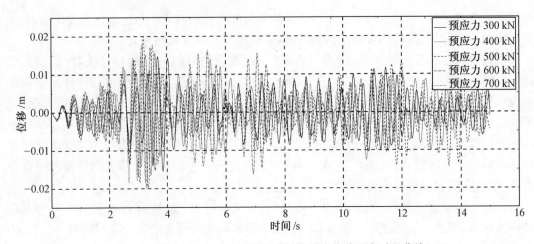

图 2.71　EI Centro 波不同预应力结构最大位移反应时程曲线

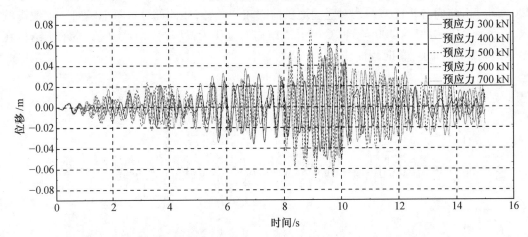

图 2.72　Taft 波不同预应力结构最大位移反应时程曲线

为了克服传统钢桁架结构质刚比过大等缺点,对两种张拉临时舞台结构分别进行了力学性能分析和抗震性能分析,根据分析结果得出以下结论:

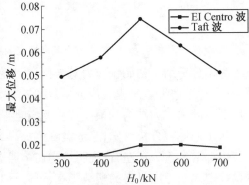

图 2.73　结构最大位移随初始预应力变化曲线

①提出的张拉结构找形程序精度满足临时舞台设计要求并可以构成形位结构分析。用给定控制点提升位移的方法,在实际施工中直接将拉索控制点张拉到位,这为实现大型临时结构快速施工和拆卸提供了理论基础。

②在确认索单元和预应力施加方法等满足精度要求的前提下,分析得到了空间索桁架较传统平面受力索桁架在内力、位移、屈曲和极限承载力各力学性能方面均有所提高,而且满足规范要求的 2.5 倍的安全系数。

③张拉舞台结构内力反应较小,在罕遇地震作用下,结构仍然处于弹性工作阶段,因此

大型张拉临时舞台抗震设计有限元模型可采用弹性方法进行计算；张拉舞台位移起控制作用，结构以竖向振动为主，竖向地震引起的位移显著大于水平地震输入。

④ 仅提高预应力不能大幅度提高张拉临时舞台的抗震性能，应综合施工、经济和使用条件，合理确定初始预应力。

⑤ 张拉索结构等柔性临时结构体系，对于不同地震波，结构地震动力反应差别较大，大型张拉临时舞台应至少选用两条地震波输入以安全分析结构的动力反应。

大型临时舞台被广泛应用在户内外临时演出、展览以及社交等活动中，针对目前临时舞台设计与搭建的技术现状，本书对传统临时舞台结构人群荷载、台上台下结构进行有限元分析，得到了指导临时舞台安全的基本理论，通过 Python 脚本语言实现了临时舞台参数化建模与自动化软件设计，并引入张拉临时结构以满足更加轻便、更大跨度要求的现代新型临时舞台，对于大型临时智能舞台的设计，可以有如下的结论：

① 通过三维测力板实验 1.0 ~ 3.0 Hz 的动荷载统计分析，发现适合我国公民的临时舞台结构人群跳跃荷载放大系数为 3.5 左右。

② 通过正交实验，提出了传统格构式桁架结构临时舞台截面、高宽值以及桁架梁跨度的安全取值范围。

③ 设计了大型临时舞台自动软件的 ABAQUS 开发插件，完成了基于 Python 脚本语言实现的临时舞台结构快速参数化建模、分析和后处理自动计算功能。

④ 对大型张拉临时舞台进行了抗震分析，结合结构找形分析提出了大跨度张拉临时舞台的动力特性。

当然，智能舞台的设计应该包含 TBIM 功能，大型临时舞台智能设计需要临时舞台更健全和完备的建筑功能，如高要求的声学光学设计、安全、用电等内容需加入考虑；在大型临时舞台轻质化结构创新设计中，不仅包括节点形式的创新和结构类型的创新，使临时舞台实现更轻便、大跨度、易搭卸技术，满足现代舞台各项功能要求，还必须使大型临时舞台具备防极端荷载设计的功能，使得大型临时舞台的公众性必须完全具备防恐、反爆等特殊结构的能力，同时由于其临时性和可重用特性，必然超越永久舞台具有的共同结构特点和常规施工措施，因此建立可靠的大型临时舞台特殊极端荷载设计理论、安全保障体系及快速施工工艺和专门的装备是建立大型临时智能舞台国际标准的重要原创性研究内容。

2.4.4　智能临时模板设计

我国组合钢模板从 20 世纪 80 年代初开发，曾一度在国内广泛应用，促进了模板施工技术的进步。目前，我国小钢模板拥有量仍然达到 1.4×10^9 m^2 以上。但由于小钢模板面尺寸小，拼缝多，虽目前仍在使用，但已经不再占主导地位。目前，在建筑施工中应用量最大的是木胶合板，其年产量约达 1×10^7 m^3，约占 45% 的国内建筑模板市场。传统的小钢模处于即将被淘汰的境遇。小钢模库存量大，生产这些小钢模耗费了大量的资源和能源，直接废弃当废铁处理又损失太大。采用小钢模组拼大钢模板技术可以盘活这些小钢模，继续为企业产生经济效益，这也是企业进行新型技术改造、升级和转型，从而提升技术市场价值竞争力的重要途径。

目前，国内模板工程按经验施工的很多，缺乏可靠、专业的模板工程设计软件，其中自动模板设计软件几乎是我国的空白，从而导致了数量众多的模板和脚手架坍塌的建筑安全事故。

在混凝土浇筑过程中,立柱作为建筑模板纵横向垂直体系支架构件,对模板整体空间稳定性起着重要的作用,模板倒塌造成的重大事故中,绝大部分是立柱的稳定性不足引起构件及整体破坏。现代建筑模板支架中立柱材料一般分为两种:木立柱及钢管立柱。目前,建筑模板支架中钢管材质立柱被广泛采用,但是钢材是一种耗能较大且不可再生的资源。而木材的力学性能受其生长环境的影响较大,东北小径木为速生间伐材,成材后经过简单处理后具备较好的抗压性能,如果再经过改性,则将表现出良好的力学性质。但因工程认识上的分歧,目前东北小径木并没有大量作为临时结构的支撑立柱。

东北地区具有丰富的天然林和人工林资源,小径木作为林业废料,传统的处理方法是烧掉取暖。但小径木具有较好的力学性能和工程使用价值前景,并且 3 m 长小径木自重不超过 25 kg,能够在建筑模板支撑体系中部分或全部代替钢管立柱。

在土木工程常用材料(混凝土、砖石、钢材、木材)中,综合考虑建材的开采、制造加工、建筑物建设、长期使用维护、材料回收及再利用和资源再生产等,其中木材对环境影响最小、消耗的能源最少,同时,每吨树木在成长过程中会释放出 1.07 t 氧气,吸收 1.47 t 二氧化碳。在耗能方面:同样生产 1 m^3,木材消耗 750 MJ,钢材消耗 2.66×10^5 MJ。铝材消耗 1.1×10^6 MJ。虽然木材密度低一些,但是每千克木材需要 1.5 MJ,每千克钢材需要 35 MJ,每千克铝材需要 435 MJ。据研究,木结构相比钢结构、混凝土结构在物化阶段消耗水和能源较少,对同一建筑,若用木结构代替钢结构,将节省 39.2% 的水和 27.75% 的能源;代替混凝土结构则将节省 46.17% 的水和 45.24% 的能源,采用木构件替换部分或全部钢结构或混凝土结构构件时,可以大量减少施工过程中的耗能和碳排放量,符合建设低碳社会、降低钢材依赖的国家创新科技发展方向。

目前,设计单位往往只给出结构设计,而不会给出模板设计,这样一来,模板设计任务就由施工单位自己来完成,由于模板和脚手架属于临时结构,其稳定性计算模型比较复杂,对于大型临时结构的计算和分析需要考虑更多的力学问题,而我国目前绝大多数施工单位仍不具有可靠分析模板和脚手架工程以及设计的能力,这样就导致多数工程都按经验施工,没有按照规范要求进行计算。特别是高大模板,更加缺乏专业的设计和计算。由此给建筑模板和脚手架等大型临时结构带来了极大的隐患,不仅危机施工安全,也是劣化施工效率、抬升施工消耗、阻碍施工过程、降低施工控制品质的主要原因。因此,开发现代大型复杂临时结构,如模板和脚手架等的自动设计与校验,具有十分紧迫和现实的意义,该项技术不仅能够提高施工效率,而且也是推动施工技术转型、提升施工全过程技术含量的重要途径和关键核心技术。

建筑工程中的模板安全已经成为导致建筑重大恶性事故的重要原因,强化临时结构模板施工过程的设计能力、提高模板施工过程信息处理能力、执行模板施工过程中管理能力已经成为降低模板施工事故、提升建筑施工效率的重要技术途径,大型建筑模板施工计算与配板的自动化是提高模板技术的关键。

建筑模板工程的设计基于结构设计。设计人员必须在屏幕上依靠人工读图来理解结构设计图所包含的内容,然后再进行相关的模板工程的设计。人工读图效率低下,差错率高,结果的稳定性(误差范围)很容易受到读图者的主观因素及客观因素的影响而难以估计,进而影响到模板工程设计的效率和质量。使用计算机读图技术,让计算机完成这些重复性工作是解决上述问题的有效方法。

计算机自动施工图绘制一直是建筑结构CAD软件努力的方向,也是CAD面向自动化和智能化方向发展的关键要求。建筑模板作为工程临时结构用量最大的分项工程,如何智能设计使计算机自动完成模板工程设计施工图的绘制,自动完成模板工程基本力学计算,自动生成模板工程材料表,在提高模板工程设计效率的同时,由于大量参考、对比和自动分析各种国内外设计规范能够保证专家系统在设计过程中的及时参与,从而使得自动设计更具合理性和安全性,是智能施工最重要也是最关键的技术。

20 世纪 70 年代开始,美、日、欧等发达国家先后对工程图纸智能识别方法进行了卓有成效的探索,主要研究数字图像从光栅格式到矢量格式的转化,所采用的矢量化方法主要是基于 Hough 变换的方法和基于细化的方法等。至今,研究范围已涉及机械、建筑、地形地貌、电子电路等多个领域。20 世纪 80 年代末,国内的一些高等院校和科研机构也开始了对这一重大课题的研究,并取得了一些阶段性成果。

建筑图纸智能识别与理解是近年来智能 CAD 生成领域发展起来的研究热点,建筑图纸是由不同建筑配套专业相互配合综合而成的,包含丰富的设计信息,建筑图纸智能识别与理解研究的最终目的,是使计算机在最大程度上模仿专家的思维方式和人的识图过程,并结合领域知识和经验,运用不同的方法进行有效的特征识别、信息理解、分析不同类型的建筑多维图形,从而为本专业智能设计的后续工作提供必要的条件。目前,我国也已经出现了在设计中部分应用的商品化软件,见表 2.13。

表 2.13　国内建筑智能 CAD

软件名称	开发单位	适用范围	主要功能及特点
PKPM 系列	中国建筑科学研究院 PKPM 工程部	框排架、框 - 剪、砖混底框砖房等多层与高层	建筑、结构、设备集成的大型 CAD 系统
TBSA 系列	中国建筑科学研究院高层建筑技术开发部	多层及高层钢筋混凝土结构	上部结构、基础计算、辅助绘图一体化
TUS 多层、高层空间结构实用设计系列	清华大学建筑设计研究院	钢筋混凝土框架、剪力墙、框 - 剪、筒中筒结构、高层钢结构等	AutoCAD 环境下完成模板图、楼板、梁、柱、墙的施工图
ABD 系列多层混合结构	中国建筑科学研究院 ABD 系列软件工程部	底框、砖砌体、混凝土小砌块、内框、框架以及砌体与钢混合等	以 AutoCAD 为平台,三维建模、导荷载、计算、绘图一体化
SAP 微机机构分析通用程序	北京大学力学系结构工程软件中心	土建、水利、电力、交通、机械、航空、矿冶等工程部门大型复杂结构的静力和动力分析	丰富的单元库、三维框架单元、三维桁架单元、变截面直梁单元、平面曲梁等
MSTCAD 空间网格结构分析设计软件	浙江大学土木系空间结构研究室	各种大小、形式的空间网格结构	融合前处理、图形处理、优化设计、施工图和机械加工一体化,全部数据图形交互输入;提供几十种多层网架、单双层球壳、柱面壳等基本网格形式
钢结构设计软件	同济大学土木工程学院	门式钢架、钢屋架、吊车梁设计计算施工图绘制;任意空间杆系钢结构设计计算	结构建模、内力分析、截面设计优化、后处理、设计报告一体化,可与 AutoCAD 完全接口

　　除了商业化的专业软件外,国内外学者也对计算机读图技术进行了大量研究。在基础图件的识别方面,AhSoon(1997)分析了建筑图的特点并提出了基于网络的建筑符号识别方法。Lu(2005)提出了建筑结构图识别模型。任爱珠(2002)提出了区域关系的图书识别方法,建立了一个可以不断学习新形状的图形模板库,通过图形间的匹配关系来进行剪力墙尺寸标注,从而提高了剪力墙尺寸标注的合理性。刘晓平(1999～2001)提出了基于荷载方向的自动分层标注算法,研究了钢结构设计图的识别,完成钢结构设计图的自动标注。王姝华(2002)开发了基于规则的建筑结构图钢筋用量自动识别系统,该系统以矢量化后的电子图档为基础,通过总结建筑工程图结构特征及绘图规则,自动分析图中的各种图形元素、符号及其关系,理解各种部件信息,并加以综合,以获取正确的建筑工程钢筋用量。罗志伟(2004)提出了截面表示法,针对截面表示法柱平面图的规则和特征,从轮廓追踪、全局联系、图元特征、语义分析等技术层面,分别对柱平面图的图元识别、图元与标注匹配、截面模板复制匹配、标注识别理解等几个关键步骤的处理进行了探讨。颜巍(2004)提出了建筑楼板的自动识别算法,该算法从三个不同角度提出了分层次、分步骤的建筑楼板结构平面图识别方法,消除图元表示方法的多样性、提取特殊图元轮廓信息、建立线条间的几何关系以及基于统计的阈值选取等方法进行规范化处理,将导入的结构 CAD 图形构件基本信息作为后续图形识别的继承单元,从而可以在任何复杂的图形识别中重复利用这些基本单元。贾哲明(2004)等提出了一种对建筑平面图的墙体符号识别算法,结合建筑平面图的领域知识,首先利用几何运算从平面图中提取出构成墙体候选符号的子图,再使用逻辑方法推理确定墙体元素符号并得到完整的墙体拓扑结构信息。Lai(1994)提出了以规则为基础的图文分离算法,建立了以模型为基础的箭头检查过程,将箭头分解为图和文字两部分,完成了工程图尺寸线的识别。芮明(2005)提出了基于视觉的表格自动识别方法,该方法针对表格形式的多变性等特点,提出基于视觉、自顶向下的表格自动阅读方法,有效地解决了表格格式分析,识别并处理了耦合、嵌套、合并、复用等情况。范帆(2012)提出了一种基于工程图纸知识的预分割字符串及标注信息提取方法,重点关注工程图纸中以表格形式存在的字符串以及图元标注信息的解析、定位、提取,通过前期处理保持字符串与字符串、图元与标注信息之间的逻辑联系,解析获得字符串的坐标信息,对字符串所在的区域进行水平化,去除杂质线段等操作,以达到最佳的识别效果。胡笛(2002)提出了一种便于图形理解的建筑结构三视图自动识别与重建方法,该方法以自动识别建筑构件的轮廓为基础,通过对符号、注释等语义信息的理解与综合以及对相邻实体间拓扑关系的分析,快捷、有效地完成对建筑物的整体重建。路通(2007)提出了一种结构构件三维信息的渐进式整合和规范化重组方法,该方法将各种示意性的图形元素、多样化的表达方式、分散在多张二维图中的三维结构构件信息进行整合和规范化,得到具有严格几何对应关系的规范化投影图,同时从构件属性标注中提取三维重建所需的隐含语义信息。杨若瑜(2008)提出了一种能够有效提高建筑业智能化、自动化的系统性新方法,该方法实现了二维建筑结构图的自动识别和理解,并由此生成包含完整几何和语义信息的三维数字建筑模型。杨晔(2011)根据室内建筑行业特有的视图表示规则,提出了一种基于理解的室内建筑物三维重建方法,该方法结合室内建筑制图规则、图形识别理解技术和人工智能知识,通过基于特征抽取的识别算法,完成对室内建筑结构图中墙体中线的提取,进而获得整个建筑物墙体的拓扑结构,然后对室内建筑结构图中两种重要的建筑构件门和窗户进行辨识,最后实现室内建筑物的三维重建。

上述研究都是对结构图中某个基本单元进行识别的工作,但对结构图整体自动识别并配板的研究,目前仍未见公开报道和相关的算法。模板全自动配板技术的核心是结构施工图的理解和准确识别,因而模板自动配板的关键是获取简单高效的图形特征识别算法,通过对施工图特征的识别、分类和提取,按照模板计算结果,结合规范,最终实现模板全自动配板过程。

建筑领域内设计图以二维为主,其传统结构设计信息都采用二维信息进行表达,而模板工程设计的上层信息来源于结构设计,故结构设计图信息的读取是模板设计的前提。如前所述,目前模板设计人员需要人工分析结构设计的基本图形和各类符号,费时费力,效率低,且易出错。

针对上述施工临时工程的实际情况,本书对全新的建筑结构图形识别技术和算法进行讲述,用于实现计算机自动读图,并在此基础上完成现浇结构垂直和水平体系模板的自动设计。该技术主要包含的内容如下:

① 基于直角矢量化的结构设计图读算法,以及基于此算法的墙角、丁字墙、十字墙的识别。

② 在识别信息的基础之上,完成垂直体系模板工程的自动设计,采用由标准角模定位大模板,模板连接采用子母口方式,防止胀模事故的发生。

③ 基于直角扩展技术,完成水平体系模板工程的自动设计,结合小径木钢木组合早拆单元的计算模型,快速完成配板方案结构的优化布置。

通过上述内容的阐述,最后展望了今后的研究任务和亟待解决的关键技术问题。

1. 智能临时模板结构设计的前期准备

现浇结构垂直体系模板配板有两种基本方法,一是基于角模配板,二是基于模板配板。随着角模参数的标准化,基于角模配板的设计能够提高材料的利用率和施工效率,也是人性化施工的技术保证,是未来智能化配板发展的主要趋势。因此本书讨论第一种情况,即基于角模的配板技术体系,然后根据角模板确定大模板,最后再布置穿墙螺栓和其他各种附件。另外,随着我国建筑能耗的不断降低,现浇垂直体系主要用于抗风和抗震设计,因而模板垂直体系在未来城镇化的过程中,建筑体型的抗震能力将不断加强,特别是我国新农村人居建筑结构设计,体形规整的垂直现浇结构将是主流,因此本书的模板全自动设计以规整结构为例,其中门窗洞口在模板配板时当作墙体进行处理。通过对剪力墙结构的大量分析,发现结构图形都可解构成墙角、丁字墙、十字墙、墙体四个部分(图 2.74)。

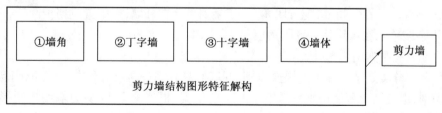

图 2.74　剪力墙结构图形的基本特征

由于以角模为基准进行配板,剪力墙墙角识别是图形识别的重点,为此图 2.74 可以继续解构为图 2.75 所示带有墙角的基本特征,这些特征是构成图形识别的基本要素,它们分别是:左上墙角、左下墙角、左丁字墙、右丁字墙、上丁字墙、下丁字墙、右上墙角、右下墙角和十字墙 9 个单元。

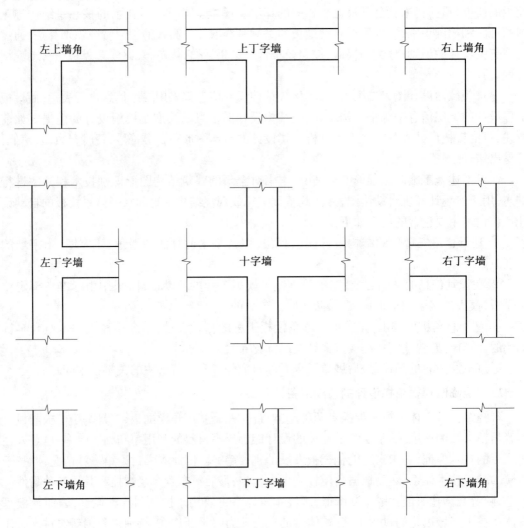

图 2.75　剪力墙图形识别基本特征单元

剪力墙解构成 9 个单元后,其配板规则为:

① 墙角单元在外侧,转角配置阳角模;墙角单元在内侧,转角配置阴角模。

② 丁字墙单元在转角处,配置阴角模;丁字墙单元在外墙,则配置成挡板。

③ 十字墙单元在转角处配置阴角模。

上述配置规则如图 2.76 所示。

墙角单元分类是结构施工图快速识别的基础,只有完备高效的分类,才能准确高效地完成图形识别,也是图形智能识别算法继承的主要依据,根据图 2.75 剪力墙结构图形形态的基本特征单元,结构图形特征可分类为

$$结构施工图图形特征分类 = \{墙角,丁字墙,十字墙\} \qquad (2.10)$$

考虑剪力墙结构图形单元和空间位置关系,除十字墙因对称不需继续细分外,式 (2.10) 中的墙角可继续分为四种子墙角单元,其定义如下:

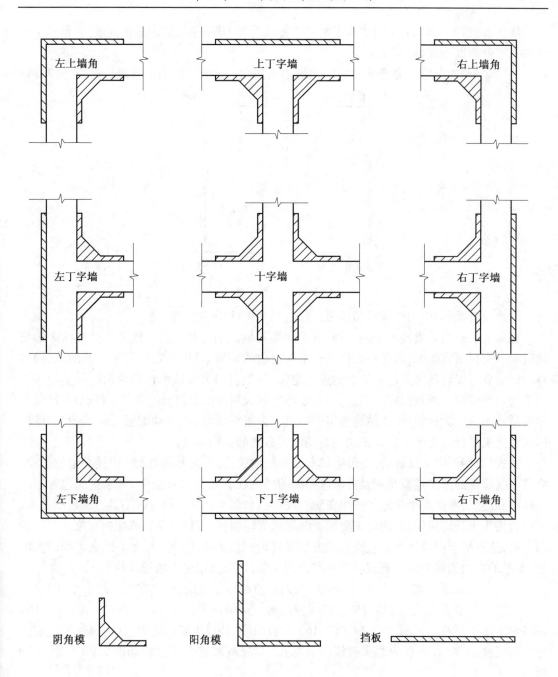

图 2.76　剪力墙单元配板

墙角特征分类 = {左上方墙角单元, 右上方墙角单元, 左下方墙角单元, 右下方墙角单元}

$$(2.11)$$

同理, 对丁字墙和十字墙子类定义为

丁字墙特征分类 = {左丁字墙单元, 右丁字墙单元, 上丁字墙单元, 下丁字墙单元}

$$(2.12)$$

十字墙单元特征分类 = {十字墙}　　　　(2.13)

从式(2.11)~(2.13)的墙角子类定义可以看到,基本单元均由直角构成,直角从空间位置上可分为以下几类(图2.77):

$$直角特征分类 = \{左上直角,右上直角,左下直角,右下直角\} \qquad (2.14)$$

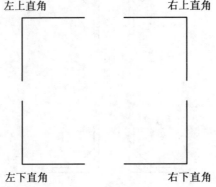

图2.77　直角分类

因此,结构图形中的任何墙角都由式(2.14)中的直角类组成。

直角矢量是角矢量技术中的一种,属于二维矢量识别范畴。由于直角矢量由两个矢量线段和一个标量点组成,因此随着任意一个矢量边的旋转,可以确定任何正交的图形,通过移动标量点可以将任何图形中的直角进行定位,这是直角矢量技术识别墙角的基本原理。由于矢量线段可以通过限定排序,从而可以迅速对大量由线段组成的直角进行识别,这是直角矢量技术的最大优点,由于结构施工图中具有大量的线段,而自动配板又以墙角为基准,因而直角矢量技术是图形二维识别中自动配板高效的识别算法。

从式(2.14)中可以看出,直角由基本点和线组成,为了在大量的点线中提高定位效率,直角点线属性的限定是直角矢量方法应用的前提。在直角矢量算法中,每条直线包含唯一的起点和终点,考虑到结构施工图中任意直线终点和起点的相对位置并不具有确定的关系,不能直接用于计算机识别,为此需要给直线附加方向属性,这样一条直线便拥有唯一对应的两个点,这种赋予向量属性的直角定位方法是自动配板的基础;另外,为了提高识别的实时性,本书的直角矢量方法以直线段为基本识别对象,用矢量限定方法进行约束,定义如下:

$$水平直线 = \{所有水平直线段的起点必须在左边,终点在右边\} \qquad (2.15)$$
$$竖直直线 = \{所有竖直直线段的起点必须在下边,终点在上边\} \qquad (2.16)$$

对于图中不符合式(2.15)和式(2.16)的直线段,经过重新限定后,其新属性的起点是原先直线段的终点,终点为原先直线段的起点,其矢量限定变换过程如图2.78和图2.79所示。

这样,矢量限定后的直线段直角的定义为

$$左下方直角 = \{水平直线起点和竖直直线起点重合\} \qquad (2.17)$$
$$左上方直角 = \{水平直线起点和竖直直线终点重合\} \qquad (2.18)$$
$$右下方直角 = \{水平直线终点和竖直直线起点重合\} \qquad (2.19)$$
$$右上方直角 = \{水平直线终点和竖直直线终点重合\} \qquad (2.20)$$

矢量限定后的直角如图2.80所示。

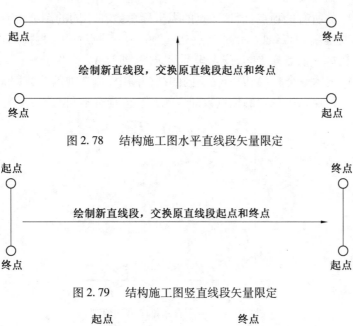

图 2.78　结构施工图水平直线段矢量限定

图 2.79　结构施工图竖直线段矢量限定

图 2.80　矢量限定直角的排列

　　直角矢量排序是模板自动配板快速计算的关键,本项目中以顶点标量代表矢量直角后,矢量直角排序简化为点排序。矢量直角排序算法如下:

$$左上方矢量直角排序 = \{按其顶点的\,Y\,坐标从大到小排列,当\,Y\,坐标值相等时,再按\,X\,坐标$$
$$值从小到大排列;以\,Y\,坐标值为主,X\,坐标值为辅\} \qquad (2.21)$$

$$右上方矢量直角排序 = \{按其顶点的\,Y\,坐标从大到小排列,当\,Y\,坐标值相等时,再按\,X\,坐标$$
$$值从大到小排列;以\,Y\,坐标值为主,X\,坐标值为辅\} \qquad (2.22)$$

$$左下方矢量直角排序 = \{按其顶点的\,X\,坐标从小到大排列,当\,X\,坐标值相等时,再按\,Y\,坐标$$
$$值从小到大排列;以\,X\,坐标值为主,Y\,坐标值为辅\} \qquad (2.23)$$

$$右下方矢量直角排序 = \{按其顶点的\,X\,坐标从大到小排列,当\,X\,坐标值相等时,再按\,Y\,坐标$$
$$值从小到大排列;以\,X\,坐标值为主,Y\,坐标值为辅\} \qquad (2.24)$$

　　以上矢量直角排序方式中,X 和 Y 坐标值搜索顺序可以互相交换。

　　左下直角的排序方向可用图 2.81 表示。其中 P 表示直角顶点,X 坐标表示点的横坐标值,Y 坐标表示点的纵坐标值,图中 P 的第一个下标 i 代表 X 坐标,第二个下标 N_i 代表 Y 坐标。例如 P_{11} 表示直角顶点 $P(X_1,Y_1)$,$i,N_1,N_2,N_3,\cdots,N_i$ 为任意正整数。$P(X_i,Y_{N_i})$ 第 i 列

表示 X 坐标为 X_i 的所有的顶点,而这些点的纵坐标总数在不同的图纸中有不同的值,采用 N_i 表示这个值,称这些顶点组成一个"顶点列"。在这一顶点列中,再按照顶点的 Y 坐标值从小到大排序;在每一顶点列之间,按 X 坐标值排序,即有 $X_1 < X_2 < \cdots < X_i$。直角顶点 P 的第二个下标 N_i 表示一个整数,因为在不同的结构图中,顶点列的总数即 i 的值,并不具有相同的值,而每一顶点列中包含的顶点数即 N_i 的值,也具有不同的值。

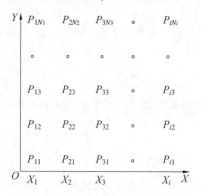

图 2.81　左下直角排序算法原理

通过上述排序后,以点表示的矢量直角,即可达到如下目的:

① 将结构施工图中最外围直角置于矢量直角集合的起点。

② 对任意墙角,矢量角点 P_N 在目标矢量角点 P_{N+i} 的外围,即循环矢量直角点 P_N 在集合中的位置比目标矢量直角点 P_{N+i} 靠前,N 和 i 为任意正整数,其中目标矢量直角指式(2.14)集合中任何一个需要识别的特征直角元素。

其过程可以用图 2.82 表示。

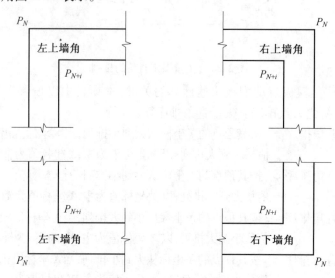

图 2.82　矢量直角排序集合位置与墙角识别

图 2.82 中包含 9 个矢量直角构成的 4 个墙角,在左下方矢量直角顶点循环开始时,用式(2.21)～(2.24)的矢量直角算法可以保证顶点集合中的第一个点是整个设计图中处于左下方最外围墙角的顶点,同时在循环中遇到左下方墙角时,可以保证循环点为墙角左下方的

点,即为图 2.82 中左下方墙角单元中的 P_N 点,而目标点为墙角右上方的点,即为图 2.82 中左下方墙角单元中的 P_{N+i} 点,P_N 点在集合中的位置比 P_{N+i} 点靠前,这样以 P_N 为循环点,以 P_{N+i} 为目标点,组成任意墙角时,保证判断 P_{N+i} 点的唯一性条件为

$$\begin{cases} D \leqslant P_{N+i} \cdot X - P_N \cdot X \leqslant W \\ D \leqslant P_{N+i} \cdot Y - P_N \cdot Y \leqslant W \end{cases} \tag{2.25}$$

式中　W——墙厚;

　　　D——绘图误差,用于判断两点是否在同一水平线或竖直线上。

为一选定小数,根据不同建筑构造形式赋予不同的值,这种设置是避免结构设计图因设计人员操作不严格,使水平或竖直线倾斜导致识别错误的情况,D 的引入可以消除图形细微错误,实现结构施工图形中错误自校正。例如,当两个点的 X 坐标值相差大于 0,但小于或等于 D,则仍将该两点识别为同一竖直线上的点;如果大于 D,则认为这两点不在同一条竖直线上是结构和建筑上的要求。

为了进一步提高识别效率,除了对直角顶点进行排序外,还需要对图中所有直线进行矢量排序,这种排序能够应付图中具有大量直线的场合,本项目以水平矢量直线段作为循环单元,矢量竖直直线段为目标单元,排序算法如下:

①水平矢量直线段以其起点的 X 坐标按从小到大排序,当起点的 X 坐标相等时,再按起点的 Y 坐标值从小到大排序。

②竖直矢量直线段以其起点的 Y 坐标按从小到大排序,当起点的 Y 坐标相等时,再按起点的 X 坐标值从小到大排序。

上述矢量直线段的排序过程如图 2.83 所示。

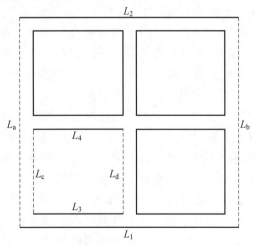

图 2.83　线段排序算法

图 2.83 列出了在水平矢量直线段和竖直矢量线段集合中分别靠前的 4 条线段。循环开始时,L_1 处于水平矢量直线段集合中第一的位置,而需要与 L_1 进行比较端点的 L_a 和 L_b 分别位于竖直矢量直线段集合中的第一和第二的位置,L_1 的起点和终点均检验完后,将 L_1 从其集合中删除,这时 L_2 处于水平线段集合中第一的位置,L_a 和 L_b 仍为第一和第二的位置。L_2 的起点和终点检验完后,将 L_2 从其集合中删除,这样初始集合中只剩下竖直矢量直线段,根据上面矢量直线段排序算法,在竖直矢量线段中,将最靠左边的线段排在第一,余下竖直矢

量直线段依次排列,最后完成竖直矢量直线段集合的排序;用同样的方法可以得到水平矢量直线段排序后的集合。

利用上述两个矢量直线段集合,在形成矢量直角中,可以大大减少目标矢量直线段与目标矢量直角的搜寻时间,从而大大提高结构施工图中基本特征的识别效率。

结构图中模板组件的核心是墙角和墙段,由于以角模为基准进行配板,因此墙角是模板图中最为关键的识别单元,利用前面提出的矢量直角排序方法可以快速完成图形中墙角、丁字墙和十字墙的识别,下面分别予以叙述。

(1)墙角识别。

墙角的空间位置特征除了上面分析的基本特征单元之外,其组成的核心元素在矢量直角集合中排在第一,因而可以直接从矢量直角集合中利用式(2.12)的判断准则,抽取结构图中的墙角矢量直角元素,通过两个矢量直角组成一个墙角,其组成算法如下:

墙角 = $\{V_i$ 矢量直角元素$\}_{i=n}$ ∩ $\{V_j$ 矢量直角元素$\}_{i=N}$ ∩ {两个矢量直角的顶点在 X 和 Y 方向上均相差一个墙厚}

式中　i——矢量直角集合中的元素;

　　n、N——两个任意的正整数,即为这两个矢量直角在集合中的序数;

　　V_j——矢量直角类型,分别为左上角、左下角、右上角和右下角;

　　∩——结合,从相应矢量直角集合中取出符合要求的两个元素即可组合成墙角。

(2)丁字墙识别。

丁字墙的识别以其对应的矢量直角类型空间位置关系为依据,结合矢量直角排序方法,其识别条件如下:

左丁字墙 = {一个左下方矢量直角} ∩ {一个左上方矢量直角} ∩ {两个矢量直角顶点在同一条竖直线上} ∩ {左下方矢量直角的顶点在上} ∩ {左上方矢量直角的顶点在下} ∩ {两个矢量直角的顶点相差一个墙厚}

右丁字墙 = {一个右下方矢量直角} ∩ {一个右上方矢量直角} ∩ {两个矢量直角的顶点在同一条竖直线上} ∩ {右下方矢量直角顶点在上} ∩ {右上方矢量直角的顶点在下} ∩ {两个矢量直角的顶点相差一个墙厚}

上丁字墙 = {一个右上方矢量直角} ∩ {一个左上方矢量直角} ∩ {两个矢量直角顶点在同一条水平线上} ∩ {右上方矢量直角顶点在左} ∩ {左上方矢量直角顶点在右} ∩ {两个矢量直角的顶点相差一个墙厚}

下丁字墙 = {一个右下方矢量直角} ∩ {一个左下方矢量直角} ∩ {两个矢量直角顶点在同一条水平线上} ∩ {右下方矢量直角顶点在左} ∩ {左下方矢量直角的顶点在右} ∩ {两个矢量直角的顶点相差一个墙厚}

为了说明上述丁字墙的识别准则,以左丁字墙为例,图2.84表示丁字墙的构造特征,从图2.84中可以看出,左丁字墙包含一个左下方矢量直角和一个左上方矢量直角。

另外,根据上述左丁字墙两个矢量直角顶点相对位置的关系,其识别准则可以用如下表达式唯一确定:

$$\begin{cases} |P_{ll} \cdot X - P_{lu} \cdot X| \le D \\ D \le P_{ll} \cdot Y - P_{lu} \cdot Y \le W \end{cases} \tag{2.26}$$

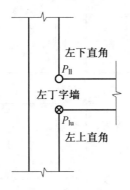

图 2.84　丁字墙识别

式中　P_{ll}——左下方矢量直角顶点；

　　　　X——横坐标；

　　　　Y——纵坐标；

　　　　P_{lu}——左上方矢量直角顶点；

　　　　D——绘图误差；

　　　　W——墙厚,其他三种丁字墙的识别条件也类似式(2.26)。

（3）十字墙识别。

从十字墙的结构特征上可以看出,十字墙包含丁字墙的特征,用于判断丁字墙的条件对十字墙的判断均成立,但十字墙从矢量直角结构形体分布上具有两对对称的矢量直角,因而十字墙可以从丁字墙集合中进行二次限定,识别出十字墙。

在四种丁字墙中,没有任意一个丁字墙是同时包含左下方矢量直角和右上方矢量直角的,当然也没有任意一个丁字墙是同时包含左上方矢量直角和右下方矢量直角的,从两组成对的矢量直角中任选出一对作为十字墙的判断条件均可以将十字墙和丁字墙区分开。不失一般性,选用左下方矢量直角和右上方矢量直角作为判断条件,可以得到十字墙识别判断条件为

十字墙 = {一个左下方矢量直角} ∩ {一个右上方矢量直角} ∩ {两个矢量直角呈对角
　　　　线分布} ∩ {左下方矢量直角在右上方} ∩ {右上方矢量直角在左下方} ∩
　　　　{两个矢量直角顶点在 X 和 Y 方向上均相差一个墙厚}

十字墙识别准则可用下式表达为

$$\begin{cases} D \le P_{ll} \cdot X - P_{ru} \cdot X \le W \\ D \le P_{ll} \cdot Y - P_{ru} \cdot Y \le W \end{cases} \tag{2.27}$$

式中　P_{ru}——右上方角。

十字墙中的矢量直角空间位置关系如图 2.85 所示。

2. 模板自动配板边界点确定

边界点是确定大模板尺寸的依据,当角模边界位置确定后,则可计算所需大模板的尺寸,获取大模板所需角模边界点,是完成模板自动配板的最后一步。

大模板边界点是大模板与角模和挡板在剪力墙上的接触点,本书利用角模顶点确定大模板边界点,因大模板分为水平和竖直两类,因而大模板边界点也分为水平关键点和竖直关

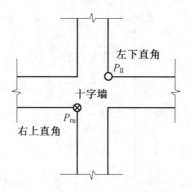

图 2.85　十字墙识别准则的矢量直角空间位置

键点,如图 2.86 所示。

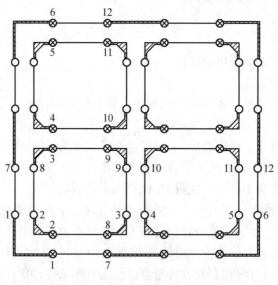

⊗ 水平边界点　　○ 竖直边界点

图 2.86　大模板边界点定义

　　边界点确定后,为将大模板、角模和挡板从识别的集合中取出并快速组成剪力墙所需的尺寸,需对边界点进行排序,其排序准则为

　　水平边界点 = {按 X 坐标值从小到大排序,当 X 相等时,再按 Y 坐标值从小到大排序}

　　竖直边界点 = {按 Y 坐标值从小到大排序,当 Y 相等时,再按 X 坐标值从小到大排序}

　　其排序过程可以从图 2.86 中的 1、2、7、8 四个水平边界点为例进行说明,其中 1 为左下方点,2 为左上方点,7 为右下方点,8 为右上方点;排序后 1 点处于集合第一个位置,2 点处于第二位置,7、8 点在后。从图 2.86 中可以看出,2 点和 1 点满足在同一条竖直线上,且 Y 坐标值大于 1 点 Y 坐标值一个墙厚,因此 2 点的空间关系可用下式唯一表达为

$$\begin{cases} |P_1 \cdot X - P_2 \cdot X| \leqslant D \\ D \leqslant P_2 \cdot Y - P_1 \cdot Y \leqslant W + D \end{cases} \tag{2.28}$$

式中　　D——绘图误差;

　　　　W——墙厚。

同理,7 点是和 1 点在同一水平线上,且 X 坐标值大于 1 点的第一个点,在边界点排序后,7 点可由下式确定:

$$\begin{cases} |\ P_1 \cdot Y - P_7 \cdot Y | \leqslant D \\ P_7 \cdot X - P_1 \cdot X \geqslant D \end{cases} \tag{2.29}$$

同样的方法,可以得到 8 点与 2 点在同一水平线上,且 X 坐标值大于 2 点的第一个点,在边界点排序后,得到 8 点的判断准则为

$$\begin{cases} |\ P_2 \cdot Y - P_8 \cdot Y | \leqslant D \\ P_8 \cdot X - P_2 \cdot X \geqslant D \end{cases} \tag{2.30}$$

由式(2.29)~(2.30)可得到大模板配板的水平边界点 1、2、7、8,从而完成最后的大模板自动配板计算与定位。

综上,根据上面结构施工图自动配板的识别算法,大模板全自动配板算法流程包括结构图形特征解构、直角与直线的矢量化、限定和排序、墙角识别以及边界点的计算四个主要工作过程,其中矢量直角与排序是最为核心的部分。结构图形识别的算法如图 2.87 所示。

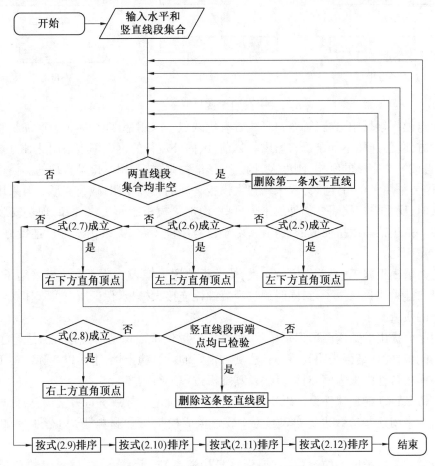

图 2.87　剪力墙大模板自动配板矢量直角排序算法流程

3. 智能临时组拼模板端口连接处理与设计

组合钢模板由小钢模组拼而成,大模板之间的连接如果不做处理,就会出现通透,造成混凝土浇筑后出现漏浆,不仅影响工程质量,而且增加后续的抹灰、装修等工程的难度和工作量。为避免这些问题,对大模板的连接方式采用企口连接,又称字母口连接。企口连接方式广泛用于连接各种板状物,如组拼式楼板、地板等,可以有效防止通透的出现。组拼大钢模板的连接亦可采用。企口连接就是将相邻的两块板边缘一边凸起,一边凹进,两者刚好咬合,使拼接后结合紧密,不易翘起。企口形式分为平口、子口和母口。平口即不做企口,子口即凸起,母口即凹进。两端采用不同的企口形式时,共有 9 种不同组合情况,如图2.88所示。

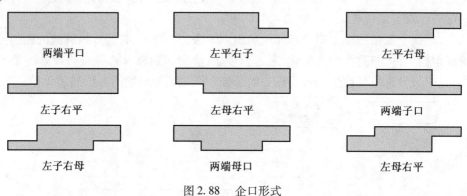

两端平口	左平右子	左平右母
左子右平	左母右平	两端子口
左子右母	两端母口	左母右平

图 2.88　企口形式

在建筑模板领域中,这三种企口形式各有优缺点。采用平口时,模板生产加工和施工现场安装均方便,但连接不如子母口紧密。目前,国内外流行的钢框模板采用此种方式。钢框厚度大,自成一个完整的结构,刚度大,抵抗变形能力强,故采用平口是合理的。模板刚度不够时,就需要采用子母口连接方式来增强大模板之间的相互作用,减小变形。但采用子母口连接方式时,比平口连接需要额外加工子母口,增加了模板制作工序,同时现场安装也不如平口方便。由小钢模组拼而成的大钢模,由于自身刚度不足,需采用子母口连接方式,以避免工程质量问题。

在剪力墙模板施工中,首先安放角模,然后再放置大模板。故要求角模采用子口,大模板采用母口。采用母口压子口,同时通过穿墙螺栓连接大模板,保证所有模板体系位移符合模板施工的质量要求。

利用上面提出的结构图形识别技术,对直角矢量化特征识别与配板方法进行了大量的实际工程配板,配板结果表明其核心算法具有很好的计算稳定性,下面以实际结构工程中的现浇体系模板自动配板为例,对该算法及其配板过程进行阐述。

垂直体系自动配板软件设计思想是先选择参数,选定参数后进行力学计算,计算满足规范要求后再采用这些参数进行自动配板,最后生成模板工程材料表,运行步骤如图 2.89所示。

模板设计需要考虑各种参数,有模板自身构造参数、荷载参数、材料参数和尺寸参数等。各种参数的输入需要通过一个选择窗口完成,如图2.90所示。通过在此窗口上点击不同的选项,即可完成参数的输入。

根据规范,模板设计需要进行计算,故在选择完参数后,首先根据输入的参数进行计算,

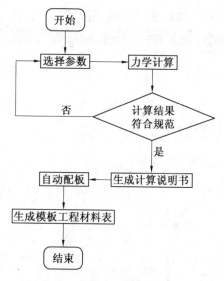

图 2.89　垂直体系软件运行步骤

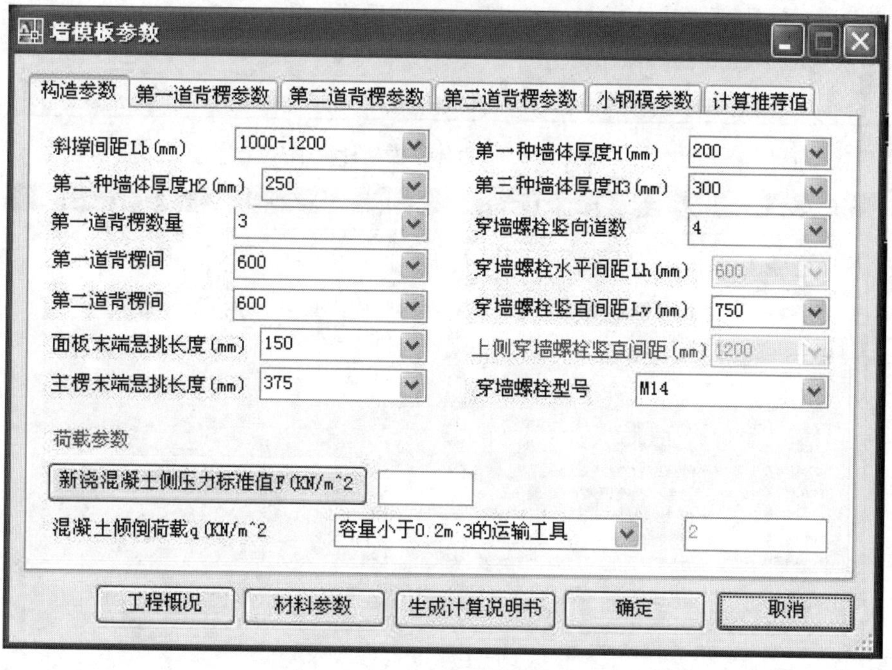

图 2.90　垂直体系参数输入窗口

模板计算内容包含强度和刚度计算。组合钢模板采用小钢模组拼大模板,小钢模之间的连接采用螺栓和回形扣件连接。组合钢模板采用三层背楞,背楞采用钢管。第一层背楞和小钢模之间的连接采用3形扣件,背楞之间连接采用十字扣件。组合钢模板之间采用穿墙螺栓连接。故计算的模板构件有小钢模板、背楞和穿墙螺栓。计算按相关规范,计算结果给出计算说明书,如图 2.91 所示。计算说明书首先给出工程概况信息,列出计算所依据的规范,接着列出所选择的模板参数,最后依次给出面板、背楞和穿墙螺栓的计算过程,并判断是否符合规范要求。

　　通过计算保证所选择的参数安全后,完成采用这些参数的垂直体系自动布板设计。然后自动生成垂直体系模板工程的材料表,界面如图 2.92 所示。

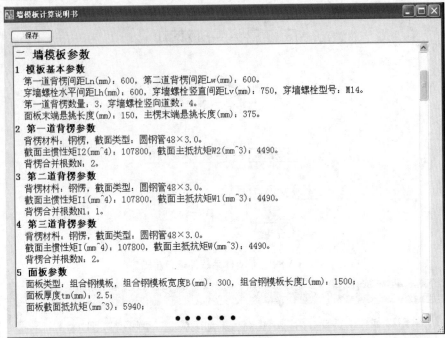

图 2.91　垂直体系模板计算书

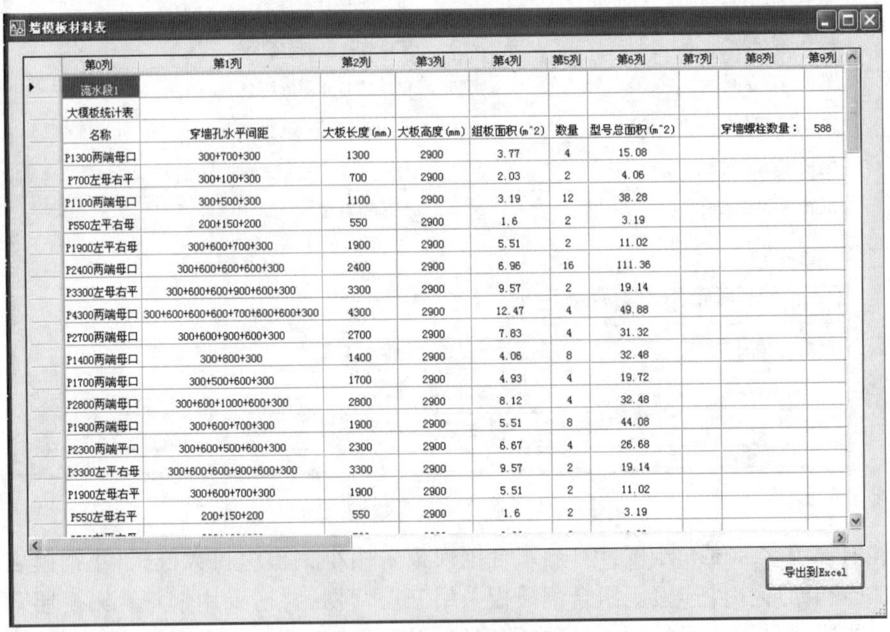

图 2.92　垂直体系模板材料表

　　软件包含上述识别算法,实现了垂直体系自动布板设计。通过选择结构设计图,即可完成设计信息的输入,软件将自动处理结构设计图,实现设计图的识别和理解,最终完成垂直体系自动布板设计。

【工程算例 1】

某重点回迁工程建筑总高 37.5 m,采用桩基础,地面共 11 层,层高 3 m。标准层共 10 层,层高 3 m,首层为非标准层,层高 3 m。结构主体采用框架剪力墙,内部设有电梯井 2 部。为了保证模板施工安全,提高模板施工效率,降低模板消耗,施工决定采用自动模板配板技术进行配板分析,配模前用配板软件先从结构施工图中提取出剪力墙段的基本图形信息,如图 2.93 所示,拾取图 2.93 中所有的图元信息,然后点击自动配板功能,主体程序将迅速生成模板配板施工图,结果如图 2.94 所示。

从图 2.94 可知,在墙角和丁字墙处,按规范要求配置阴阳角模,在墙体处配置大模板。在剪力墙设计图中,由于电梯井和房间是没有区别的,故电梯井将按房间一同处理。在设计时,建筑物通常会设置温度缝、沉降缝等构造缝来防止由于温度变化或基础不均匀沉降引起的墙体开裂,往往会预留温度缝、沉降缝等构造缝。在设计图中,这些构造缝将建筑物划分为各个独立的单元,每个独立单元的配板自成一个整体,故构造缝不影响自动布板的进行。

在自动布板过程中,角模均采用子口,大模板与角模连接时采用母口,当大模板相互连接时,采用一边子口,一边母口。若针对尺寸较大的墙体,则采用一整块大模板,这种大模板的尺寸将过大,运输和工地现场安装均不便,故大模板尺寸需要采用一个上限值。同时,大模板尺寸过小时,施工安装不便,故大模板尺寸还必须有一个下限值。在角模配置完成后,如果剩余的墙体的长度小于大模板最小尺寸,则将这剩余墙体的长度划入角模;如果这个长度介于大模板的最小和最大尺寸之间,则绘制一块完整的大模板,大模板两边均采用母口;如果这个长度大于大模板最大尺寸,则绘制两块长度相当的大模板,这两块大模板两边均为母口,其相互连接处采用一边子口,一边母口。

【工程算例 2】

某工程建筑总高 61.5 m,采用桩基础,地面共 15 层,层高 3 m。标准层共 13 层,层高 3 m,首层为非标准层,层高 3 m。结构主体采用剪力墙结构。该工程处理方法与上一实际工程一样,如图 2.95 所示,软件运行结果如图 2.96 所示。

从图 2.95 和图 2.96 中可以看出,模板配板图能够清晰表达出穿墙螺栓、角模和大模板的位置,不同颜色表达了不同大模板的子母口形式,其中的文字用于模板的尺寸和子母口标记。自动配板通过内嵌的优化算法可使小模板数量和类型达到最小,实现板材最优,同时在自动配板的过程中,完成模板和穿墙螺栓的记录,在完成自动配板后,自动生成模板配板材料表,不仅节约了材料,而且提高了模板工程的管理效能,便于施工组织的设计,节约了施工成本。通过模板全自动配板能够使小钢模板重新获得生命,得到利用,充分体现了旧物利用的原则,这对盘活我国大量闲置小钢模板提供现代设计技术,无论从环保还是从经济性指标上评价,都具有十分重要的意义。

智能临时模板主要是通过对结构施工图特征的大量分析和解构,利用直角矢量的结构图识别方法,并用该方法完成了在结构施工图上模板自动配板算法的软件的开发,结合工程实际应用,智能临时模板的设计有如下特征:

(1)直角矢量化是结构图解构后施工基本特征单元属性分类的有效方法,该方法首先将结构设计图细分为 9 种组成单元,再将这 9 种组成单元二次细分为 4 种直角单元,以这 4 种直角单元为基本操作单元,　识别先前的 9 种组成单元。该方法能够迅速定位结构的墙角

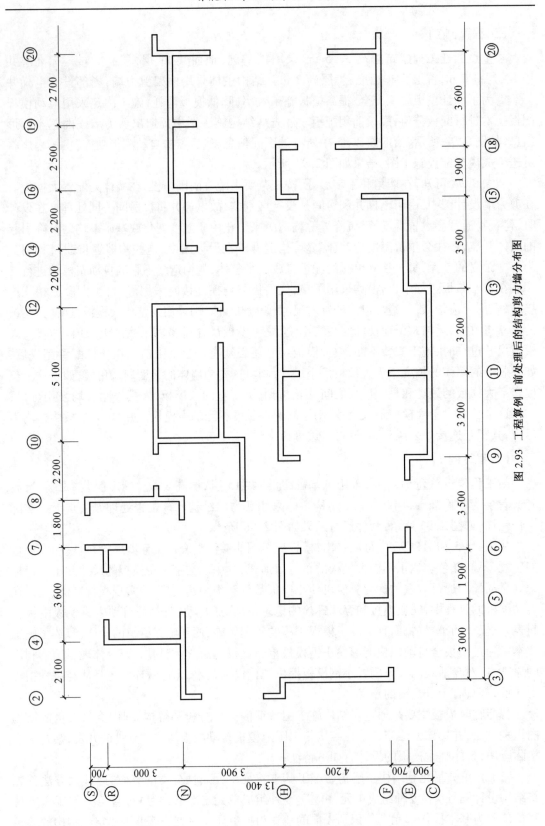

图 2.93 工程算例 1 前处理后的结构剪力墙分布图

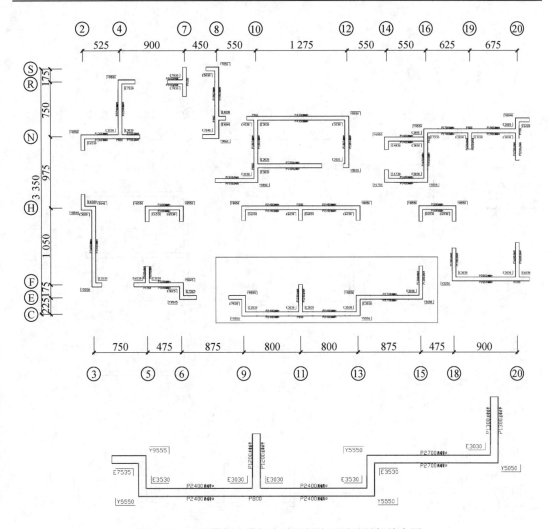

图 2.94　工程算例 1 模板自动配板施工图及局部放大图

特征。同时,根据识别算法的需要,将 4 种直角顶点按不同的规则排序,既满足了判断的初始条件,又显著减少了识别过程中的检索次数,且具有较高的计算效率。实际工程应用表明,直角矢量方法对任何布局的规则剪力墙结构施工图具有稳定的识别率。

　　(2)直角矢量化方法提供的识别规则简单,其基础为直线段的矢量化,仅仅利用了任意直线段均有两个端点这一简单属性,易于理解。同时,由于没有涉及长度、线宽等属性,该方法对任意水平和竖直线段均有效,通用性高。其构成的直线段矢量限定后,能够大量提高识别搜索效率,是模板快速配板的根本保证。

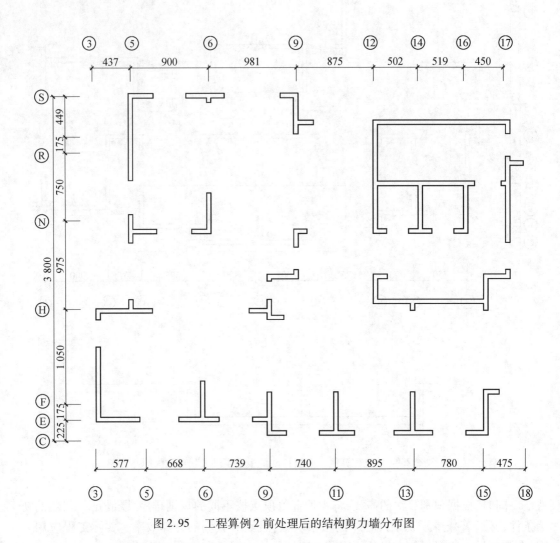

图 2.95　工程算例 2 前处理后的结构剪力墙分布图

（3）目前,直角矢量化算法还需要一些人为的前处理,对结构配板的智能信息处理,如非模板信息的甄别和配板容错的智能处理,是直角矢量技术今后研究的重要内容;同时,该算法仅涵盖了直角,对任意角度的矢量化是角矢量技术在智能模板配板中亟待研究的核心技术。

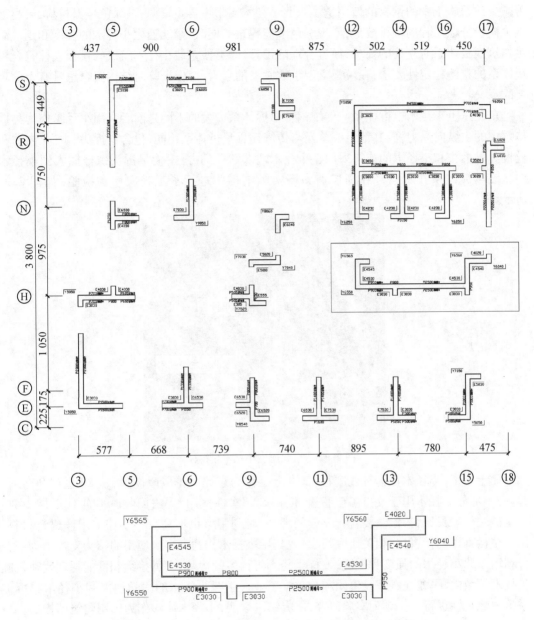

图 2.96　工程算例 2 模板自动配板施工图及局部放大图

2.4.5 智能临时模板钢木早拆体系设计

以东北速生小径木为主要轴向力构件,取代传统钢管,作为模板支撑体系立柱,可以显著减少建筑施工中的钢材的使用量。东北小径木属于可再生资源,是绿色环保材料,可显著减少模板分项工程的碳排放量,实现绿色节能建筑。同时,东北速生小径木的强度和延性满足建筑模板体系对立柱的要求,通过合理的设计,能够使东北小径木组成的模板立柱符合模板体系的整体稳定性要求,在模板支架事故频发的今天,对保证临时结构安全也具有十分重要的意义。

东北速生小径木早拆体系与传统钢管早拆体系最大的不同是前者采用小径木作为早拆体系中的主纵向受力杆,其他组成单元与传统钢管早拆体系相同,包含早拆头、主楞、内楞和模板。早拆头和小径木的连接采用在小径木端部钻孔的方法,使早拆头螺杆插入到小径木中。该早拆体系技术已经在高层剪力墙实际结构中进行了工程应用和检验,如图 2.97 所示。

早拆头

东北速生小径木

图 2.97　东北速生小径木早拆体系

几十年来,小径木作为林业废料,基本上是作为东北冬季取暖燃料,从 20 世纪 90 年代起,一小部分小径木用于支撑煤矿巷道,但都是一次性使用,无法回收。90 年代后期,小径木又被用作家具原料,但需要进行化学处理,同时利用率也不高。将小径木用作建筑材料,用于结构支撑构件,目前相关研究很少,尤其用小径木作为可多次使用的结构支撑。为了充分利用东北小径木的强度和刚度,发挥小径木可再生的优势,在可持续和低能耗现代建筑施工技术领域内,黑龙江省建设集团和哈尔滨工业大学对小径木的力学性能和小径木早拆体系整体稳定性进行了一系列实验研究,研究结果表明,小径木能够作为民用建筑模板的支撑体系,在力学上满足其作为立柱使用的要求。

小径木早拆体系最大的特点就是使用小径木代替传统钢管,其计算理论与传统钢管支撑模板体系的不同之处在于小径木抗压承载能力。

小径木早拆模板体系主要由小径木立柱、早拆组合外梁、小径木斜撑、抛撑、85 mm × 85 mm 方木内外梁、竹胶合模板组成。经测试,实验中竹胶合模板的力学参数为:板厚 12 mm、胶合 5 层,其静曲强度平均值为 105.50 N/mm²,弹性模量为 9 898 N/mm²,冲击强度为7.95 J/cm², 胶合强度为 5.03 N/mm²。实验主要验证小径木抗压强度及其整体稳定性, 为此在实验前对小径木的受压受弯进行了实验, 借此建立小径木支架体系稳定性鉴别的基本判据。根据木结构规范, 小径木稳定性的计算公式为

$$\frac{N}{\varphi A_0} \leqslant f_c \tag{2.31}$$

式中　N—— 小径木轴心压力设计值, N/mm²;

　　　φ—— 小径木稳定系数;

　　　A_0—— 小径木受压有效面积, mm²;

　　　f_c—— 小径木顺文抗压强度设计值。

由于小径木通过组合钢螺杆与早拆梁组合一起, 组合钢螺杆通过 12 cm 的圆孔与小径木相连, 如图 2.98 所示。因而针对缺口小径木, 考虑单根小径木稳定系数的强度计算公式如下:

$$\varphi = \frac{1}{1 + \left(\frac{\lambda}{80}\right)^2}, \quad \lambda = \frac{l_0}{\sqrt{\dfrac{I}{A}}}, \quad \lambda \leqslant 75; \quad \varphi = \frac{3\,000}{\lambda^2}, \quad \lambda = \frac{l_0}{\sqrt{\dfrac{I}{A}}}, \quad \lambda > 75 \tag{2.32}$$

式中　λ—— 小径木的长细比;

　　　l_0—— 小径木计算长度, mm;

　　　I—— 小径木全截面惯性矩, mm⁴;

　　　$\bar{A}$—— 小径木计算长度内的平均全截面面积, mm²。

图 2.98　小径木与套管钢斜撑的连接

由于早拆体系对小径木在构造上进行了削弱处理, 因此针对应用于早拆体系中的构造小径木, 需要通过实验数据与工程应用经验, 分析总结小径木立柱的力学性能及其基本力学规律。

实验小径木分为 3 m 长柱和 2 m 短柱, 出产于黑龙江省双城, 落叶松属。按照我国木材物理力学实验的要求, 本实验需要考虑木材含水率。依据《木结构试验方法标准》(GB/T 50329—2012) 测定 5 根小径木含水率, 测得其平均含水率为 9.46%。试件实验参数及外观见表 2.15。

表 2.14 东北速生小径木实验参数及外观

小径木种类	长度/mm	含水率/%	平均直径/mm	纵向裂纹数量	横向裂纹数量	木节数量	虫蛀情况	实验数量
长柱	3 000	9.34	84.1	5	无	35	轻微	6
短柱	2 000	9.58	86.8	4	无	11	轻微	7

实验将小径木在压力机上进行轴向压缩至破坏,通过压力传感器、位移传感器和应变片测定荷载、位移和相应的应变,从而获得小径木的设计荷载和弹性模量。实验设计根据《木结构试验方法标准》(GB/T 50329—2012),在哈尔滨工业大学结构实验室常温干燥环境下进行,如图 2.99 所示。小径木边界约束条件采用刀铰模拟,刀铰上安装压力传感器,用于荷载测量。为防止实验加载过程中,小径木发生侧向滑移,使用 ϕ 8 mm 光面钢筋组成的圆柱形外保护筒套住小径木两端。

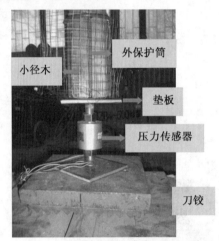

图 2.99 实验装置及实验全景图

实验荷载的确定依据是小径木模板体系中小径木承受的设计荷载。小径木属于细长杆,其设计荷载由稳定性控制,即屈曲控制。小径木早拆体系是一种新型模板支撑系统,没有成熟的规范可查,根据现场实验实测的小径木压缩变形和侧向变形,参考混凝土结构施工验收规范,同时考虑小径木立柱群的整体稳定性以及水平杆和斜撑的约束作用,取单榀跨度的 1/400 作为小径木设计荷载的变形控制值。

小径木受压实验数据可以获得小径木的弹性模量,用于后续分析。从实验现场测得的数据可以得知小径木为非线性材料,但在荷载较小时,小径木表现为线弹性。由于模板工程中有许多设计时无法考虑到的因素,立柱的设计荷载只考虑线弹性阶段的承载力,把非线性阶段的承载力作为安全储备。故线弹性阶段的弹性模量是模板工程设计的有用参数,对于线弹性阶段小径木模型的计算公式为

$$E = \frac{\Delta F}{A \Delta \varepsilon} \tag{2.33}$$

式中 E——线弹性模量,N/mm^2;

             A——平均截面积,mm^2,按均值法计算;

             ΔF——荷载差值,按 $\Delta F = F_1 - F_0$ 计算,F_1 和 F_0 为实验测得的荷载值;

$\Delta\varepsilon$——应变差值,按 $\Delta\varepsilon = \varepsilon_1 - \varepsilon_0$,$\varepsilon_1$、$\varepsilon_0$ 分别为 F_1、F_0 对应的应变。

为了验证小径木模板支架的受力性能和稳定形态,我们在现场对该体系进行了 1∶1 的荷载实验。实验模板体系由小径立柱、90 mm × 90 mm 木方主楞、78 mm × 50 mm 木方次楞组成。小径木立杆跨度 2.44 m,步距 1.22 m,主楞间距与小径木步距相等,为 1.22 m,次楞间距为200 mm,在距小径木立柱底端 50 mm 处设置一圈外围水平杆,横向最外侧设置两根剪刀撑,支架体系外立面每个立柱设立抛撑一个。在中部选取四根立柱,在其下端安装压力传感器,在两个角对称布置了应变片和位移传感器,分别测量模板在加载过程中的荷载、应变和变形。小径木模板体系的平面图和现场图分别如图2.100 和图2.101 所示。

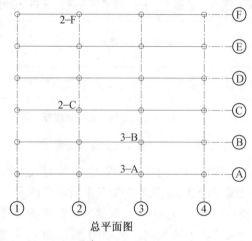

图 2.100　模板平面图

图 2.101　小径木模板体系现场图

模板荷载按照活荷载为恒载的 0.4 倍进行分荷载设计。为了加好模拟实际的分布荷载,荷载首先采用钢板进行加载,分层平均铺垫在模板上面,然后采用在钢板上方放置水桶,往水桶注水的方式进行加载。在完成初始荷载加载后,进行测量,然后停载 30 min 后继续加载。

在模板实验荷载施加完之后,随着时间的增加,小径木立柱受力也在逐渐增加,当增加到全部设计荷载附近时,小径木轴向压力曲线进入一个平台,继续增加荷载,小径木轴向压力增加很小,这时小径木与早拆体系通过连接斜撑发生作用,荷载重新分配。

通过上述实验及分析,可得到小径木线性阶段的弹性模量,小径木屈曲值和小径木极限承载力用于小径木立柱的力学计算。水平体系与垂直体系类似,仍然首先选择设计参数,在选定设计参数后将进行力学计算。在采用小径木早拆体系时,判断是否安全的标准即为上述实验结果。小径木计算模型为细长杆件,通过稳定性决定承载力。在采用传统钢管支撑体系时,计算按相关规范进行。

水平体系计算按荷载传递顺序进行,计算流程根据不同的支撑形式有不同的计算内容,如图 2.102 所示。

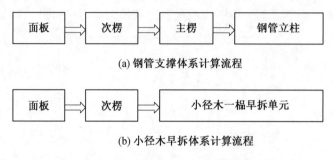

(a) 钢管支撑体系计算流程

(b) 小径木早拆体系计算流程

图 2.102　水平体系计算流程

从图 2.102 可知,首先需计算面板的强度和刚度,计算时人为取定一定宽度的面板条带为计算对象,按三跨连续梁模型计算,荷载为面板条带所承受的面荷载。然后计算次楞的强度和刚度,次楞的计算模型仍然取三跨连续梁,荷载为单根次楞所承受的面荷载。根据不同的支撑形式,主楞以及立柱的计算不再相同。采用钢管支撑时,主楞按简支梁计算,荷载为次楞传递的集中力,需计算主楞的强度和刚度。钢管立柱按压杆稳定问题处理,计算模型为细长杆,比较实际应力是否大于欧拉临界应力。采用小径木支撑时,主楞、立柱和钢斜撑组成一榀完整的单元,目前无现成规范可查,故采用有限元算法进行模拟,模拟荷载为主楞上均匀分布 10 个集中力,荷载值取 1 kN,模拟出主楞、钢斜撑和小径木立柱的内力和位移,见表 2.15。

表 2.15　小径木一榀早拆单元单位荷载下内力变形值

主楞最大弯矩/(kN·m)	主楞最大挠度/mm	小径木荷载/kN	钢斜撑荷载/kN
0.35	0.002	5.5	4.71

通过表 2.15 所表示的模拟结果,可以计算出在实际荷载值下小径木一榀早拆单元的内力和位移,再和上述实验结果相对比即可判断是否安全。软件在完成计算后确定了水平体系设计参数,接着软件将根据这些设计参数,在完成结构设计图识别的基础上给出水平体系自动布板设计。

现浇结构楼板均采用整体浇注方式施工,水平体系荷载直接作用于模板,且荷载种类和大小均超过垂直体系,故对水平体系模板工程的质量比垂直体系有更高的要求。由水平体系质量问题引发的事故超过垂直体系。

现浇结构水平体系模板配板方式有两种,一是采用早拆布置,二是采用传统布置。对一般的民用住宅楼,当层高为 3 m 左右时,宜采用早拆布置,以节省材料。但对于其他层高较大的结构和复杂结构,为安全起见,一般采用传统布置。为保证适用性,水平体系的自动布板设计将同时考虑这两种布板方式。这两种方式的前提是房间的正确识别。

现浇结构包含的建筑形式有剪力墙结构、框架结构和框剪结构。与垂直体系不同,现浇结构均需要浇注楼板,故水平体系不仅需要针对剪力墙结构,还需考虑框架和框剪结构。

由于框架和框剪结构中包含柱,垂直体系自动配板算法中的剪力墙结构单元无法包含现浇结构全部单元,以墙角为例,现浇结构中的墙角可能包含柱,也可能不包含柱,如图2.103 所示。

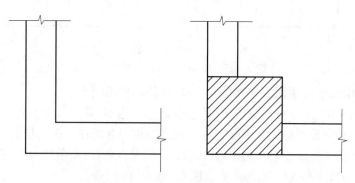

图 2.103　现浇结构包含的两种左下墙角

为了让自动算法包含这两种情况,形成水平体系自动算法,需要将垂直体系中的墙角进行推广。水平体系算法中,将图 2.103 中的两种墙角统称为扩展左下墙角,对丁字墙和十字墙也类似推广为扩展丁字墙和扩展十字墙。故现浇结构可以解构为图 2.104 所示的四个部分。

图 2.104　现浇结构图形的基本特征

将剪力墙的特征单元推广后,可以得到现浇结构的 9 个解构单元是:扩展左上墙角、扩展左下墙角、扩展左丁字墙、扩展右丁字墙、扩展上丁字墙、扩展下丁字墙、扩展右上墙角、扩展右下墙角和扩展十字墙。

现浇结构水平体系自动布板设计的主体思路仍然参照垂直体系:先获得四种分类的角点,然后角点分类排序,通过角点的空间位置关系来识别各个部件,然后完成自动布板设计。

现浇结构水平体系模板布板的核心识别算法和剪力墙结构垂直体系一致。对框架和框剪结构,处理方法是忽略柱,在被柱分割开的墙体处人为构造角点,使框架和框剪结构简化为剪力墙结构,然后再统一按剪力墙结构处理。

在框架和框剪结构中,由于柱的存在,房间的角落处将不再有直接相交而成的角点,如图 2.105 所示。为处理框架结构,需要将剪力墙中的直角推广为扩展直角。

剪力墙结构最为简单,仅仅包含直接由顶点重合而成的角点。在框架和框剪结构中,在房间的角落处布置有柱,使得房间的墙线不再直接相交,而是分别在 X 和 Y 方向上相差一定

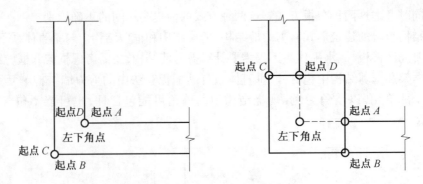

图 2.105　扩展左下墙角中的节点

的距离,故直角单元也需要相应的推广,以适应现浇结构的要求。

在剪力墙结构中,角点可以直接获得,但在框架结构中,需要人为构造这样的角点,将这两种角点统称为扩展角点。图 2.106 包含了现浇结构包含的左下扩展角点,共四种情形:

(1) 左下角点是组成左下直角的两条线段延长线的交点,两条线段起点的 X 值和 Y 值均相差一定的距离,水平线段起点的 X 值较大,而 Y 值较小。

(2) 左下角点是竖直线段延长线与水平线段的交点,两条线段的起点 X 值相等,而 Y 值相差一定的距离,水平线段的 Y 值较小。

(3) 左下角点是水平线段延长线和竖直线段的交点,两条线段起点的 Y 值相等,而 X 值相差一定的距离,水平线段的 X 值较大。

(4) 左下角点是水平线段和竖直线段交点,两条线段的起点重合。

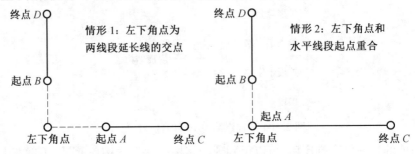

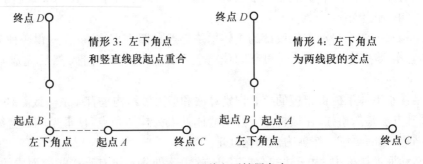

图 2.106　四种左下扩展角点

其他三类扩展角点与左下扩展角点类似。与垂直体系不同,水平体系自动布板仅需要识别房间,无须将现浇结构图的各个解构单元识别,故在构造扩展直角时,可将包含同一种扩展直角的扩展单元一起处理。在现浇结构中,构造扩展角点的算法一致。以构造扩展左下角点为例。在现浇结构中,包含扩展左下角点的部件包括扩展左下墙角、扩展下丁字墙、扩展左丁字墙和扩展十字墙,如图 2. 107 所示。

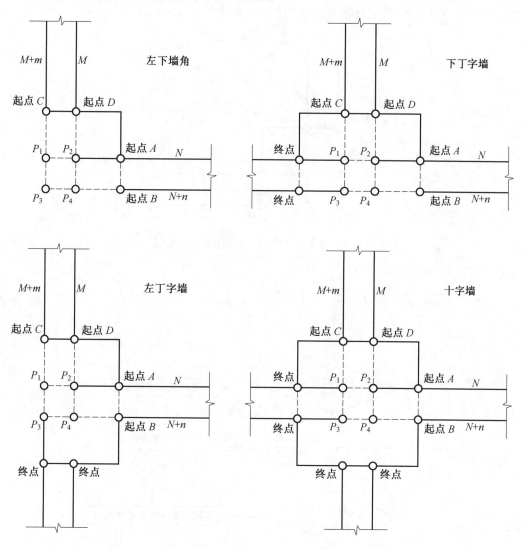

图 2.107　包含扩展左下角点的四种部件

从图 2.107 中提取公共部分,用于归纳总结出扩展左下角点构造的一般算法,如图 2. 108 所示。

从图 2.108 中可以观察到,在框架结构中,每一个部件中可以构造出 4 个不同的扩展左下角点,分别为 P_1、P_2、P_3 和 P_4。为识别包含这个扩展左下角点的房间,仅有 P_2 是需要的,故在构造扩展左下角点时,需要排除 P_1、P_3 和 P_4。排除算法分两步进行,第一步先排除 P_1 和 P_4,将 P_2 和 P_3 留下。第二步再将 P_3 排除,最终只留下 P_2。

从图 2.108 中可以看到,P_2 是内侧水平线段和内侧竖直线段延长线的交点,为保证 P_2 的获得,需要将内侧的线段排在外侧的线段的之前,为保证获得内侧的线段。由于柱的尺寸无法确定,故获得 P_2 的判断的条件是:水平线段起点 A 和竖直线段起点 D 相距最近。在获

得 P_2 后,将内侧线段从其相应的集合中删除。使用相同的判断条件可以获得外侧线段延长线的交点 P_3。这样,P_1 和 P_4 就被排除。在获得 P_2 和 P_3 后,使用剪力墙结构中左下墙角的判断方法,可以区分 P_2 和 P_3,然后删除 P_3 保留 P_2。这样处理以后,仅仅 P_2 被保留,其余3个扩展的左下角点被排除,该算法流程图如图2.109所示。

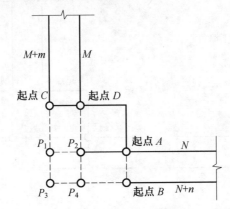

图2.108 扩展左下角点一般构造算法示意图

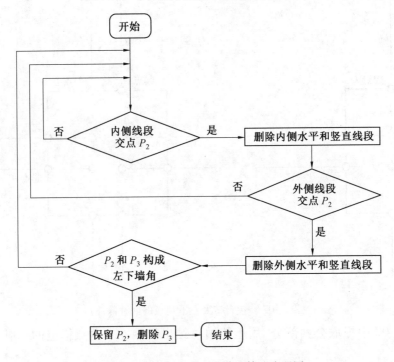

图2.109 房间左下角点获取算法流程图

从以上分析可知,为保证 P_2 的获得,水平和竖直线段的排序至关重要,必须保证内侧线段排在外侧线段之前。如图2.108所示,在水平线段集合中,内侧线段的序号为 N,则外侧线段的序号必须为 $(N+n)$,n 和 N 均为任意正整数。同样,在竖直线段集合中,内侧线段的序号为 M,则外侧线段的序号为 $(M+m)$,m 和 M 均为任意正整数。

获得另外三种扩展角点的算法类似。图2.110为获得四种扩展角点算法的示意图。

从图2.110中可以看到,构造四种扩展角点的条件各不相同,可归纳总结为:

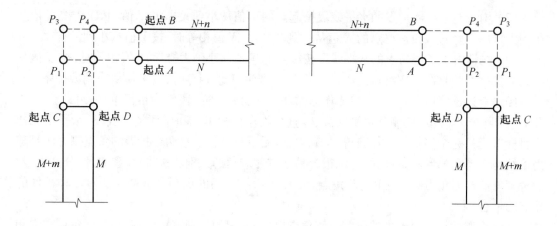

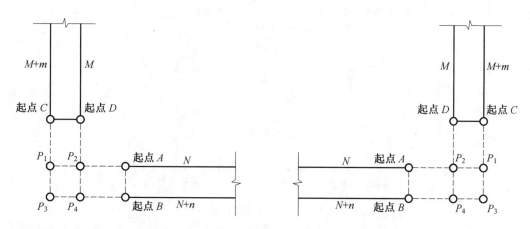

图 2.110　四种扩展角点构造算法一般示意图

（1）扩展左下角点的判断条件是水平线段起点和竖直线段起点距离最近，且必须保证内侧线段排在外侧线段前面。

（2）扩展右下角点的判断条件是水平线段终点和竖直线段起点距离最近，且必须保证内侧线段排在外侧线段前面。

（3）扩展左上角点的判断条件是水平线段起点和竖直线段终点距离最近，且必须保证内侧线段排在外侧线段前面。

（4）扩展右上角点的判断条件是水平线段终点和竖直线段终点距离最近，且必须保证内侧线段排在外侧线段前面。

由于四种扩展角点的判断条件各异，故四种扩展角点必须分开独立判断。为保证内侧线段在先，外侧线段在后。构造四种角点的水平子线段和竖直线段的排序按下列标准：

（1）构造左下扩展角点的水平线段按起点的 Y 值从大到小排序，Y 值相等时，按 X 值从小到大排序。竖直线段按起点的 X 值从大到小排序，X 值相等时，按 Y 值从小到大排序。

（2）构造右下扩展角点的水平线段按终点的 Y 值从大到小排序，Y 值相等时，按 X 值从小到大排序。竖直线段按起点的 X 值从小到大排序，X 值相等时，按 Y 值从小到大排序。

（3）构造左上扩展角点的水平线段按起点的 Y 值从小到大排序，Y 值相等时，按 X 值从小到大排序。竖直线段按终点的 X 值从大到小排序，X 值相等时，按 Y 值从小到大排序。

（4）构造右上扩展角点的水平线段按终点的 Y 值从小到大排序，Y 值相等时，按 X 值从小到大排序。竖直线段按终点的 X 值从大到小排序，X 值相等时，按 Y 值从小到大排序。

经过上述排序后，选择一种线段作为循环单元，另一种线段作为目标单元，可以获得 P_2 和 P_3，排除掉 P_1 和 P_4。循环水平线段、竖直线段作目标单元和循环竖直线段，水平单元作为目标单元是完全等价的。在获得 P_2 和 P_3 以后，可以发现，这两个扩展的角点刚好满足剪力墙结构中墙角的判断条件，故可以很容易地按照墙角的识别算法将 P_2 和 P_3 区分开来，然后舍弃外侧扩展角点 P_3，留下内侧角点 P_2，用于后续房间的识别。这种算法对四种扩展的角点均适合。

在获得四种扩展角点中的所有内侧角点以后，房间的识别算法为：四种扩展角点在空间位置上刚好组成一个矩形。而且扩展左下角点在左下方，扩展右下角点在右下方，扩展左上角点在左上方，扩展右上角点在右上方，如图 2.111 所示。

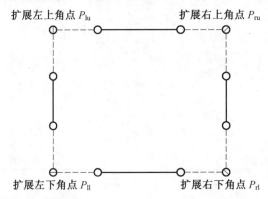

图 2.111　房间识别算法示意图

将四种扩展角点按同一种标准排序，然后选择一种扩展角点作为循环单元，例如选择扩展左下角点为循环单元，四种扩展角点的排序方法为：按 X 坐标从小到大排序，X 值相等时，按 Y 值从小到大排序。

在按要求排完序后，扩展右下角点 P_{rl} 是其集合中处在扩展左下角点 P_{ll} 右侧的第一个点：

$$\begin{cases} |P_{ll} \cdot Y - P_{rl} \cdot Y| \leqslant D \\ P_{rl} \cdot X - P_{ll} \cdot X \geqslant D \end{cases} \tag{2.34}$$

扩展左上角点 P_{lu} 是其集合中处在扩展左下角点 P_{ll} 上侧的第一个点：

$$\begin{cases} |P_{ll} \cdot X - P_{lu} \cdot X| \leqslant D \\ P_{lu} \cdot Y - P_{ll} \cdot Y \geqslant D \end{cases} \tag{2.35}$$

在获得扩展右下角点 P_{rl} 和扩展左上角点 P_{lu} 以后，扩展右上角点 P_{ru} 的 X 和 Y 坐标分别与扩展右下角点 P_{rl} 和扩展左上角点 P_{lu} 相等：

$$\begin{cases} |P_{ru} \cdot X - P_{rl} \cdot X| \leqslant D \\ |P_{ru} \cdot Y - P_{lu} \cdot Y| \leqslant D \end{cases} \tag{2.36}$$

如果式（2.35）~（2.36）均能满足，则一个房间识别成功，将这四个扩展角点分别从其集合中删除。如果有任意一式不满足,则表明不是一个房间,这时仍然循环角点,即左下扩展角点从其结合中删除,以使循环进行到下一步。当所有角点均循环一遍后,循环停止。从而完成水平体系模板的计算与定位。

在每个独立的房间识别后,将根据这个房间的尺寸进行配板。配板布置按下面三个步骤进行:

(1)确定完整胶合板数量及其安放位置。

由于胶合板的尺寸是固定的,可以根据房间尺寸和胶合板尺寸计算出所需完整胶合板的数量。完整胶合板为主要部分,安放在房间两边,将剩余的缝隙放置在中间,为早拆条预留位置。

(2)确定早拆条宽度及其安放位置。

在安放完完整胶合板后,往往在横向和纵向均会留有拼缝。在采用早拆模板体系时,需要制作早拆条,在这种情况下,这些拼缝是必需的。早拆条在长度方向上没有限制,与房间长度等长。在宽度方向尺寸必须要适中,宽度最小要超过次楞的宽度,以使一根次楞完全被早拆条包含,方便早拆板两边的胶合板拆除;宽度最大也有一个上限,其他胶合板拆下后,早拆板是留下继续支撑楼板的,太大将降低胶合板的利用率。早拆条必须安放在完整胶合板之间才能实现早拆布置。

(3)剩余拼缝安放位置。

由于早拆条的宽度有一个上限值,在早拆条安放完毕后,仍然可能留有一定宽度的拼缝,在这种情况下,拼缝将放置在最后一块早拆条旁边。

在模板放置的同时,需要给出模板的尺寸标注。由于完整胶合板的尺寸是固定值,可不给出。对于早拆条和拼缝,均需要给出尺寸,以方便施工。

在绘制模板过程中,需记录完成模板尺寸和数量,同时还需记录立柱、U 形托和早拆头的数量。这些记录将用于水平体系模板材料表的自动生成。

利用上面提出的扩展的直角矢量技术,完成水平体系现浇结构设计图的识别,在识别的基础上完成现浇结构水平体系模板自动布板设计。为了检验扩展直角矢量化特征识别技术的稳定性和可靠性,采用三个实际工程对该算法进行实际配板操作,通过对所得到的结果进行分析,得到该核心算法是正确和有效的。

水平体系自动配板软件的介绍如下:

水平体系自动配板软件的开发思路同垂直体系,仍然按照选参数、计算、自动布板和生成材料表四个步骤进行。

水平体系参数输入窗口包含的内容有水平系统基本构造参数、荷载参数、主次楞参数、立柱参数和面板参数,如图 2.112 所示。

按规范要求,水平体系模板设计也需要进行计算,根据选定的参数完成计算,然后自动生成计算说明书,如图 2.113 所示。

在完成计算,结果达到规范要求后,将采用这些参数完成自动配板设计,在布板后将统计各种构件的数量,自动生成水平体系模板材料表,如图 2.114 所示。

水平体系承受竖向荷载,这点与垂直体系不同,故水平体系模板构件只采用搭接方式进行连接。胶合板直接铺在次楞上,次楞也直接放置在主楞上,主楞直接放置在立柱之上,没有额外的连接措施。在浇注混凝土,加上荷载后,在竖向荷载作用下,胶合板、次楞和主楞之

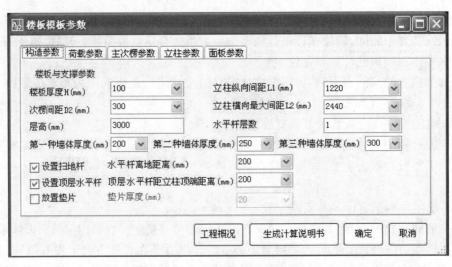

图 2.112　水平体系参数输入窗口

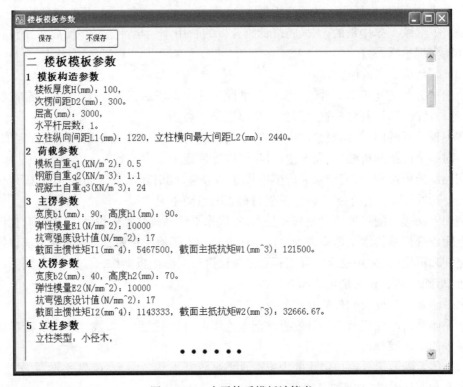

图 2.113　水平体系模板计算书

间连接紧密,不易松动。但拆模过程往往比较困难,故水平体系拆模时要按照"先装的后拆,后装的先拆"的顺序进行,即先拆除模板,再拆除主次楞,最后拆立柱。

楼板模板材料表

	第0列	第1列	第2列	第3列	第4列	第5列	第6列	第7列	第8列	第9列	第10列
	流水段1	胶合板	规格：	2440X1220							
	尺寸	1790X1300	1560X1300	2440X80	3700X200	3700X799	2440X40	2440X1220	1260X1220	2440X570	1790X360
	数量	1	2	4	6	1	4	4	6	1	1
	尺寸	4000X360	1560X1220	2800X760	2800X200	1220X360	1790X1700	1700X1560	2440X480	3299X1090	4700X659
	数量	2	4	2	2	4	1	2	4	1	3
	尺寸	4700X200	2260X1220	1599X1060	2440X379	1999X1300	2000X760	2440X780	3000X700	5600X360	5600X200
	数量	4	8	1	1	2	2	4	4	4	4
	尺寸	1220X720	2100X20	2440X880	2400X20	2440X1180	2000X1110	1290X320	2440X70	1300X1160	2050X2000
	数量	8	2	4	2	4	2	2	5	2	1
	尺寸	2260X1700	2300X60	2440X1080	2440X180	1400X960	5200X760	5200X200	1220X320	2500X60	1220X60
	数量	2	2	2	4	2	2	2	4	2	4
	尺寸	1400X860	3700X660	4600X660	4600X200	2160X1220	2045X2000	1290X860	4700X660	3700X800	1600X1060
	数量	2	2	2	2	4	1	1	1	1	1
	尺寸	2440X380	3400X500	1990X1700	2440X770	1990X360	1990X1300	3700X1000			
	数量	1	1	1	1	1	1	1			
	流水段1	主楞									

导出到Excel

图 2.114　水平体系模板材料表

【工程算例 3】

某工程建筑总高为 31.8 m，采用柱下独立及桩基础，地下 1 层，地上 8 层，层高 4.2 m，裙房 6 层。结构主体采用框架剪力墙结构。采用自动模板配板技术进行配板分析，配模前用配板软件先从结构施工图中提取出剪力墙段的基本图形信息，如图 2.115 所示，拾取图 2.115 中所有的图元信息，软件将自动完成设计图的识别，生成模板配板施工图，结果如图 2.116 所示。

【工程算例 4】

某重点回迁工程建筑总高为 37.5 m，采用桩基础，地面共 11 层，层高 3 m。标准层共 10 层，层高 3 m，首层为非标准层，层高 3 m。结构主体采用剪力墙结构，内部设有电梯井 2 部。该工程前处理同上一个工程，如图 2.117 所示。

拾取剪力墙分布信息后，软件自动完成该层楼板的模板配板施工图，包括模板分布图、主楞布置图、早拆板条和相应的尺寸标注，如图 2.118 所示。

【工程算例 5】

某科技大厦结构体系为配筋砌体剪力墙结构，楼板采用现浇结构，地上 28 层，地下 1 层，标准层共 21 层，层高 3.4 m，首层为非标准层，层高 4.5 m。该工程配模前提取出剪力墙段的基本图形信息，如图 2.119 所示。

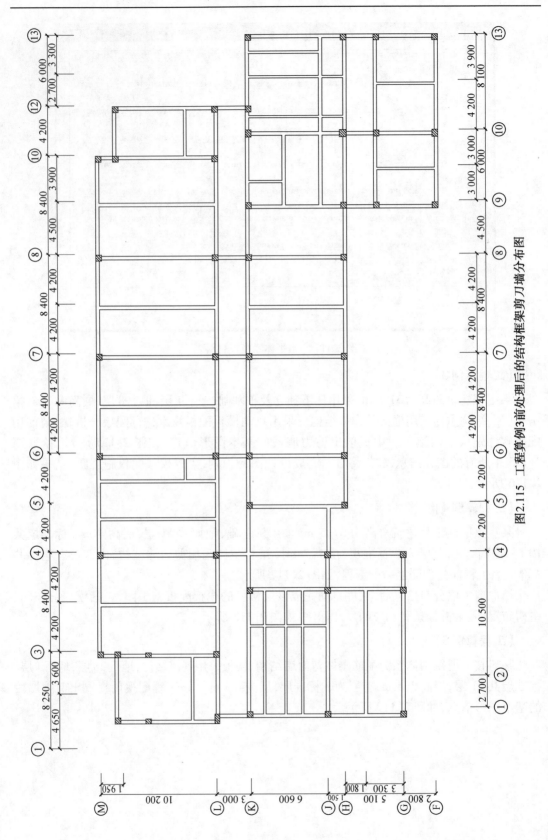

图2.115 工程算例3前处理后的结构框架剪刀墙分布图

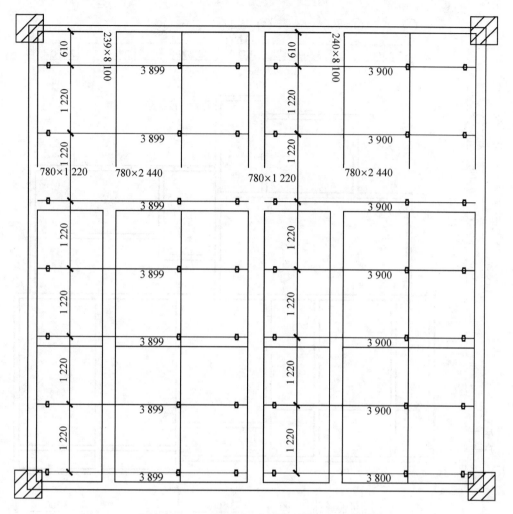

图 2.116　工程算例 3 水平体系模板配板结果

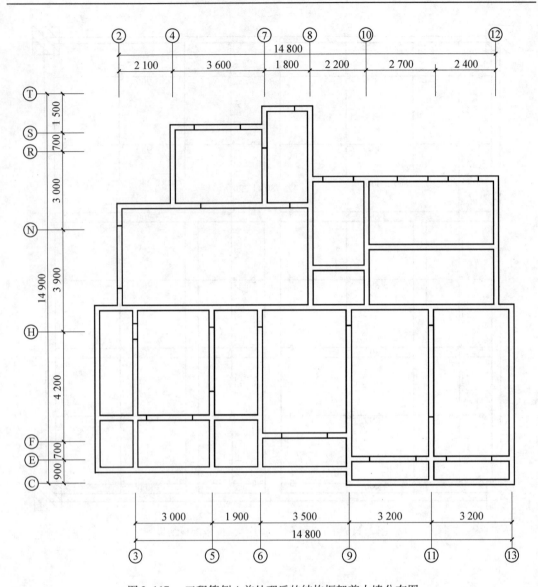

图 2.117　工程算例 4 前处理后的结构框架剪力墙分布图

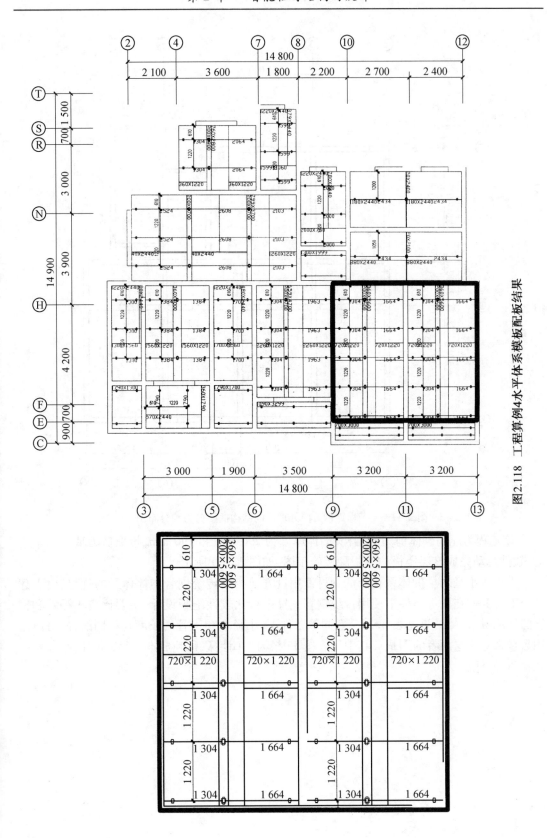

图2.118　工程算例4水平体系模板配板结果

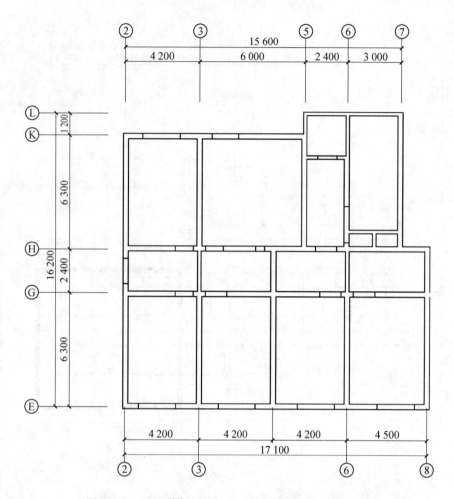

图 2.119   工程算例 5 前处理后的结构框架剪力墙分布图

该工程为配筋砌体剪力墙结构,墙体厚度为 290 mm 和 190 mm,拾取剪力墙分布信息后,软件自动完成该层楼板的模板配板施工图,如图 2.120 所示。

为比较小径木早拆体系在降低钢材使用量方面相比传统钢管支撑体系的优势,将上述三个工程算例在同等条件下使用传统钢管支撑进行比较性配板设计,主要比较小径木和钢管的使用量,比较结果见表 2.16。在同等条件下,小径木和钢管的长度是相同的,故可以使用数量来对比这两者的用量。其中钢管按 55 根为 1 t 计算,每吨成本 3 150 元计,小径木按每根 80 元计。

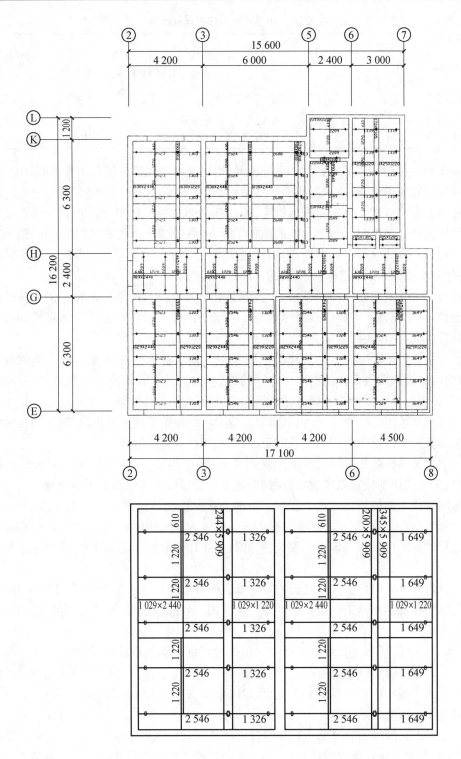

图 2.120　　工程算例 5 水平体系模板配板结果

表 2.16　小径木和钢管用量统计表

编号	配板面积/m²	小径木根数	单位面积小径木根数	钢管根数	单位面积钢管根数	小径木成本/元	钢管成本/元
工程算例 3	3 855	2 194	0.57	2 964	0.77	175 520	169 184
工程算例 4	566	466	0.82	554	0.98	37 280	31 729
工程算例 5	500	376	0.75	417	0.83	30 080	23 883

从表 2.16 可以看出,采用早拆体系配板时,所需要的立柱比传统布法少,即采用早拆形式可以减少钢管使用量,同时采用小径木代替钢管,可显著减少钢管使用量。

通过将剪力墙结构基本单元进行推广,得到现浇结构的扩展单元。进而定义扩展直角单元。使用扩展直角单元处理包含柱的结构单元,将框架结构简化成剪力墙结构,最后按剪力墙墙角的识别方法获得房间的角点,再通过房间角点的排序和空间位置的比较来识别房间,进而完成水平体系的智能临时模板的自动布板。

通过对水平体系功能的扩展,进一步验证了直角矢量技术的结构图形识别方法的可行性和稳定性,采用该方法完成了现浇结构施工图水平体系模板自动配板算法理论的构建和软件的开发,结合工程实际应用,可以总结如下:

(1)直角矢量化扩展技术是现浇结构图解构后施工基本特征单元属性分类的有效方法,该方法能够迅速获得现浇结构水平体系的扩展单元,且具有较高的计算效率,实际工程应用表明,扩展直角矢量算法对现浇结构施工图具有稳定的识别率。

(2)直角矢量化经扩展后,将识别对象从剪力墙结构扩展到所有现浇结构,间接举证了作者提出的直角矢量化图形识别算法的正确性、稳定性和可扩展性。

(3)直角矢量扩展技术提供的识别规则简单,易于理解,其构成的直线段矢量经限定后,能够大量提高识别搜索效率,是现浇结构水平体系模板快速配板的根本保证。

智能临时模板的创新之处在于提出了一种全新的现浇结构设计图识别算法,并将该算法用于模板工程的自动布板设计当中,极大地提高了现浇结构模板工程设计效率,保证了模板临时结构计算的可靠性和施工的安全性,通过上述理论分析和工程实践,得到了如下研究结论:

(1)直角矢量识别算法具有稳定的现浇垂直体系结构特征定位功能,算法效率较高,识别结果能够快速准确地给出垂直体系的施工配板图,是提高施工过程效率,保证结构安全的重要技术。

(2)大量工程应用表明,基于扩展的直角矢量识别技术是现浇水平体系快速自动配板的优秀算法,该算法结合模板的优化分割和早拆条的合理布置,不仅大量节约了模板材料,而且保障了水平模板体系拆模的安全,能大量降低水平体系人工配板的劳动强度,是现代智能配板的重要基础性技术。

(3)小径木早拆体系的自动计算和验证方法是有效保障小径木代替传统钢管的关键技术,也是保证水平结构安全的重要基础,小径木稳定性软件内嵌计算与传统钢管架体的计算有力地促进了本软件在实际工程中的应用,也是促进可持续模板整套技术发展与应用的重要内容。

虽然在临时模板工程中得到了很好的应用,目前应用的识别算法可以识别现浇结构设

计图,但仍然还有如下方面需要改进:

(1)目前仅针对常见的形状规则的现浇结构,即算法仅仅能处理直角,对任意角度的角的矢量化研究需要进一步展开。

(2)该算法还需要一些人为的预处理,在智能功能上还有欠缺。

(3)直角矢量算法还需要在柱、梁和基础模板上进行检验。

(4)模板临时结构的优化力学计算模型尚需进行进一步的研究。

计算机读图技术发展到现在,仍然没有完全达到智能化,截至目前,国内外均没有成熟的算法和软件。本书的研究仅是专注于建筑图纸中某一项图形的识别与定位展开的详细的研究,但是对囊括所有设计信息的完整建筑图的识别与定位,却是建筑大型临时安全结构自动计算与安全保证的技术,也是未来工程界和理论界需要突破的重要关键技术问题。

仅建筑领域而言,工程设计图包含非常丰富的设计信息,直角矢量化算法只能识别建筑图形最主要的墙体信息,而其他的设计信息,如标注、表格、文字说明等,均需要进行研究,以达到全部自动识别的程度,这些对象的识别不仅可以简化前处理过程,同时也是建筑临时结构智能设计的重要内容。因此,在下一步的研究工作中,在本书研究成果的基础上,结合图形认知规律,将全面研究和攻关结构形体和智能处理算法,该内容将是工程界结构全自动设计亟待解决的关键问题,也是大型安全临时结构智能设计理论需要首先研究的重点。

智能改性钢木性能实验如图 2.121 所示,该实验由哈工大结构实验室设计,实验目的是建立嵌入传感器的加强钢木模板立杆轴心抗压极限荷载与变形的关系,如图 2.122 所示。

图 2.121　小径木支撑体系全比例实验

建立智能钢木小径木支持体系 3D 模型,如图 2.123 所示。该模型采用 OpenGL 库开发。图 2.124 显示了小径木在实际工程中的应用。

图 2.122　小径木实验室荷载位移实验

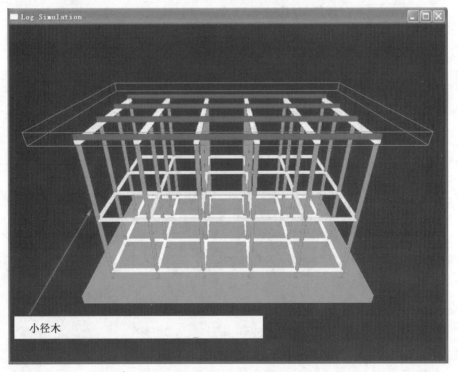

图 2.123　小径木支撑系统 3D 模型

图 2.124　智能钢木实际工程应用

　　智能钢木立柱与临时模板工程全自动配板软件共同工作,实现模板工程智能及其材料的智能管理。图 2.125 为该软件的一个窗口。

图 2.125　智能临时模板设计窗口

2.5 智能临时结构风载设计

2.5.1 研究背景

大型临时看台是指为短期演出活动而临时搭建的供观众观看演出的具有一定承载能力和安全度指标的结构,多用于音乐会、体育赛事及文化体育活动中。大型临时看台一般采用钢管空间桁架结构作为其底部主要的支撑结构。通常,空间桁架钢管结构大型临时看台由钢管支撑体系、看台板、安全防护栏杆、观众坐席、通道及一些附属构件(如安全指示灯等)构成。大型临时看台搭设时,首先将钢管支撑体系搭设好,再按照设计依次连接好看台板、安全防护栏杆、观众坐席及其他附属设施。大型临时看台作为一种临时演出设施,其风荷载确定方法尚未见详细表述。对临时看台的风荷载进行数值计算时,看台板底部的空间桁架结构部分的处理方法、临时看台上附着广告牌设施的风荷载都需要进行考虑。

目前为止,临时结构抗风设计方面还没有明确统一的技术规范,设计师们倾向于将临时结构按照永久结构的标准进行设计,这使得临时结构的经济性大打折扣。世界各国都在积极展开对临时结构的抗风研究。近些年国内发生了多起临时看台事故,如临时看台被大风掀翻、人群跳动导致的看台坍塌等。鉴于此类情况,国内文化演出行业积极呼吁演出运营与管理走向标准化、规范化和产业化。我国国家市场监督管理总局中国国家标准化管理委员会发布的《临时搭建演出场所舞台、看台安全》(GB/T 36731—2018)中指出,临时结构应考虑视频设备、支架自重与风速共同形成的倾覆风险,对这些风险必须采取可靠有效的抗风防倾覆措施,并对大型临时看台结构风荷载做了相关规定,能够一定程度上指导临时结构的设计。

空间桁架大型临时看台的风荷载作用在很多方面仍是不明确的,比如风荷载作用下大型临时看台各处的风压分布状况;大型临时看台钢管桁架支撑结构——空间桁架结构部分的风荷载是否可以忽略,怎样计算空间桁架结构部分的风荷载;风荷载怎样转化为等效静风荷载以实现荷载的加载;等等。最终要解决的核心问题就是在同时兼顾结构的安全性和经济性的前提下,如何确定大型临时看台的设计风荷载取值,并且确定风荷载的施加形式。

风荷载对大型临时看台的破坏性不可忽视。当大型临时看台四周无遮挡时,大型临时看台的看台板结构作为大型临时看台的大面积受风结构,风荷载从大型临时看台较高一侧吹向大型临时看台时,会对大型临时看台的看台板产生向上的吸力,并形成倾覆力矩,达到一定程度时,风力足以掀翻整个大型临时看台。当大型临时看台四周有遮挡时,且当遮挡面积达到一定程度时,会增加风荷载的受力面积。当满足一定位置关系时,风对大型临时看台的倾覆力矩会显著增大,对大型临时看台造成破坏。此外,由于演出功能需要,临时看台上可能会悬挂一些可移动的遮挡物,这部分结构会对看台结构产生动力荷载,引起大型临时看台的结构振动。再者,风荷载本身就是一种随机荷载,本身也具有动力荷载特性,这也会引起结构的振动,改变大型临时看台的受力状态,因此对临时看台的风致动力问题也应予以注意。

本书主要介绍大型临时看台在强风作用下的荷载分布特性,大型临时看台的设计风荷载取值及风荷载的施加方式。首先,通过数值模拟方法确定大型临时看台的风压分布特性;

然后,将该方法得到的风压分布数据加以处理以形成可直接用于设计计算的大型临时看台风荷载最终取值;最后,通过编程实现该荷载的设计功能,使其能直接用于大型临时看台的方案设计。

1. 大型临时看台绕流特性

风场在流经大型临时看台时,气流由于受到阻挡,会在迎风面与各侧面交线位置处产生流体分离,在各侧面前端分离处形成分离区,并且在这些区域出现逆向的回流,从而形成旋涡。随着流场向前移动,在大型临时看台背面产生旋涡尾流区。流场的分布和建筑物表面的风压分布密切相关。本节首先对大气边界层风的特性进行介绍;然后,利用风压系数定义临时看台上作用的风荷载;最后,对大型临时看台周围的风场绕流特性进行介绍,并指出其与体型规则的结构在绕流场特性上的不同之处。

风速是一种随时间和空间变化的平稳随机过程,任一瞬时风速包含了长周期风速和短周期风速两种。其中,长周期风速周期一般大于等于 10 min,远大于一般工程结构的自振周期(一般为 0.1 ~ 10 s),其对结构的作用基本上不随时间发生变化,因此其对结构的作用可按静力作用进行考虑。短周期风速周期一般在几秒到几十秒,主要由风的不规则脉动引起,其对结构的动力作用不可忽略,因此其对结构的作用应按动力作用进行考虑。因此,在工程实际中,风对结构的作用可分为平均风的静力作用和脉动风的动力作用两部分分别进行处理。

2. 平均风速剖面

大气边界层中,考虑地貌特征对平均风速的影响,平均风速随离地高度 z 不断变化,其变化规律可用平均风速剖面来表示。平均风速剖面可采用指数律或对数律进行描述。

(1) 对数律。

对数律是根据边界层理论推导而来的,在气象学领域应用较广,其表达式为

$$U(z) = \left(\frac{u_*}{\kappa}\right) \ln\left(\frac{z}{z_0}\right) \tag{2.37}$$

式中　$U(z)$—— 离地高度 z 处的平均风速;

　　u_*—— 摩擦速度,表征气流内部的摩擦力;

　　κ——Karman 常数,近似取为 0.4;

　　z_0—— 地面粗糙长度,表征地面上的湍流涡旋尺度。

(2) 指数律。

指数律最早由 Hellman 提出,后经 Davenport 根据观测资料总结而得,其表达式为

$$U(z) = U_r \left(\frac{z}{z_r}\right)^{\alpha} \tag{2.38}$$

式中　U_r—— 参考高度 z_r 处的平均风速;

　　α—— 地面粗糙度指数,与地面粗糙度类别有关,且在梯度风高度 Z_G 范围内保持不变;根据《建筑结构荷载规范》(GB 50009—2012),其取值见表 2.17。

表 2.17 《建筑结构荷载规范》(GB 50009—2012) 中地面粗糙度类别及相应参数

地面粗糙度类别	α	Z_G/m	截断高度 z_b/m
A	0.12	300	5
B	0.15	350	10
C	0.22	450	15
D	0.30	550	30

两种描述方法比较而言,对数律风剖面更加符合实际风场条件,但是,由于其形式较为复杂,应用于计算分析较为麻烦。另外,指数律和对数律在梯度风高度范围内相差不大,因此国内普遍采用指数律平均风剖面。在近地场由于风场十分紊乱,指数律规律与实际风场相差较大,因此,《建筑结构荷载规范》(GB 50009—2012) 中规定了截断高度 z_b,在此高度范围内,风速近似按 z_b 处风速取值。

3. 基本风压

根据《建筑结构荷载规范》(GB 50009—2012) 规定,基本风速 v_0 是根据当地气象站统计的 10 m 高度处 10 min 年最大风速样本值,采用概率论方法,根据不同重现期确定的。基本风压则是由伯努利方程 $w_0 = \frac{1}{2}\rho v_0^2$ 确定的。

4. 脉动风特性

脉动风是一均值为 0 的平稳随机过程。脉动风可以用湍流强度、湍流积分尺度等来进行描述。

5. 湍流强度

风场中任意一点的风速按直角坐标系分解为 x、y 和 z 三个方向的分量为

$$U_x(t) = U + u(t); \quad U_y(t) = v(t); \quad U_z(t) = w(t) \tag{2.39}$$

式中 $u(t)$、$v(t)$、$w(t)$——三个方向的脉动速度分量;

U——x 方向平均风速。

$u(t)$、$v(t)$ 和 $w(t)$ 均为均值为 0 的随机过程,相应的均方根值分别为 σ_u、σ_v 和 σ_w。因此定义顺风向、横风向和竖向的湍流强度为

$$I_u = \frac{\sigma_u}{U}; \quad I_v = \frac{\sigma_v}{U}; \quad I_w = \frac{\sigma_w}{U} \tag{2.40}$$

一般情况下,顺风向湍流强度大于横风向湍流强度,横风向湍流强度大于竖向湍流强度。顺风向湍流强度可由下式计算得到:

$$I_u(z) = I_{10} \left(\frac{z}{10}\right)^{-\alpha} \tag{2.41}$$

式中 α——地面粗糙度指数;

I_{10}——10 m 高度处的名义湍流度,《建筑结构荷载规范》(GB 50009—2012) 根据地貌类型的不同给出了其取值,分别取 0.12(A)、0.14(B)、0.23(C) 和 0.39(D)。

6.湍流积分尺度

大气中的脉动风可以看作是平均风荷载所承载的不同大小的旋涡组成,因此,脉动风的结构特征可由旋涡的尺度和湍流脉动能量在不同尺度上的分布来表示。定义波长来表征旋涡的大小,因此湍流积分尺度可理解为脉动风中所承载的旋涡的平均尺寸。

脉动风的湍流积分尺度的大小决定了脉动风对结构的影响范围。与结构尺度相比,如果湍流积分尺度较大,可以完全包含结构,此时脉动风对结构的脉动风荷载是同步的,会对结构产生较大的影响;如果湍流积分尺度较小,不能完全包含结构,此时脉动风对结构的脉动风荷载是不同步的,对结构产生的影响较弱。

7.大型临时看台风压系数

根据此伯努利方程定义无量纲压力系数:

$$C_p = \frac{物体表面压力}{来流动压} = \frac{p - p_0}{\frac{1}{2}\rho U_0^2} \tag{2.42}$$

式中　p——物体影响区域内的压力,即大气压;

　　　p_0——物体影响区域外的压力,即大气压;

　　　U_0——物体影响区域外的速度,即来流速度。

可由无量纲压力系数的大小来判断建筑物表面的压力大小和方向。C_p 为正,表明风荷载垂直并指向作用位置;C_p 为负,则表明风荷载垂直并背离作用位置。

因此,风荷载在物体表面产生的风压力可由下式计算得到:

$$w = \frac{1}{2}\rho U_0^2 C_p \tag{2.43}$$

只要通过流场分析得到建筑结构各位置的压力系数,即可由式(2.43)得到该位置的风荷载大小。

8.大型临时看台绕流特性

土木工程中的结构对于风而言多为钝体,风场在流经钝体附近时,会在分离位置发生大范围的流体分离,形成大量的旋涡,并在钝体尾部形成宽阔的尾流。大型临时看台作为一种工程结构,风场流经临时看台结构时,会在临时看台结构表面产生边界层、流动分离,并产生宽阔尾流和大量旋涡。同时由于大型临时看台结构本身的特点:临时看台为一高度呈现线性变化的斜面体,因此,流场的分离及旋涡分布、尾流分部都会随之发生变化。某大型临时看台绕流场运动速度矢量图如图 2.126、图 2.127 所示。

图中,来流风在临时看台迎风面棱角处产生明显的分离。当来流风流经迎风面时,气流被分成数股绕过迎风面。来流风在迎风面上会产生一个停滞区域,该区域大约位于迎风面中心处,气流从该区域向周围扩散。一部分气流上升越过临时看台顶面,并在临时看台后方产生明显的回流区。另一部分气流向下流动,并在风洞底面形成旋涡。来流绕过临时看台后时,在其后方产生宽阔的尾流。此外,相比临时看台前方的流场,流场在流经建筑时脉动性很强,且在流过建筑后一定区域内特征紊流有所增强。当来流风流经迎风面时,向上气流在临时看台顶部没有产生明显的分离现象,气流继续绕过临时看台到达背风面时,向上气流在背风面处产生显著分离,在高背风面后方区域可以观察到明显的漩涡,当来流绕过建筑后方时,在建筑后方也产生了宽阔的尾流,尾流宽度随时间不断变化。

图 2.126　某大型临时看台风场速度矢量图(看台较高侧为迎风面)

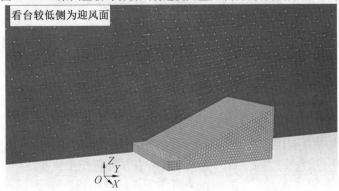

图 2.127　某大型临时看台风场速度矢量图(看台较低侧为迎风面)

2.5.2　大型临时看台风荷载数值模拟研究

风荷载是形成大型临时看台水平荷载的主要因素。本节首先介绍看台的结构类型,指出临时看台结构的诸多优势,并对临时看台结构选型所要考虑的主要因素进行介绍。然后对计算流体动力学(Computational Fluid Dynamics,CFD)数值模拟技术进行介绍。最后,针对某一临时看台结构形式,基于 CFD 模拟技术,对该结构全遮挡、无遮挡及广告牌设施上的风荷载进行分析。

看台结构一般可分为:永久性看台、可移动看台、伸缩式看台和临时可拆卸看台。看台类型如图 2.128 所示。

其中,临时可拆卸看台灵活性最好,可根据需要搭建成指定大小的结构,活动结束时临时可拆卸看台可以拆卸,并且搭建材料可以反复利用。搭建速度和拆除速度均较快,因此实际生产中,临时看台应用最为广泛。

临时看台结构多采用钢管空间桁架结构,桁架结构是临时看台结构的支撑和受力构件。设计合理的临时可拆卸看台结构形式对临时看台尤为重要。

临时看台主要根据可容纳人数来确定临时看台的尺寸。每个人的位置宽度应为 0.5 m,可据此来确定看台纵向的总长度。临时看台主要为观众提供观看平台,必须考虑观众的各种需求。平面位置布置上,应合理设计临时看台距离所观看演出的距离,以保证第一排观众具有清晰舒适的视野;并合理设计看台阶梯数目及高度以保证最后一排观众具有良好的观看视野。阶梯设计上,踏面板的进深和高度应符合人体的舒适度要求,看台踏板进深

(a) 永久性看台

(b) 可移动看台

(c) 伸缩式看台

(d) 临时可拆卸看台

图 2.128 看台类型

应为 70 ～ 85 cm,踏面板高度一般应为 20 ～ 45 cm。考虑到观众舒适度问题,看台总体坡度不宜太高,一般不超过 35°。此外,应充分了解当地的光照条件,避免光线影响观众的观看效果。安全设计方面上,应根据看台可容纳人数合理设计通道数目及通道宽度,并清晰地标识出安全疏散路线,以确保意外发生时观众能及时安全地撤离。并且应设置合理的临时看台防火设施。此外,考虑观众生理需求,应在合理位置设置合理数目的卫生间、洗手间等附属设施。

1. 流体控制方程

(1) 连续性方程。

在流体力学研究中,流体被视为连续介质,即在运动流体内部流体质点是连续充满整个流体空间的,彼此之间没有空隙,实质上也就是质量守恒方程。在流体运动区域内取一固定不动的空间体积,即流体控制体。质量守恒对流体来说即是满足单位时间内流入该控制体内的流体质量等于流出该控制体的流体质量,可以得到:

$$\rho\left(\frac{\partial u_1}{\partial x_1} + \frac{\partial u_2}{\partial x_2} + \frac{\partial u_3}{\partial x_3}\right) \mathrm{d}x_1 \mathrm{d}x_2 \mathrm{d}x_3 = -\frac{\partial \rho}{\partial t} \mathrm{d}x_1 \mathrm{d}x_2 \mathrm{d}x_3 \tag{2.44}$$

式中 ρ —— 流体的密度;

u_i —— i 方向的流体速度,$i = 1,2,3$;

$\mathrm{d}x_i$ —— i 方向的控制体尺寸,$i = 1,2,3$;

t —— 时间,s。

化简可得

$$\frac{\partial \rho}{\partial t} + \rho\left(\frac{\partial u_1}{\partial x_1} + \frac{\partial u_2}{\partial x_2} + \frac{\partial u_3}{\partial x_3}\right) = 0 \tag{2.45}$$

对于不可压缩流体,其密度保持不变,式(2.45)可简化为

$$\rho\left(\frac{\partial u_1}{\partial x_1} + \frac{\partial u_2}{\partial x_2} + \frac{\partial u_3}{\partial x_3}\right) = 0 \tag{2.46}$$

(2)运动方程。

根据动量守恒定律可以建立控制体的运动方程:

$$\frac{\partial u_i}{\partial t} + \sum_{j=1}^{3} u_j \frac{\partial u_i}{\partial x_j} = F_i + \frac{1}{\rho}\left(\sum_{j=1}^{3} \frac{\partial \sigma_{ij}}{\partial x_j}\right) \tag{2.47}$$

结合牛顿流体的本构关系,式(2.47)变为

$$\frac{\partial u_i}{\partial t} + \sum_{j=1}^{3} u_j \frac{\partial u_i}{\partial x_j} = -\frac{1}{\rho}\frac{\partial p}{\partial x_i} + \frac{\mu}{\rho}\left(\sum_{j=1}^{3} \frac{\partial^2 u_i}{\partial x_j^2}\right) \tag{2.48}$$

式(2.48)就是著名的 N-S 方程。左侧第一项为瞬态项,表征流场随时间的变化;第二项为对流项,表征由流场对流引起的非均匀项。右侧第一项为源项,表征流场压力源头处静压对流场的影响;第二项为耗散项,表征流场黏性对流场的影响。

(3)伯努利方程。

在土木工程领域,由于马赫数比较小,可认为流体是不可压缩的,忽略流体黏性影响。假定流体只沿某一方向 x_1 流动,并且流体是定常流,式(2.48)可简化为

$$u_1 \frac{du_1}{dx_1} = -\frac{1}{\rho}\frac{dp}{dx_1} \tag{2.49}$$

两侧同时对 x_1 积分可得到:

$$p + \frac{1}{2}\rho u_1^2 = \text{const} \tag{2.50}$$

上式即为伯努利方程。

式中　　p——最大静压力;

　　　　$\frac{1}{2}\rho u_1^2$——动压。

N-S 的解法有四种:理论分析方法、直接数值模拟方法、平均 N-S 方程法和湍流模型法。其中,理论分析方法实现起来很难。直接数值模拟方法不引入任何湍流模型,而是通过计算完整的 N-S 方程,一般用于检验各种湍流模型。由于土木工程结构一般均为高雷诺数,采用直接数值模拟方法对三维空间流域中的流场进行模拟非常困难。因此,N-S 方程的后两种解法在风工程领域应用较广。

针对不可压缩流体,平均 N-S 方程法和湍流模型法是目前风工程领域最常用的计算方法。平均 N-S 方程将湍流看作是平均运动和脉动运动两部分,以速度为例:

$$u_i = \langle u_i \rangle + u_i' \tag{2.51}$$

式中　　$\langle u_i \rangle$——平均速度,表示为 u_i 的时间平均量;

　　　　u_i'——脉动速度。

对式(2.48)逐项平均可以得

$$\frac{\partial \langle u_i \rangle}{\partial t} + \left\langle \sum_{j=1}^{3} u_j \frac{\partial u_i}{\partial x_j} \right\rangle = -\frac{1}{\rho}\frac{\partial \langle p \rangle}{\partial x_i} + \frac{\mu}{\rho}\left(\sum_{j=1}^{3} \frac{\partial^2 \langle u_i \rangle}{\partial x_j^2}\right) \tag{2.52}$$

简化可得：

$$\frac{\partial \langle u_i \rangle}{\partial t} + \sum_{j=1}^{3} \langle u_j \rangle \frac{\partial \langle u_i \rangle}{\partial x_j} = -\frac{1}{\rho}\frac{\partial \langle p \rangle}{\partial x_i} + \frac{\partial}{\partial x_j}\left[\frac{\mu}{\rho}\left(\frac{\partial \langle u_i \rangle}{\partial x_j} + \frac{\partial \langle u_j \rangle}{\partial x_i} \right) - \langle u'_i u'_j \rangle \right] \quad (2.53)$$

式(2.53)被称为雷诺平均 N－S 方程,式(2.51)和式(2.53)形式相同,只是式(2.53)多了一项湍流应力项,该项中包含 6 个未知量。对于稳态问题,式(2.53)中共有 10 个未知量,而流体控制方程共计 4 个(1 个连续性方程和 3 个运动方程)。因此,该方程式是不封闭的。

针对湍流应力项,布希内斯克于 1872 年提出了湍流黏度模型,用湍流黏度 ν_t 和湍动能 k 来进行描述：

$$-\langle u'_i u'_j \rangle = \nu_t\left(\frac{\partial \langle u_i \rangle}{\partial x_j} + \frac{\partial \langle u_j \rangle}{\partial x_i} \right) - \frac{2}{3}k\delta_{ij} \quad (2.54)$$

式(2.54)中 $\nu_t = \mu_t/\rho$。将式(2.54)代入式(2.53)可以得

$$\frac{\partial \langle u_i \rangle}{\partial t} + \sum_{j=1}^{3} \langle u_j \rangle \frac{\partial \langle u_i \rangle}{\partial x_j} = -\frac{1}{\rho}\frac{\partial \left(p + \frac{2}{3}k\delta_{ij} \right)}{\partial x_i} + \frac{\partial}{\partial x_j}\left[\nu_{\mathrm{eff}}\left(\frac{\partial \langle u_i \rangle}{\partial x_j} + \frac{\partial \langle u_j \rangle}{\partial x_i} \right) \right] \quad (2.55)$$

其中, $\nu_{\mathrm{eff}} = \nu + \nu_t = \frac{\mu + \mu_t}{\rho}$。 ν_t 与流场的平均场有关,只要给定 ν_t 的计算方法,就能实现式(2.53)的封闭。其中,二方程模型(如 $k-\omega$ 模型)通过多个湍流变量的输运,得到的湍流黏度分布更接近实际,在工程中应用较广泛。在 Wilcox $k-\omega$ 模型中,

$$\nu_t = \frac{k}{\omega} \quad (2.56)$$

式中　k、ω——由其控制方程确定。

控制方程为

$$\frac{\partial k}{\partial t} + \nabla \cdot (uk) = \nabla \cdot \left[\left(\nu + \frac{\nu_t}{\sigma_{k1}} \right)\nabla k \right] + P_k - \beta' k\omega \quad (2.57)$$

$$\frac{\partial \omega}{\partial t} + \nabla \cdot (u\omega) = \nabla \cdot \left[\left(\nu + \frac{\nu_t}{\sigma_{\omega1}} \right)\nabla \omega \right] + \alpha_1 \frac{\omega}{k}P_k - \beta_1 \omega^2 \quad (2.58)$$

式中　P_k——由相应的公式确定。

其余参数均为常数, $\sigma_{k1} = 2$, $\beta' = 0.09$, $\sigma_{\omega1} = 2$, $\alpha_1 = \frac{5}{9}$, $\beta_1 = 0.075$。

2. 临时看台四周全遮挡情况下流场模拟

考虑临时看台选型方法,以满足 1 000 人一座独立的临时看台为例。针对这种承载人数较多的临时看台,结构形式可采用多个单独的临时看台相互连接而成。其中,空间桁架直径均为 50 mm。临时看台的平面尺寸布置如图 2.129 所示。

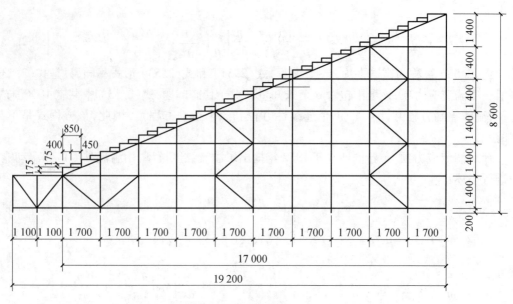

(a) 临时看台结构侧面图

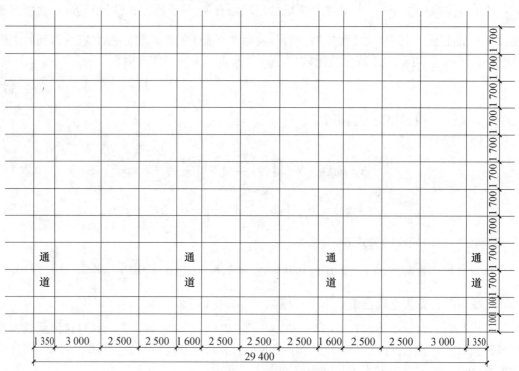

(b) 临时看台结构轴线图

图 2.129　临时看台结构简图

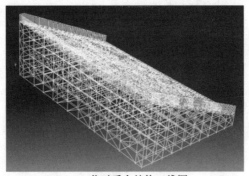

(c) 临时看台结构三维图

续图 2.129

该临时看台最大高度 8.6 m,纵向长度 29.4 m,横向总宽度 19.2 m,整个独立看台共 14 榀平行桁架。对全遮挡情况下的临时看台建立全尺度模型。建模中忽略看台板的折线变化,模型看台板面按平面考虑。由于空间风向的不确定性,风向角考虑 $\alpha = 0°$、$\alpha = 90°$、$\alpha = 180°$,研究不同风向角下的风压分布,以确定最不利的风压分布状态。全遮挡情况下的风向角定义如图 2.130 所示。

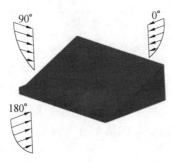

图 2.130　全遮挡情况下风向角示意图

CFD(Computional Fluid Dynamics) 数值模拟是基于流体基本控制方程,针对所求解区域的流体,对离散的各流体控制单元进行数值求解,得到确定流体在空间各处分布状态所需的数据。在 CFD 分析中,由于风场位于整个大气层,其覆盖范围为一个无限大区域,对结构产生实际影响的只是一定距离内的风场,数值模拟只能针对一定区域内的风场进行分析,CFD 数值模拟需要针对一定的计算域,在结构周围一定距离设置壁面,人为地将流体封闭在该计算域内,为保证壁面不会对结构周围的流场分布特性产生过大影响,计算域不宜太小。同时,考虑计算效率问题,计算域取值不应过大。

计算域的选取上,黄本才、汪从军基于模型高度 H,指出数值风洞入口距离模型的距离、数值风洞两侧距离模型两侧距离不应小于 $5H$,风洞出口距离模型距离不应小于 $15H$。根据一般数值风洞大小的建议值,建议值如图 2.131 和表 2.18 所示。本书参照上述建议,并考虑自身条件,经过试算,确定计算域各参数如图 2.131 及表 2.18、表 2.19 所示。

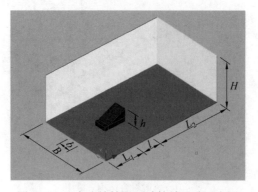

图 2.131　全遮挡情况下计算域尺寸示意图

表 2.18　全遮挡情况下模型尺寸 m

b	l	h_{max}	h_{min}
29.4	19.2	8.6	1.6

表 2.19　全遮挡情况下计算域尺寸 m

工况	L_1	L_2	B	H
建议取值	$5l$	$15l$	$10b$	$8h$
0°、180°	50	150	129.4	70
90°	80	200	119.2	70

　　数值模拟首先要对计算区域的流体进行网格划分。网格划分的好坏决定了数值模拟的计算效率、解的精度、收敛性和稳定性。因此,数值模拟阶段需采取合适的网格划分方案,避免网格参数对计算结果产生过大影响。网格划分方案主要从网格类型和网格尺度两方面影响计算结果。

　　根据哈尔滨工业大学对大型临时看台结构数值模拟研究的结果,采用结构化网格划分方法对流场进行分块划分。对看台两侧面,由于侧面形状为梯形,两侧高度相差较大,采用六面体网格时两侧位置的网格质量很差,故采用楔形网格调整网格质量。同时,考虑计算效率,网格在模型附近区域较为密集,数值风洞边缘处网格间距较为稀疏。模型表面的面网格如图 2.132 所示。

图 2.132　模型面网格

　　在进行广告牌设施网格划分时,由于板的厚度与板的长度、宽度相差较大,采用结构化网格划分方案。

采用 $k-\varepsilon$ 湍流模型来模拟湍流流动,实现对雷诺平均 N-S 方程的封闭。该模型用湍动能和湍流耗散率来表示湍流黏度模型,湍流及湍流耗散率计算公式见表 2.20。同时为使该模型在近壁面附近具有良好的适应性,近壁面处理采用非平衡壁面函数,以模拟壁面附近复杂的逆压梯度和回流流动现象。

数值风洞的边界条件应基本与实际情况下建筑物周围的边界条件一致。数值风洞边界条件设置包括数值风洞四周侧面的边界条件、入口边界条件、出口边界条件以及结构表面壁面条件。

数值计算的风场来流条件以抗阵风能力 21 m/s 为例,设计风速取为 $U_{10}=21$ m/s,其边界条件设置见表 2.20。边界层平均风速剖面示意图如图 2.133 所示。

表 2.20　计算域边界条件设置

入口边界条件	(1) 考虑边界层效应及近地面风场十分紊乱,地貌类型为 D 类,剪切流风剖面为 $$U(z)=\begin{cases}U_{10}\left(\dfrac{z}{10}\right)^{0.3}, & z>30 \\ U(z=30)=U_{10}\left(\dfrac{30}{10}\right)^{0.3}, & z\leqslant30\end{cases}$$ 式中　$U_{10}=21$ m/s。 (2) 参考坐标系:x 轴方向为风场方向,z 轴方向为模型高度方向。 (3) 来流湍流强度采用《建筑结构荷载规范》(GB 50009—2012),并考虑截断高度: $$I_u(z)=\begin{cases}I_{10}\left(\dfrac{z}{10}\right)^{-0.3}, & z>30 \\ I(z=30)=I_{10}\left(\dfrac{30}{10}\right)^{-0.3}, & z\leqslant30\end{cases}$$ 式中　$I_{10}=0.39$。 (4) 来流湍流特性通过给定的湍动能 k 和湍流耗散率 ε 来定义,其中,$k=\dfrac{3}{2}[U(z)\cdot I_u(z)]^2$;$\varepsilon=\dfrac{0.09^{\frac{3}{4}}\cdot k^{\frac{3}{2}}}{L_u}$。 (5) 湍流积分尺度采用日本规范: $$L_u(z)=\begin{cases}10\left(\dfrac{z}{30}\right)^{0.5}, & z>30 \\ 100, & z\leqslant30\end{cases}$$
出口边界条件	出口为完全发展流动,采用完全发展出流边界条件,出口边界流场任意变量的梯度均为零
壁面条件	(1) 计算域顶壁和侧壁:自由滑移壁面 (2) 建筑物壁面和地面:无滑移壁面

本节采用有限体积法将微分方程转化成各控制单元各个节点上的一组代数方程组。在运用有限体积法进行离散时,采用二阶迎风格式离散对流项;采用具有二阶精度的中心差分格式对扩散项进行离散;采用 SIMPLEC 算法对压力 - 速度耦联方程实现各联立方程的解耦、压力场和速度场的校正。通过监测连续性方程、各方向速度、湍动能、湍流耗散率及各主要表面的升力、板面上阻力系数是否稳定来判断数值计算是否收敛。

风向角为 0° 时,临时看台结构各表面位置示意图如图 2.134 所示。

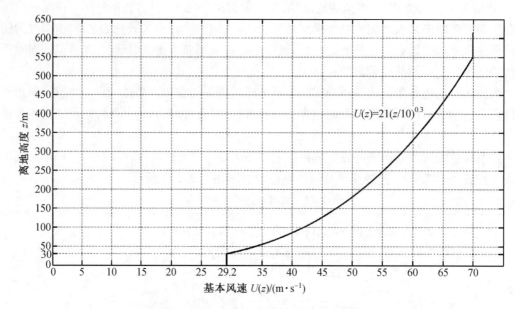

图 2.133　边界层平均风速剖面示意图

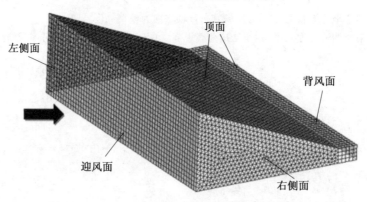

图 2.134　0°风向角临时看台结构各表面位置示意图

　　风向角为 0° 时,临时看台结构各表面平均风压系数数值模拟结果如图 2.135 所示。

　　由图 2.135 可以看出,0° 风向角下迎风面的平均风荷载呈现为风压力,背风面风力接近于 0,其余各面均表现为风吸力。

　　来流风垂直于大型临时看台迎风面与顶面交界线,风场在迎风面顶面处产生分离,在分离处一定范围内形成旋涡,旋涡处存在很大的逆压梯度,顶面为看台高度从低向高逐渐增高的一个倾斜面,因此在气流的分离位置处风吸力并不是最大值,而是在距离顶面分离位置一定距离处风吸力最大,往后逐渐减小,且风压分布基本上平行于迎风面和顶面的交线。左右两侧面平均风荷载分布规律完全一致,与顶面分布规律类似,顶面也是在分离位置处风吸力最大,风压力基本为 0,之后逐渐减小压力表现为风吸力。背风面面积很小,整个面上风荷载分布很小,基本接近于 0。

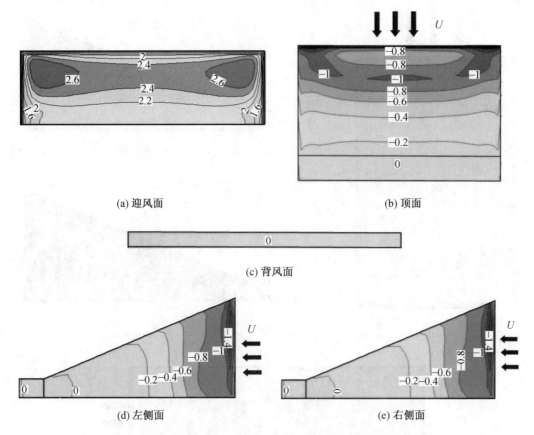

图 2.135　0°风向角临时看台结构各表面的平均风压分布系数

风向角为 90°时,临时结构各表面位置示意图如图 2.136 所示。

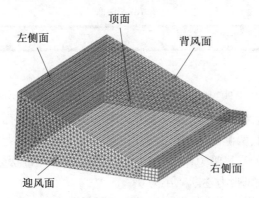

图 2.136　90°风向角临时看台结构各表面位置示意图

风向角为 90°时,临时看台结构各表面平均风压系数数值模拟结果如图 2.137 所示。

由图 2.137 可以看出,90°风向角下迎风面的平均风荷载表现为风压力,其余各面均表现为风吸力,左右两侧面平均风荷载分布规律完全一致。

来流风垂直于大型临时看台侧面,故顶面和两侧面风压分布基本上平行于迎风面和顶面、两侧面交线。风场向上在迎风面与顶面交界处产生分离,向两侧在迎风面与两侧面交界处产生分离。在分离处一定范围内形成旋涡,由于旋涡处存在逆压梯度,故在顶面和两侧面

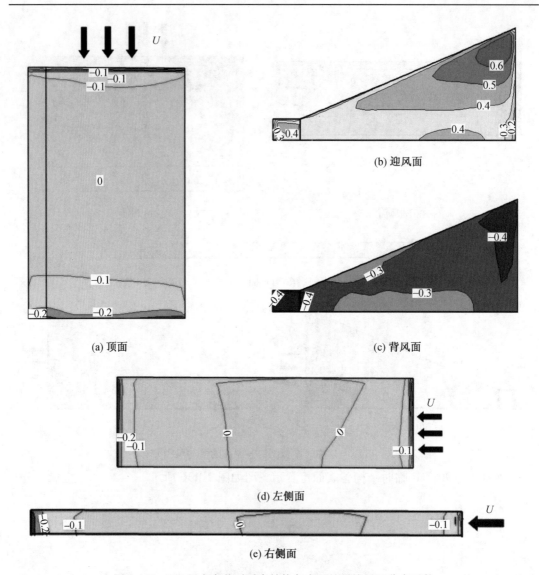

图 2.137 90°风向角临时看台结构各表面的平均风压分布系数

前端,风吸力最大,往后风吸力逐渐减小至 0。流场在顶面、两侧面与背风面交界处再次产生流动分离,因此,顶面、两侧面末端再次出现小范围的风吸区。背风面主要表现为风吸力作用,在与两侧面交界处受风吸力作用,整个面上风荷载呈现带状分布,角部位置风吸力最大,随着不断靠近中间,风吸力逐渐减小为 0。

风向角为 180°时,临时结构各表面位置示意图如图 2.138 所示。

风向角为 180°时,临时看台结构各表面平均风压系数数值模拟结果如图 2.139 所示。

由图 2.139 可以看出,180°风向角下迎风面、顶面大部分前侧的平均风荷载表现为风压力,其余各面均表现为风吸力,左右两侧面平均风压分布规律基本一致。

来流风垂直于大型临时看台较低一侧,故顶面风压分布基本上平行于迎风面和顶面的交线。风场向上在迎风面与顶面交界处产生很小的分离,向两侧在迎风面与两侧面交界处产生分离,且分离并不十分明显。在分离处一定范围内形成旋涡,由于旋涡处存在逆压梯

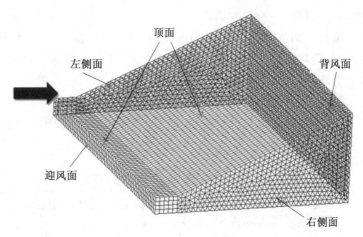

图 2.138　180° 风向角临时看台结构各表面位置示意图

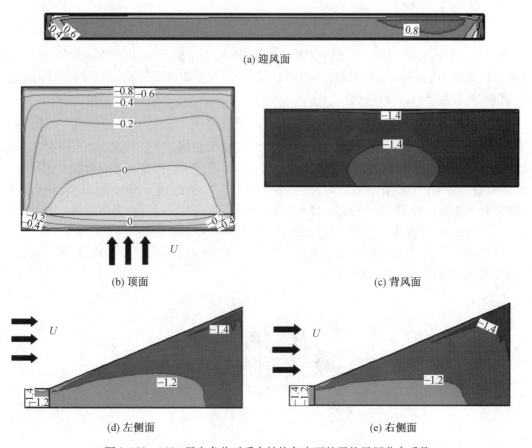

图 2.139　180° 风向角临时看台结构各表面的平均风压分布系数

度,故在顶面和两侧面前端,风吸力较大。由于迎风面高度很小,加之顶面为往后高度逐渐增高的倾斜面,该处气流分离很小,故顶面中间大部分区域风吸力逐渐减小,基本为 0。往后在流场与背风面交界处,流场再次发生分离,故在顶面末端又出现了小范围的风吸区。左右两侧面在分离位置处风吸力较大,在两侧面与背风面、顶面交角位置处风吸力达到最大。风吸力分布等值线平行于斜面,随着看台高度减小,风吸力逐渐减小。背风面也受风吸力作用,整个面上风荷载呈现环状分布,角部位置风吸力最大,随着不断靠近中间逐渐减小,整个面上风吸力分布较为均匀。

为便于进行设计计算,对各工况风压系数值进行处理,可得到各面的平均压力系数,定义为 C_p,见表2.21、表2.22。在设计计算时,各个面上平均风荷载值为 $w = w_0 C_p$,其中,w_0 为设计基本风压,可由设计基本风速换算得来,$w_0 = \dfrac{1}{2}\rho U^2$。

表2.21　全遮挡情况下风向角为 0°、180° 压力系数

工况	迎风面	顶面(前)	顶面(后)	左侧面(前)	左侧面(后)	右侧面(前)	右侧面(后)	背风面
0°	2.123	− 0.495	− 0.037	− 0.225	0.026	− 0.457	0.017	− 0.043
180°	0.587	− 0.060	− 0.211	− 1.040	− 1.230	− 1.080	− 1.250	− 1.490

表2.22　全遮挡情况下风向角为 90° 压力系数

工况	迎风面(左)	迎风面(右)	顶面(左)	顶面(右)	左侧面	右侧面	背风面(左)	背风面(右)
90°	0.417	0.317	− 0.066	− 0.063	− 0.026	− 0.046	− 0.338	− 0.433

由表2.21、表2.22可知,0° 风向角下结构所受倾覆力矩最大,因此当临时看台周围遮挡面积比较大时,0° 风向角为大型临时看台结构的最不利受荷状态,应采用此时的风荷载进行大型临时看台结构的设计计算。

3. 临时看台四周无遮挡情况下看台板结构流场模拟

这里采用的临时结构模型及计算条件设置均与前面相同。工况设置,对四周无遮挡情况下的临时看台板结构建立全尺度模型。为研究临时看台无遮挡情况下看台板上的风压分布,忽略看台板的折线变化,模型看台板面按平面考虑。同时,由于临时看台结构底部钢管支撑体系均为直径为50 mm的钢管,尺寸很小,此处忽略其对风荷载的影响作用。由于空间风向的不确定性,并考虑临时看台结构的对称性,风向角考虑 $\alpha = 0°$、$\alpha = 90°$、$\alpha = 180°$ 三种情况,以研究不同风向角下的风压分布,并确定看台板结构最不利的风压分布状态。无遮挡情况下的风向角定义如图2.140所示。

图 2.140　无遮挡情况下风向角示意图

对临时看台无遮挡情况下的流场进行数值模拟研究时,计算域尺寸示意图如图2.141所示。计算域尺寸与无遮挡工况相同,看台板计算模型的尺寸见表2.23。

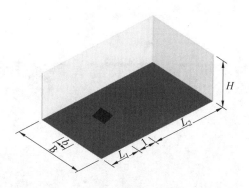

图 2.141   无遮挡情况下计算域示意图

表 2.23   无遮挡情况下模型尺寸   m

b	l	t
29.4	19.2	0.5

风向角为 0° 时,临时看台板结构各表面位置示意图如图 2.142 所示。

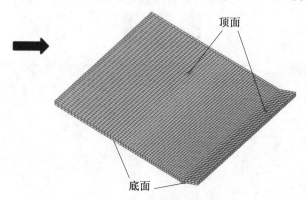

图 2.142   0° 风向角看台板各表面位置示意图

风向角为 0° 时,看台板结构各表面平均风压系数数值模拟结果如图 2.143 所示。

由图 2.143 可以看出,0° 风向角下看台板结构的底面大部分平均风荷载表现为风压力,顶面的平均风荷载表现为风吸力。

来流风垂直于大型临时看台较高一侧,故顶面及底面中心区域的风压分布基本上平行于迎风面和顶面的交线。风场经过看台板结构时,流场向上在与顶面交界处产生很小的分离,向两侧在迎风面与两侧面交界处也产生分离。流场的分离导致了平均风荷载在顶面前端产生很大的风吸力。由于顶面为一高度逐渐降低的斜面,故产生分离处风吸力不是最大,而是在距离边缘一定位置处风吸力最大。随着风场向前流动,顶面风吸力逐渐减小,直至达到 0。看台板底面的风压力也呈现了从前往后逐渐递减的趋势,但是由于顶面为从前往后高度逐渐降低的倾斜面,底面两端部位置平均风压力变化较中间区域更为剧烈,因此在底面上的平均风荷载呈现了环带状分布。

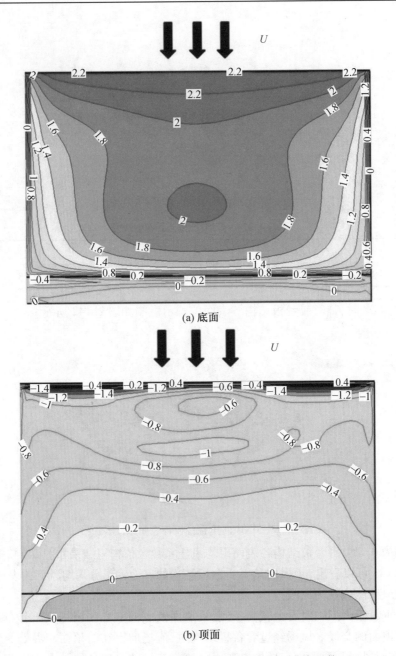

(a) 底面

(b) 顶面

图 2.143 0°风向角看台板各表面的平均风压分布系数

风向角为 90°时,临时看台板结构各表面位置示意图如图 2.144 所示。

风向角为 90°时,临时看台结构各表面平均风压系数数值模拟结果如图 2.145 所示。

由图 2.145 可以看出,90°风向角下看台板结构的底面、顶面分布规律类似,在分离处小范围内呈现了风压力,之后大部分区域均呈现为风吸力,中间部分区域平均风荷载为 0。

来流风垂直于大型临时看台,故顶面及底面中心区域的风压分布基本上平行于迎风面和顶面的交线。风场经过看台板结构时,流场在与顶面、底面交界处产生很小的分离。临时看台顶面、底面沿风场方向为一平面,且看台板结构本身厚度很薄,故产生分离的位置位于

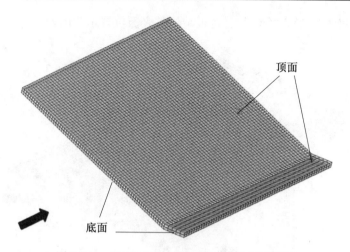

图 2.144　90° 风向角看台板各表面位置示意图

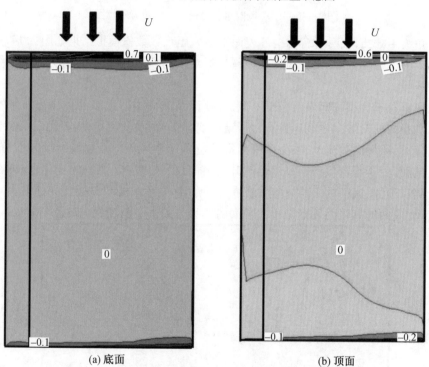

(a) 底面　　　　　　　　　　　　(b) 顶面

图 2.145　90° 风向角看台板各表面的平均风压分布系数

看台板顶面、底面前端,在看台板前端区域内平均风荷载为风压力,在分离发生后区域,平均风荷载表现为风吸力。随着风场向前流动,顶面风吸力逐渐减小,直至达到 0。在流场经过看台板末端位置时,由于流场边界条件的变化,流场发生了二次分离,导致了在看台板末端小范围区域内产生了平均风吸力。

风向角为 180° 时,临时看台的看台板结构各表面位置示意图如图 2.146 所示。

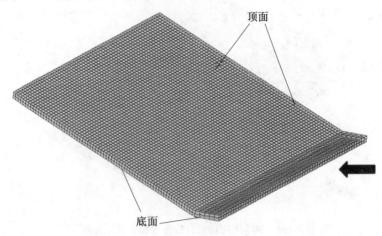

图 2.146　180° 风向角看台板各表面位置示意图

风向角为 180° 时临时看台结构各表面平均风压系数数值模拟结果如图 2.147 所示。

由图 2.147 可以看出,180° 风向角下看台板结构的顶面、底面大部分区域的平均风荷载均表现为风吸力。

来流风垂直于大型临时看台较低一侧,故顶面及底面中心区域的风压分布基本上平行于迎风面和顶面的交线。风场经过看台板结构前端平台板时,流场在与顶面、底面交界处产生很小的分离,风场向前流动,在看台板前端板位置产生风吸力。风场继续向前流动,与看台板斜板接触,由于看台板斜板高度逐渐升高,看台板坡度发生急剧的变化,流场在此处再次发生分离。顶面、底面的平均风吸力在看台板的前端平台板和斜板交界处最大。随着风场向前流动,底面的风吸力逐渐减小。顶面的风吸力则由于流场的分离逐渐增大。

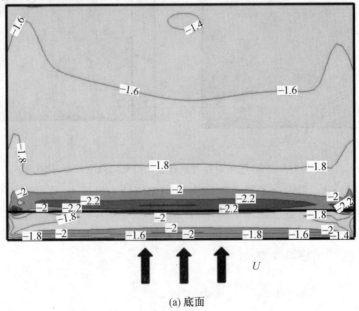

(a) 底面

图 2.147　180° 风向角看台板各表面的平均风压分布系数

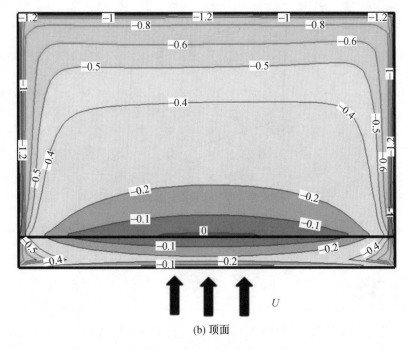

(b) 顶面

续图 2.147

为便于进行计算,对各工况风压系数值进行处理,可得到各面的平均压力系数,定义为 C_p,见表 2.24、表 2.25。在设计计算时,各个面上平均风荷载值为 $w = w_0 C_p$,其中,w_0 为设计基本风压。

表 2.24　无遮挡情况下风向角为 0°、180° 压力系数

工况	顶面(前)	顶面(后)	底面(前)	底面(后)
0°	− 0.427	0.077	1.607	− 0.018
180°	− 0.217	− 0.451	− 1.848	− 1.703

表 2.25　无遮挡情况下风向角为 90° 压力系数

工况	顶面(左)	顶面(右)	底面(左)	底面(右)
90°	− 0.006	− 0.008	− 0.024	− 0.028

由表 2.24、表 2.25 可知,0° 风向角下看台板结构所受倾覆力矩最大,因此当临时看台周围没有广告牌等非结构设施或非结构设施较少时,0° 风向角为大型临时看台结构的最不利受荷状态,应采用 0° 风向角下的风荷载进行结构设计计算。

4. 大型临时结构广告风载工况设置

广告牌尺寸根据临时看台模型遮挡位置的不同进行布置确定,广告牌尺寸一是考虑看台较高一侧被围护设施全部遮挡的情况;二是考虑看台较高一侧被围护设施从底部第二阶桁架高度位置向上全部遮挡的情况;三是考虑看台结构侧面被围护设施遮挡的情况。广告牌示意图如图 2.148 所示。广告牌模型尺寸见表 2.26。

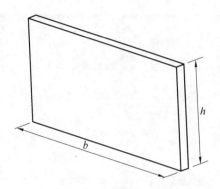

图 2.148 广告牌示意图

表 2.26 广告牌模型尺寸   m

工况设置	b	h
广告牌模型一	29.4	8.6
广告牌模型二	29.4	7
广告牌模型三	10.2	4.4

对广告牌建立全尺度模型,如图 2.148 所示。模型包括广告牌的迎风面、左右侧面、底面、顶面、背风面。实际上,广告牌的厚度相对于广告牌的长度、宽度是很小的,因此,在进行风荷载风压系数分析及风荷载加载时,忽略风荷载沿广告牌厚度方向的分量。而且研究广告牌的风荷载时,忽略广告牌后的空间桁架杆系结构以简化计算。此外,虽然空间风荷载方向是不确定的,在考虑不同风向角下广告牌面板上的风压分布时,显然,风向垂直于广告牌面板的有效受风面积最大,此时其上的风荷载也达到最大值。因此,广告牌的风向角定义如图 2.149 所示。

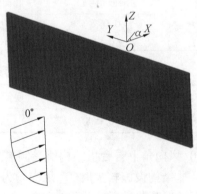

图 2.149 广告牌风向角示意图

对广告牌设施进行数值模拟研究时,计算域的选取上,参考临时看台数值风洞大小的取值,并考虑自身条件,经过试算,确定计算域各参数如图 2.150 及表 2.27 所示。

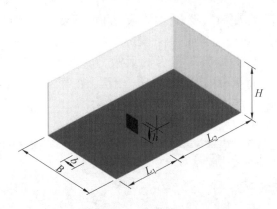

图 2.150　广告牌计算域尺寸示意图

表 2.27　广告牌计算域尺寸　　　　　　　　　　　　　　　　　　　　　　　　m

工况设置	L_1	L_2	B	H
广告牌模型一	50	150	129.4	70
广告牌模型二	50	150	129.4	70
广告牌模型三	50	100	129.4	50

广告牌模型一各表面平均风压系数数值模拟结果如图 2.151 所示。

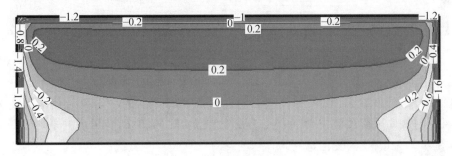

(a) 迎风面

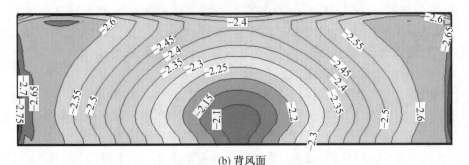

(b) 背风面

图 2.151　广告牌模型一各表面的平均风压分布系数

由图 2.151 可以看出,广告牌模型一的迎风面中心区域平均风荷载表现为风压力,四周区域表现为风吸力。背风面的平均风荷载均表现为风吸力。

来流风垂直于广告牌板面,故迎风面的风压分布基本上平行于迎风面和顶面的交线,迎风面中心区域板面受到风压力作用,平均风压力系数最大为 0.2,向迎风面四周逐渐减小,并在迎风面上方和两侧逐渐变为风吸力,边缘最大平均风吸力系数可达 - 1.6。风场经过广告牌迎风面时,流场在迎风面与顶面、侧面交界处产生分离,风场向前流动,在广告牌背风面产生了大面积的分离涡,并导致了很大的风吸力。风吸力分布较为均匀,基本都在 - 2.7 ~ - 2 之间变化。背风面中间区域风吸力最小,在背风面上方及两侧面边缘风吸力最大。

广告牌模型二各表面平均风压系数数值模拟结果如图 2.152 所示。

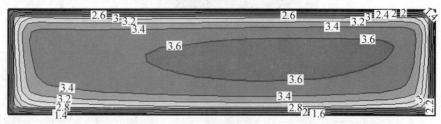

(a) 迎风面

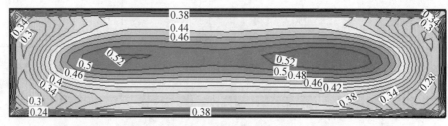

(b) 背风面

图 2.152　广告牌模型二各表面的平均风压分布系数

由图 2.152 可以看出,广告牌模型二的迎风面和背风面的平均风荷载均表现为风压力。迎风面的平均风荷载值较大,平均风压系数最大可达到 3.6,背风面的平均风荷载较小些,基本在 0.2 ~ 0.52 内变化。

由于广告牌下侧是镂空的,因此迎风面和背风面风荷载均为风压力。来流风垂直吹向广告牌板面,迎风面、背风面的风压分布基本上平行于迎风面、背风面和顶面的交线。迎风面中心区域板面风压力最大,最大为 3.6,向迎风面四周逐渐减小,最后大致减小到 1.4。背风面呈现了与迎风面相同的规律,背风面中心区域板面风压力最大,最大为 0.52,向背风面四周逐渐减小,最后大致减小到 0.24。

广告牌模型三各表面平均风压系数数值模拟结果如图 2.153 所示。

由图 2.153 可以看出,广告牌模型三的迎风面中心小范围区域平均风荷载表现为风压力,四周区域表现为风吸力。背风面的平均风荷载均表现为风吸力。

来流风垂直于广告牌板面,故迎风面的风压分布基本上平行于迎风面和顶面、两侧面的交线,迎风面中心区域板面受到风压力作用,平均风压力系数最大为 0.2。由于风场在经过广告牌迎风面时在迎风面与顶面、侧面交界处产生分离,因此在迎风面四周区域产生了很大的风吸力。较大的流场分离在背风面也形成了风吸力,且分布较为均匀,基本都在 - 2.45 ~ - 2 之间变化。风吸力在中间区域最小,向四周逐渐增大。

为便于进行计算,对各工况风压系数值进行处理,可得到各面的平均压力系数,定义为

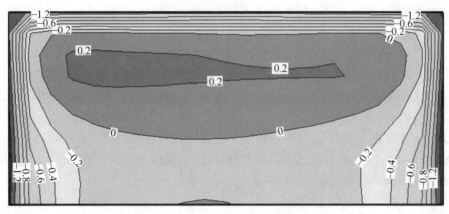

(a) 迎风面

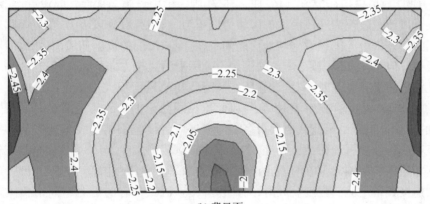

(b) 背风面

图 2.153　广告牌模型三各表面的平均风压分布系数

C_p,见表 2.28。在设计计算时,各个面上平均风荷载值为 $w = w_0 C_p$,其中,w_0 为设计基本风压,在本书所计算工况中 $\rho = 1.25 \ \text{kg/m}^3$、$U = 21 \ \text{m/s}$。进行广告牌设计时,所加荷载可由迎风面和背风面荷载直接叠加得到。

表 2.28　各工况压力系数

工况	迎风面	背风面	广告牌风压系数	加载/(N·m⁻²)
广告牌模型一	− 0.090	− 2.444	2.354	648.82
广告牌模型二	3.043	0.397	2.646	729.30
广告牌模型三	− 0.315	− 2.299	1.984	546.84

由表 2.28 可知,广告牌等围护设施所受风荷载与受风面积大小成正比;同时,当围护设施与地面之间存在空隙,允许风场自由通过时,风荷载会急剧增大。

根据上面对大型临时看台周围全遮挡、周围无遮挡情况下看台板结构以及广告牌设施在来流风作用下各受风面积上的风压分布状况的分析和计算,可以总结如下。

大型临时看台周围全遮挡和周围无遮挡情况下看台板结构的各受风面积上的风荷载进行 CFD 数值模拟研究,分析得到如下结论:

(1) 临时看台迎风面风荷载表现为风压力,顶面根据风向角的不同可能会为风压区或风吸区,侧面和背风面均为风吸区。

(2) 风向角对大型临时看台结构各表面上的平均荷载有很大影响。由于风向角不同,迎风面面积、高度也发生相应的变化,气流产生分离的位置和分离涡的大小也不同。对0°、90°、180° 三种不同风向角的计算结果进行比较,可以看出,大型临时看台在周围全遮挡和无遮挡情况下,0° 风向角为大型临时看台结构的最不利受荷状态。因此,应采用 0° 风向角下的风荷载进行结构设计计算。

(3) 看台最高侧面中心点区域、各面交界处风荷载均较大,在实际工程应用中,为保证临时看台结构的安全性,在这些区域需做加强设计,以确保在风荷载作用下,大型桁架空间临时看台结构的安全性和可靠性。

(4) 分析得到0° 风向角下的风荷载压力系数可直接用于进行临时看台的风荷载设计。

通过对大型临时看台周围被广告牌设施局部遮挡情况下的各围护设施受风面积上的风荷载进行 CFD 数值模拟研究,可以发现,当广告牌等围护设施与地面之间没有空隙时,围护设施迎风面风荷载表现为迎风面内部区域为风压力,四周区域为风吸力;背风面则表现为风吸力作用。当广告牌等围护设施与地面之间存在空隙时,围护设施迎风面、背风面风荷载表现为风压力。但总体来说,整个广告牌围护设施承受沿风速方向的风荷载,当广告牌等围护设施与地面之间没有空隙时,围护设施所受风荷载与受风面积大小成正比增加。当广告牌等围护设施与地面之间存在空隙时,和受风面积相同甚至更大的与地面无间隙围护设施相比,此时的围护设施所受风荷载要大得多。与户外广告设施钢结构技术规程及户外广告牌技术规范中广告牌面板风荷载值相比,本节中计算荷载稍大些,结果更为安全。广告牌设施会对与其相连接的部位大型临时看台产生较大的水平荷载,在进行广告牌设计时,应确保两者之间的连接具备足够的强度。同时,对广告牌覆盖区域的临时看台空间桁架体系应进行加强,以保证大型临时看台的整体稳定性及部分桁架杆件的受力性能。分析得到不同尺寸、不同布设位置的广告牌的风压力可直接应用于设置了广告牌等围护设施的大型临时看台的设计。

2.5.3 大型临时看台风荷载加载方法

临时结构的设计与永久结构的设计存在很大不同,为了建立临时结构的选型、设计计算、安全监控及振动控制一体化方法,并将其应用于实际工程,开发大型临时平台整体稳定性快速设计软件是其中至关重要的一个部分。

结构选型、荷载确定后,需要经过大型临时平台整体稳定性快速设计软件的设计计算确定临时结构的设计施工图。同时,看台使用期间,临时结构安全监控系统的实时监测信息(如各测试位置的应力、位移)将实时提交给大型临时平台整体稳定性快速设计软件,通过实时分析以确定临时结构的安全性是否满足要求。

本节首先介绍大型临时平台整体稳定性快速设计软件;然后,提出临时结构风荷载加载方法;最后,提出大型临时看台风荷载软件中实现风荷载加载流程,通过 Python 编程实现风荷载加载,并以 0° 风向角下临时看台无遮挡工况的风荷载模拟结果为例,进行风荷载加载,验证风荷载加载方法的有效性。

1. 大型安全临时演出平台快速数值计算软件简介

目前发生的临时平台倒塌事故都是因为结构和施工计算错误。大型户外临时演艺平台的安全分为局部和整体安全两个方面。局部安全主要是指结构单元和连接节点的安全,整体安全是指整个结构体系在设计荷载下的安全性。局部安全通过节点设计与检测来保证。而整体稳定性只能通过可靠的计算方法来保证,即通过合理的计算模型,利用正确的计算方法,采用可靠的计算手段,才能保证平台整体的安全性。

临时结构的设计与永久结构的设计存在很大不同,临时结构不具有任何全刚性节点,同时结构的安全冗余度较低,结构节点和独立的结构单元变形都较大,这些不利因素必须通过有效的计算分析和独特的构造措施来保证临时结构的整体稳定性,因此结构数值计算和分析是平台稳定与安全最基本的前提。

为了保证临时结构具有较高的安全性能,同时为临时结构设计工作者提供全面、自动、实时的分析工具,需要开发大型临时平台整体稳定性快速设计软件,该软件建模模块是基于 AutoCAD 二次开发,通过编程实现,荷载定义和结构计算模块则是基于 ABAQUS 软件二次开发,通过 Python 编程实现的。

结构选型确定后,在 ABAQUS 软件二次开发中实现荷载定义,然后经过大型临时平台整体稳定性快速设计软件的设计计算即可确定临时结构的设计施工图。同时,看台使用期间,临时结构安全监控系统将实时监测信息(如各测试位置的应力、位移) 实时提交给大型临时平台整体稳定性快速设计软件,可以通过监控系统得到各受力部分内力、变形等变化来判断大型临时结构是否出现损害以及何处损坏。另外,该软件可以对结构形式发生改变的临时结构的受力进行重新分析,确定其安全性是否满足要求,以及当不满足要求时应如何加固结构以确保其安全性和正常使用。

2. 风荷载加载方法

荷载的确定是大型临时平台整体稳定性快速设计软件分析的先决条件,需要将分析得到的大型临时看台上的风荷载应用于自行开发的大型临时平台整体稳定性快速设计软件,以进行大型临时看台结构的设计。风荷载加载方法就是确定风荷载以何种形式、何种方式加载到临时看台结构上。

一般而言,围护结构上的风荷载由下式确定:

$$w_k = \beta_{gz}\mu_s\mu_z w_0 \qquad (2.59)$$

式中　　w_k——风荷载标准值;

　　　　β_{gz}——高度 z 处的阵风系数,β_{gz} 主要考虑脉动风荷载的脉动增大效应;

　　　　μ_s——风荷载体型系数,μ_s 考虑结构形式对风压分布的影响;

　　　　μ_z——风压高度变化系数,μ_z 考虑大气边界层效应对风荷载的影响;

　　　　w_0——基本风压。

基于 CFD 数值模拟得到的风荷载,入口边界条件中考虑了大气边界层效应和脉动风对大型临时看台风压分布的影响,同时,数值分析中同时也将临时看台的结构形式因素考虑在内。因此,由压力系数 C_p 和式(2.43)$w = \dfrac{1}{2}\rho U_0^2 C_p$ 可以完全确定临时看台上的风荷载。

风荷载遍布在大型临时看台上,与大面积受风结构上的风荷载相比,桁架杆件部分的风荷载可以忽略。在考虑风荷载的加载时,风荷载仅考虑大面积受风结构。风荷载以均布荷载的形式加载到各大面积受风结构上,即看台板和广告牌设施上。其中,看台板和广告牌等围护设施上的风荷载大小可由压力系数 C_p 和式(2.43) 确定。

风荷载的加载方向为各板面均布荷载垂直于板面方向，C_p 为正表示风荷载垂直于板面并指向板面方向，C_p 为负表示风荷载垂直于板面并背离板面方向。看台板水平方向荷载以线荷载形式加载到看台板板边位置。

3. Python 编程实现风荷载加载

临时看台结构上的大面积受风结构包括临时看台的看台板和广告牌设施，对这两部分分别加载，实现加载的流程如图 2.154 所示。

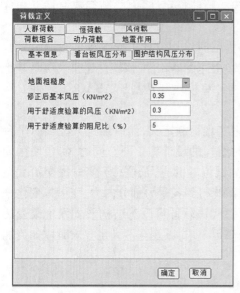

(a) 基本信息输入界面 (b) 看台板风荷载输入界面

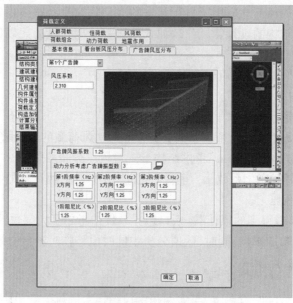

(c) 广告牌设施风荷载输入界面

图 2.154　风荷载加载流程图界面设计

基于软件开发要求，所有的信息输入均能实现"所见即所得"，荷载输入一旦确定，在荷载输入界面内即可以完全显示输入的风荷载。

　　大型临时平台整体稳定性快速设计软件编程中,通过下述语句可以实现输入风荷载信息的对话框,用户可以将查表得到的风荷载压力系数数据输入相应对话框中,即可完成大型临时看台结构风荷载的定义。通过下述语句可以实现输入风荷载的加载,加载后的大型临时看台结构如图 2.155 所示。

图 2.155　大型临时看台风荷载示意图

myLoadPressure = myModel. Pressure(name =" Load – P" , createStepName =" step – 1" , region = regionTloadP, distributionType = UNIFORM, field = " " , magnitude = 518.45 , amplitude = UNSET)

myLoadX = myModel. ShellEdgeLoad(name =" Load – X" , createStepName =" step – 1" , region = regionTloadX,

magnitude = 213.61 , distributionType = UNIFORM, field =" " , localCsys = None)

　　通过大型临时平台整体稳定性快速设计软件,将 0° 风向角下临时看台无遮挡工况的风荷载模拟结果作为加载荷载,其中竖向荷载作用于看台板水平踏板上,方向向上,大小为 518.45 N/m^2,水平荷载作用于看台板水平踏板板边上,方向与 0° 风向相同,大小为 213.61 N/m^2。

　　考虑大型临时看台只承受风荷载水平分量和承受风荷载水平、竖向分量两种情况,分别进行有限元计算,可以得到风荷载作用下的大型临时看台结构的各个板面、空间桁架的应力、位移分布,计算结果如图 2.156 所示。

　　由图 2.156 可以看到,两种情况风荷载作用下,桁架杆件底部应力很大,达到 300 MPa,接近杆件的屈服极限,也就是说在此种情况下,风荷载对大型临时看台结构的影响还是很大的。两种加载情况相比较,只加载风荷载水平分量时,桁架杆件最大应力为 303.8 MPa,而风荷载水平、竖向分量全部考虑时,桁架杆件最大应力为 301.2 MPa,也就是说风荷载的水平分量才是造成大型临时看台风致破坏的主要因素。加载在看台板上的风荷载竖向分量方向是向上的,而临时看台结构主要承受向下的自重、人群荷载等荷载,其大小一般大于 1 000 N/m^2,因此,风荷载的竖向分量对大型临时看台的受力是有利的。故大型临时看台的受力分析应考虑风荷载与各种荷载组合的最不利状况。

　　风荷载是智能临时结构计算的重要内容,由于临时结构的计算需要实时进行,如何快速完成临时结构的风载计算是保证临时结构设计智能性的重要内容。对于大型临时平台整体

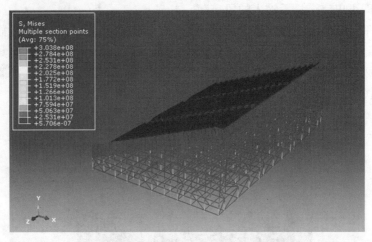

(a) 风荷载水平分量加载下临时看台应力分布

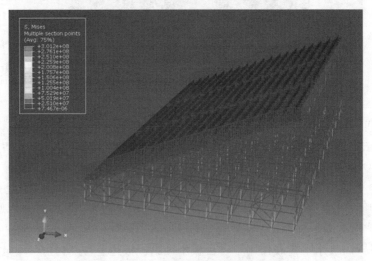

(b) 风荷载水平、竖向分量全部加载下临时看台应力分布

图 2.156　风荷载作用下大型临时看台应力分布

稳定性快速设计软件的开发与应用,风荷载也是前期必须要做的研究工作,为此,专门对此进行了阐述:① 对大型临时平台整体稳定性快速设计软件进行了介绍;② 提出了大型临时看台结构风荷载加载方法;③ 提出了风荷载加载的流程,并通过软件编程实现了风荷载信息的输入及风荷载在大型临时看台结构上的加载。以 0° 风向角下临时看台无遮挡工况的风荷载模拟结果为例,实现了风荷载在临时看台上的加载及临时看台的受力状况,结果表明风荷载的水平分量才是造成大型临时看台风致破坏的主要因素,而风荷载的竖向分量对大型临时看台的受力是有利的。

　　本节通过对某大型临时看台周围全遮挡、临时看台周围无遮挡及临时看台周围布设广告牌设施三种工况下各受风面风荷载进行基于 CFD 的数值模拟研究,得到了三种工况下受风面风压分布特性。然后,提出大型临时看台结构风荷载加载方法,并通过编程将风荷载加载到大型临时看台上,进行大型临时看台在风荷载下的受力分析,验证该方法的有效性,故可以对智能临时结构的风荷载计算做出如下总结：

（1）临时看台风荷载。

临时看台结构迎风面风荷载表现为风压力，顶面根据风向角的不同可能为风压区或风吸区，侧面和背风面均为风吸区。风向角对大型临时看台结构各表面上的平均荷载有很大影响。由于风向角不同，迎风面面积、高度也发生相应的变化，气流产生分离的位置和分离涡的大小也不同。对 0°、90°、180° 三种不同风向角的计算结果进行比较，可以看出，大型临时看台在周围全遮挡和周围没有非结构围护设施的情况下，0° 风向角均为大型临时看台结构的最不利受荷状态。因此，应采用 0° 风向角下的风荷载进行结构设计计算。

（2）广告牌设施所受风荷载。

广告牌设施所受风荷载与受风面积大小成正比。同时，相同面积的广告牌，当广告牌设施与地面之间存在空隙时，与相同面积和地面没有空隙的围护设施相比，其所受风荷载要大得多。因此，在进行广告牌设计时，应尽量避免广告牌与地面间存在空隙。分析得到不同尺寸、不同布设位置的广告牌的风压力可直接应用于设置了广告牌设施的大型临时看台的设计。

（3）临时看台结构结构设计。

看台最高侧面中心点区域、各面交界处风荷载均较大，在实际工程应用中，为保证临时看台结构的安全性，在这些区域需做加强设计，以确保在风荷载作用下，大型桁架空间临时看台结构的安全性和可靠性。另外，广告牌设施会对大型临时看台与其相连接的部位产生较大的水平荷载，在进行广告牌设计时，应确保两者之间的连接具备足够的强度。同时，对广告牌覆盖区域的临时看台空间桁架体系应进行加强，以保证大型临时看台的整体稳定性及部分桁架杆件的受力性能。

（4）风荷载加载方法。

基于 CFD 数值模拟得到的风荷载，入口边界条件中考虑了大气边界层效应和脉动风对大型临时看台风压分布的影响，同时，数值分析中也将临时看台的结构形式因素考虑在内。区别于传统的风荷载确定方法，风荷载以均布荷载的形式加载到各大面积受风结构上，风荷载大小可由压力系数 C_p 和式（2.43）确定。风荷载水平分量对大型临时看台的影响应予以注意。另外，在进行临时看台设计时，应综合考虑自重、风荷载及人群荷载的荷载组合，将最不利状况下的荷载组合作为加载荷载作用于临时看台结构上，以进行临时看台结构分析。

通过数值模拟方法确定了临时看台结构在周围全遮挡、无广告牌等临时非结构围护设施遮挡情况下的风荷载分布特性，并针对广告牌这一主要围护设施进行了风荷载的数值模拟分析，经过分析确定了可用于大型临时结构设计的风荷载设计方法。但由于临时结构风荷载的复杂性，还是存在诸多需要解决的关键技术问题：

① 在数值模拟中，由于网格技术限制，在对无广告牌等临时非结构围护设施遮挡和广告牌的风荷载进行数值模拟时，忽略了空间桁架体系对其流场的影响，这一简化处理对数值模拟结果的影响程度应该进行定量分析，以使结果更加具有说服力。事实上，虽然空间桁架结构体系尺寸很小，但是桁架杆件数目很多，这些众多的桁架杆件必然会对流场有一定的扰乱作用，使经过大型临时看台结构的风流场更加复杂，更加混乱。这一影响不会太大，但还是应该进一步研究，以明确这一影响的程度。此外，虽然空间桁架结构对平均风荷载的影响较小，但是还是应该进行桁架杆件本身的风致振动研究，对关键杆件进行单独分析，确保其

安全性能。

②数值模拟分析更多地依靠计算机技术,本书采用的 D 类地貌湍流度较大,达到 39%。迄今为止,数值模拟的湍流模型更多地还是依赖于以往的经验,可靠度和可信度都不够充分。因此,还应进行大型临时看台结构的风洞实验,确定各种工况下风压分布特性,并与数值模拟结果进行比较,以进一步对模拟的风荷载数据进行验证,增大计算结果的可信度。并且,通过风洞实验也可测得空间桁架结构体系对风流场的扰乱作用影响,以明确该影响的程度。

③由于大型临时看台结构本身自振频率较大(第 1 阶自振频率为 8 Hz 左右),与脉动风荷载振动周期相差较远,本书并未考虑其风振影响。但是,《户外广告设施钢结构技术规程》及户外广告牌技术规范中均有规定墙面广告牌设施应与建筑物一起考虑风振影响,还应按广告牌自身的基本自振周期计算其风振影响。本书中大型临时看台结构还没有考虑广告牌设施的风致振动问题,尤其是对复杂造型和动态移动的广告牌,在较高的临时结构中,如何快速智能地分析结构的受力,仍然需要进行理论和现场实时分析工具的研发和攻关,目前主要是通过现场实验和经验,取一个较大的值进行对比计算获得的,有时显得比较浪费,施工也不方便,甚至是不可行的。

第3章　　临时结构的基础设计

3.1　　临时结构基础形式与约束条件

临时结构基础分为覆置式基础、独立基础、条形基础和桩基础。

（1）覆置式基础。

柱脚简易的焊接钢板，放置在混凝土块或木板上，柱脚、基础、地基之间没有牢固的连接，在较大的水平力作用下，临时结构可能会发生滑移或倾覆，为了避免事故，必须验证柱脚在荷载作用下不会被抬起和滑移。一般适用于小型临时看台或体量不大的临时结构。覆置式基础如图3.1所示。

图3.1　覆置式基础

（2）独立基础。

建筑物上部结构采用框架结构或单层排架结构承重时，基础常采用圆柱形和多边形等形式的独立式基础。一般适用于中大型临时舞台、临时滑雪场、低层临时轻钢住宅等。

（3）条形基础。

基础长度远远大于宽度的一种基础形式。一般适用于中大型临时活动场所，如舞台、滑雪场、低层临时轻钢住宅等。

（4）桩基础。

桩基础由基桩和连接于桩顶的承台共同组成。一般适用于大型临时活动场所，如舞台、滑雪场、多层临时轻钢住宅等。

3.2　　临时结构地基变形要求与计算

（1）临时建筑的地基变形计算值不应大于地基变形允许值。

（2）地基变形特征可分为沉降量、沉降差、倾斜、局部倾斜。

（3）在计算地基变形时，应符合下列规定：

① 由于建筑地基不均匀、荷载差异很大、体型复杂等因素引起的地基变形,对于临时舞台、滑雪场等框架结构和单层排架结构应由相邻柱基的沉降差控制;对于多层的临时轻钢住宅应由倾斜值控制,必要时应控制平均沉降量。

② 在必要情况下,需要分别预估建筑物在施工期间和使用期间的地基变形值,以便预留建筑物有关部分之间的净空,选择连接方法和施工顺序。但临时建筑施工周期短,因此在施工期间完成的沉降量不大,大部分沉降是在使用期间形成的。

(4) 建筑物的地基变形允许值应按表 3.1 规定采用。对表中未包括的建筑物,其地基变形允许值应根据上部结构对地基变形的适应能力和使用上的要求确定。

表 3.1　建筑物的地基变形允许值

变形特征		地基土类别	
		中、低压缩性土	高压缩性土
临时建筑相邻柱基的沉降差	框架结构	$0.002l$	$0.003l$
	当基础不均匀沉降不产生附加应力的结构	$0.005l$	$0.005l$
单层排架结构(柱距为 6 m)	柱基的沉降量 /mm	(120)	200
多层建筑的整体倾斜	$H_g < 24$		0.004

注:1. 本表数值为建筑物地基实际最终变形允许值;
　　2. 有括号者仅适用于中压缩性土;
　　3. l 为相邻柱基的中心距离,mm;H_g 为自室外地面起算的建筑物高度,m;
　　4. 倾斜指基础倾斜方向两端点的沉降差与其距离的比值。

(5) 计算地基变形时,地基内的应力分布可采用各向同性均质线性变形体理论。其最终变形量可按下式进行计算:

$$s = \psi_s s' = \psi_s \sum_{i=1}^{n} \frac{p_0}{E_{si}} (z_i \overline{\alpha_i} - z_{i-1} \overline{\alpha_{i-1}}) \tag{3.1}$$

式中　s—— 地基最终变形量,mm;

s'—— 按分层总和法计算出的地基变形量,mm;

ψ_s—— 沉降计算经验系数,根据地区沉降观测资料及经验确定,无地区经验时可根据变形计算深度范围内压缩模量的当量值(E_s)、基底附加压力按表 3.2 取值;

n—— 地基变形计算深度范围内所划分的土层数(图 3.2);

p_0—— 相应于作用的准永久组合时基础底面处的附加压力,kPa;

E_{si}—— 基础底面下第 i 层土的压缩模量,MPa,应取土的自重压力至土的自重压与附加压力之和的压力段计算;

z_i、z_{i-1}—— 基础底面至第 i 层土、第 $(i-1)$ 层土底面的距离,m;

$\overline{\alpha_i}$、$\overline{\alpha_{i-1}}$—— 基础底面计算点至第 i 层土、第 $(i-1)$ 层土底面范围内平均附加应力系数,可按《建筑地基基础设计规范》(GB 50007—2011)中的附录 K。

表 3. 2　沉降计算经验系数 ψ_s

$\overline{E}_s$/MPa		2.5	4.0	7.0	15.0	20.0
基底附加压力	$p_0 > f_{ak}$	1.4	1.3	1.0	0.4	0.2
	$p_0 < f_{ak}$	1.1	1.0	0.7	0.4	0.2

注:1. 压缩模量的取值考虑到地基变形的非线性性质,若一律采用固定压力段下的 E_s 值必然会引起沉降计算的误差,因此采用实际压力下的 E_s 值,即

$$E_s = \frac{1 + e_0}{\alpha}$$

式中　e_0——土自重压力下的孔隙比;

　　　α——从土自重压力至土的自重压力与附加压力之和压力段的压缩系数。

2. 地基压缩层范围内压缩模量 E_s 的加权平均值提出按分层变形进行 E_s 的加权平均方法。

设

$$\frac{\sum A_i}{E_s} = \frac{A_1}{E_{s1}} + \frac{A_2}{E_{s2}} + \frac{A_3}{E_{s3}} + \cdots = \frac{\sum A_i}{E_{si}}$$

则

$$\overline{E}_s = \frac{\sum A_i}{\sum \dfrac{A_i}{E_{si}}}$$

式中　$\overline{E}_s$——压缩层内加权平均的 E_s 值,MPa;

　　　E_{si}——压缩层内某一层土的 E_s 值,MPa;

　　　A_i——压缩层内某一层土的附加应力面积,m^2。

显然,应用上式进行计算能够充分体现各分层土的 E_s 值在整个沉降计算中的作用,使在沉降计算中 E_s 完全等效于分层的 E_s。

3. 沉降计算经验系数 ψ_s 与平均 E_s 之间采用内插方法。

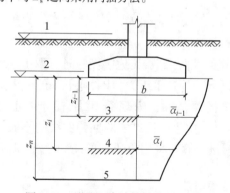

图 3. 2　基础沉降计算的分层示意

1— 天然地面标高;2— 基底标高;3— 平均附加应力系数 α 曲线;4—$(i-1)$ 层;5—i 层

(6) 变形计算深度范围内压缩模量的当量值($\overline{E}_s$) 应按下式计算:

$$\overline{E}_s = \frac{\sum A_i}{\sum \dfrac{A_i}{E_{si}}} \tag{3.2}$$

式中　A_i——第 i 层土附加应力系数沿土层厚度的积分值。

(7) 地基变形计算深度 z_n 应符合式(3.3) 的规定。当计算深度下部仍有较软土层时,

应继续计算。

$$\Delta s'_n \leqslant 0.025 \sum_{i=1}^{n} \Delta s'_i \tag{3.3}$$

式中 $\Delta s'_i$——在计算深度范围内,第 i 层土的计算变形值,mm;

$\Delta s'_n$——在由计算深度向上取厚度为 Δz 的土层计算变形值,mm,Δz 按表 3.3 确定。

表 3.3 Δz m

b	$\leqslant 2$	$2 < b \leqslant 4$	$4 < b \leqslant 8$	$b > 8$
Δz	0.3	0.6	0.8	1.0

(8) 当无相邻荷载影响,基础宽度在 1 ~ 30 m 范围内时,基础中点的地基变形计算深度也可按简化公式(3.4)进行计算。在计算深度范围内存在的基岩时,z_n 可取至基岩表面;当存在较厚的坚硬黏性土层,其孔隙比小于 0.5、压缩模量大于 50 MPa,或存在较厚的密实砂卵石层,其压缩模量大于 80 MPa 时,z_n 可取至该层土表面。此时,地基土附加压分布应考虑相对硬层存在的影响,按《建筑地基基础规范》(GB 50007—2011)中的(6.2.2)计算地基最终变形量。

$$z_n = b(2.5 - 0.4\ln b) \tag{3.4}$$

式中 b——基础宽度,m。

(9) 当存在相邻荷载时,应计算相邻荷载引起的地基变形,其值可按应力叠加原理,采用角点法计算。

(10) 当建筑物地下室基础埋置较深时,地基土的回弹变形量可按下式进行计算:

$$s_c = \psi_c \sum_{i=1}^{n} \frac{p_c}{E_{ci}}(z_i \overline{\alpha_i} - z_{i-1} \overline{\alpha_{i-1}}) \tag{3.5}$$

式中 s_c——地基的回弹变形量,mm;

ψ_c——回弹量计算的经验系数,无地区经验时可取 1.0;

p_c——基坑底面以上土的自重压力,kPa,地下水位以下应扣除浮力;

E_{ci}——土的回弹模量,kPa,按现行国家标准《土工试验方法标准》(GB/T 50123—2019)中土的固结实验回弹曲线的不同应力段计算。

(11) 回弹再压缩变形量计算可采用再压缩的压力小于卸荷土的自重压力段内再压缩变形线性分布的假定计算:

$$\overline{s'_c} = \psi'_c s_c \frac{p}{p_c} \tag{3.6}$$

式中 $\overline{s'_c}$——地基的回弹再压缩变形量,mm;

ψ'_c——回弹再压缩变形增大系数,由土的固结回弹再压缩实验确定;

s_c——地基的最大回弹变形量,mm;

p——再压缩的荷载压力,kPa;

p_c——基坑底面以上土的自重压力,kPa,地下水位以下应扣除浮力。

注:地基土回弹再压缩量计算目前实测结果较少。根据室内压缩实验和现场荷载实验结果,地基土回弹再压缩量大于回弹量。中国建筑科学研究院地基基础研究所根据室内压

缩实验统计,增大系数对黏性土取值为 1.19,对砂土取值为 1.10,工程应用时应根据实验确定。

(12) 在同一整体大面积基础上建有多栋高层和低层建筑,宜考虑上部结构、基础与地基的共同作用进行变形计算。

3.3　临时结构地基基础的智能要求

临时结构基础应满足快速安装、可拆卸、智能预警和快速补救的智能要求。

3.3.1 快速安装、可拆卸

为了保证结构快速安装、可拆卸要求,临时结构基础一般在工厂预制预留预埋件,运抵施工现场(图 3.3),用连接件(一般为螺栓) 进行安装,这样不仅可以大大加快施工进度、节省时间,还能在结构拆卸时便于拆卸、回收利用。

图 3.3　预制柱下独立基础现场施工图

3.3.2　智能预警系统

临时结构基础的智能预警系统是人们为了早期发现通报基础灾情,并及时采取有效措施、控制和减轻灾害而设置一种自动预警设施,与常规地下结构危害难以预测相比,具有重大优势。智能预警系统由触发器件、报警装置、警报装置以及具有其他辅助功能的装置组成。在智能预警系统中,自动或手动产生报警信号的器件称为触发件,主要包括探测器和手动报警按钮。探测器是能对特定参数(如基础关键部位的变形、裂缝等) 响应,并自动产生报警信号的器件。

在自动报警系统中,用以接收、显示和传递报警信号,并能发出控制信号和具有其他辅助功能的控制指示设备称为报警装置。

在自动报警系统中,用以发出区别于环境声、光的警报信号的装置称为警报装置。它以声、光、音响等方式向报警区域发出警报信号,以警示人们安全疏散、采取安全救灾措施。自动报警系统属于消防用电设备,其主电源应当采用消防电源,备用电采用蓄电池。系统电源除为报警控制器供电外,还为与系统相关的消防控制设备等供电。

3.3.3　快速补救

当临时结构基础出现危险征兆时或已经发生破坏时,为了能采取快速补救措施,预制基础的设计应在关键部位设计成可拆卸形式(图 3.4),当基础构件 A 发生破坏时,可以通过拆卸与其相连的连接件更换破坏的基础构件。

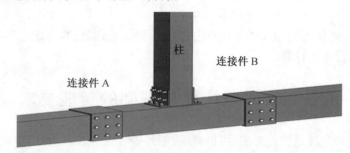

图 3.4　关键部位可更换临时结构基础

当预制基础构件不能设计成可拆卸形式部位时,应在相应的关键部位处预留受力预埋件(图 3.5),当柱体下部基础发生预警或破坏时,可以通过在柱体上设置的预留孔洞处连接件以及斜向支撑暂时支撑柱体荷载,然后再更换破坏的基础构件,以免危险发生,进一步提高结构的可利用性;此外,还应有专门的补救设备,以便快速拆换危险部件。

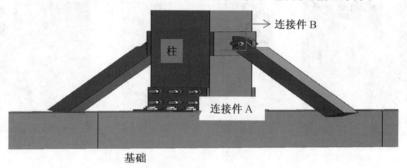

图 3.5　关键部位不可更换临时结构基础

3.4　临时结构基础的可换性设计

临时结构的可换性构造设计可参照 3.3.3 节快速补救的相关内容,在采取相关措施时,应该做到技术可靠、安全适用、经济合理、确保质量、快速高效的原则。

此处以柱体下部的预制条形基础构件发生破坏时的情况为例,说明基础更换时应注意的问题:

(1)基础发生破坏预警时,应快速疏散人群,以确保人们的生命财产安全。

(2)快速用预制斜撑支撑柱体,以减轻甚至消除柱体传至基础的荷载,防止整体结构的损伤或破坏。

(3)进一步采取特殊加固设备,支撑柱体以及与破坏基础预制构件相连的其他基础,使得破坏基础所承担的力完全分担到支撑构件上。

(4)在采取以上措施保障置换破坏基础预制构件时,有充足的安全系数的情况下,方能进行预制基础构件的置换工作。

以上工作必须在专业设计人员在场的情况下,由专业的施工人员进行相关操作。

3.5　临时结构地基基础的设计实例

临时结构地基基础设计与普通结构的地基基础设计类似,以下面例子为例,介绍进行相关设计时需要注意的情况。

3.5.1　基础的设计原则

临时结构基础设计应按以下原则进行规划:

(1) 满足安全、稳定性和结构荷载的承载要求,具有变形小的特点,满足上部结构正常使用要求。

(2) 为便于加工、减少安装工作量和安装误差,构件外形力求简洁,节点要少且简单。

(3) 基础组成构件质量轻、强度高,且具有足够刚度,满足运输和施工变形小的要求。

(4) 在满足安全要求的条件下,尽量节省材料、减少开挖量,降低工程造价。

3.5.2　设计条件

某柱下独立基础,柱子断面尺寸为 600 mm × 400 mm。考虑主要荷载与附加荷载时,基础受竖向荷载 $F_k = 800$ kN,力矩为 250 kN·m。地基土剖面图如图 3.6 所示。地基土物理力学性质指标见表 3.4。

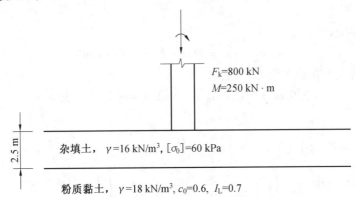

$F_k = 800$ kN

$M = 250$ kN·m

2.5 m

杂填土，$\gamma = 16$ kN/m³, $[\sigma_0] = 60$ kPa

粉质黏土，$\gamma = 18$ kN/m³, $c_0 = 0.6$, $I_L = 0.7$

图 3.6　地质横断面图

表 3.4　地基土物理力学性质指标

土层序号	土层名称	层底埋深 /m	容重 γ /(kN·m⁻³)	含水量 ω/%	孔隙比 e	压缩模量 /MPa	基本承载力 σ_0/kPa
<1>	杂填土	2.5	16	27.8	0.81	4.5	60
<2>	粉质黏土	15.0	18	38.8	0.6	7.5	280

3.5.3　设计方案

1.基础基本资料

柔性基础采用 C15 混凝土浇筑($f_t = 900$ kN/m²),钢筋采用 HPB235($f_y = 210$ N/mm²),基础高度为 0.8 m,基础埋深为 2.5 m,基底尺寸为 2.5 m × 2 m,10 cm 厚垫层采用 C15 素混凝土。

2. 基础的尺寸

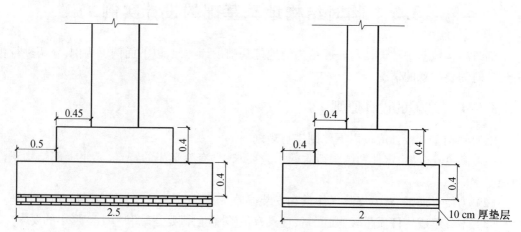

图 3.7　基础断面图

3. 抗冲切验算

① 基底净反力计算。

$$P_{e,min}^{e,max} = \frac{F_k}{A} \pm \frac{M}{W} = \frac{800}{5} \pm \frac{250}{2.08} = \begin{matrix} 280.19 \ (\text{kPa}) \\ 39.81 \ (\text{kPa}) \end{matrix}$$

② 验算抗冲切。

取保护层厚度,则

$$h_0 = h - a_s = 800 - 50 = 750 \ (\text{mm})$$

冲切破坏将发生在最大反力一侧,又

$$b = 2.0 \ \text{m} > 2b_0 + h_0 = 2 \times 0.4 + 0.75 = 1.55 \ (\text{m})$$

故有

$$F_1 = P_{e,max}A_1 = P_{e,max} \times \left[\left(\frac{l}{2} - \frac{l_0}{2} - h_0\right) \times b - \left(\frac{b}{2} - \frac{b_0}{2} - h_0\right)^2\right]$$

$$= 280.19 \times \left[\left(\frac{2.5}{2} - \frac{0.6}{2} - 0.75\right) \times 2 - \left(\frac{2}{2} - \frac{0.4}{2} - 0.75\right)^2\right]$$

$$= 111.38 \ (\text{kN})$$

冲切面破坏面上抗冲切承载力为

$$[V] = 0.7f_t\beta_{hp}(b_0 + h_0)h_0 = 0.7 \times 900 \times 1 \times (0.4 + 0.75) \times 0.75 = 543.375 \ (\text{kN})$$

基础不会发生冲切破坏,基础高度足够。

4. 配筋计算

该基础受偏心荷载为

$$e = \frac{M}{N} = \frac{M}{F_k + A\gamma_G h} = \frac{250}{800 + 5 \times 20 \times 2.5} = 0.238 \ (\text{m}) < \frac{b}{6} = \frac{2}{6} = 0.333 \ (\text{m})$$

且台阶宽高比 $\frac{0.5}{0.4} = 1.25 < 2.5$,可以用以下公式计算配筋。

Ⅰ—Ⅰ 截面处基底净反力为

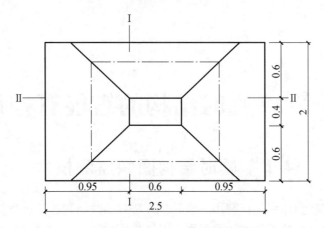

图 3.8　基础尺寸平面图

$$P_{e,I} = 39.81 + (280.19 - 39.81) \times \frac{0.95 + 0.6}{2.5} = 188.85 \text{ （kPa）}$$

I — I 截面处弯矩为

$$M_I = \frac{1}{48}(P_{e,max} + P_{e,I})(l - l_0)^2(2b + b_0)$$

$$= \frac{1}{48} \times (280.19 + 188.85) \times (2.5 - 0.6)^2 \times (2 \times 2 + 0.4)$$

$$= 155.21 \text{ （kN·m）}$$

I — I 截面配筋为

$$A_{sI} = \frac{M_I}{0.9 f_y h_0} = \frac{155.21 \times 10^6}{0.9 \times 210 \times 750} = 1\,095 \text{ （mm}^2\text{）}$$

II — II 截面处弯矩为

$$M_{II} = \frac{1}{48}(P_{e,max} + P_{e,min})(b - b_0)^2(2l + l_0)$$

$$= \frac{1}{48} \times (280.19 + 39.81) \times (2 - 0.4)^2 \times (2 \times 2.5 + 0.6)$$

$$= 95.57 \text{ （kN·m）}$$

II — II 截面配筋为

$$A_{sII} = \frac{M_{II}}{0.9 f_y h_0} = \frac{95.57 \times 10^6}{0.9 \times 210 \times 750} = 674 \text{ （mm}^2\text{）}$$

按规范配筋要求，在 2 m 宽内配筋 10Φ12 钢筋，间距为 180 mm，即 10Φ12@180；另一个方向按相同间距配筋。

5.连接件强度计算

分别按下压和水平以及上拔和水平组合作用力计算底部柱脚板和地脚螺栓规格、顶板连接螺栓及焊缝强度，由此确定构件规格、螺栓数量和焊缝尺寸要求。

第4章　临时结构的智能管控设计

4.1　临时结构图像监测技术

临时结构图像监测技术是指利用图像处理方法对临时结构施工过程与服役期的性能进行监测。采用图像处理技术能够快速识别临时结构构件质量、安装位置,实现关键节点位移的实时多维度监测。

目前,多数临时滑雪平台结构是由杆件搭建而成的,其节点有扣件式与插销式等多种形式。由于结构体系较为庞大,节点数目众多,且为多次使用,导致节点质量参差不齐,给结构安全性带来较大隐患。同时,施工人员的素质也会对结构的初始缺陷造成巨大影响,结构整体承载力难以控制。传统结构监测技术主要通过在结构关键部位安装传感装置进行数据采集与处理。然而,由于此类结构杆件布置较密,在安装传感装置时十分不便,而且结构本身高度达十余米,人员攀爬危险性较高。再者,由于传感装置数量有限,只能在结构关键部位安置,数据对结构整体安全性评价的代表性不足。除节点的位移监测外,节点裂纹和松动情况的监测也是保证结构安全的重要举措,因此此类缺陷采用传统传感器监测十分困难。

近年来,随着数字图像技术和高速计算机技术的飞速发展,机器视觉和数字近景测量成功应用于大型结构位移的测量,研发的视觉位移传感器克服了传统位移传感器的局限性,能够同时测量指定区域内多点的三维空间坐标,具有非接触测量、精度高、不受电磁干扰、信息化程度高、现场安装方便、操作简单等诸多优点。非接触测量技术已经在航空航天、武器制导、快速制动等尖端领域中发挥着重要作用,在土木领域,其研究方兴未艾,尤其是在传统测试技术中的改进,比如风洞实验中的应变和变形测量、振动台基频的测量,也有在实际工程中展开的研究工作,比如利用非接触视觉测量技术对桥梁的动态位移进行捕捉等初步应用。

4.1.1　图像监测研究概况

概括地讲,基于图像的位移测量主要有两个分支:基于机器视觉的测量和基于近景摄影的测量。两者理论基础是一致的,都是针孔成像模型的具体应用。

近景摄影测量起源于20世纪60年代,早期的研究领域主要包括处理算法、硬件研发、匹配算法、误差理论等技术;20世纪80年代末期,该技术进入高速发展时期,越来越多的学者和研究人员投身于该领域,推动了近景摄影测量技术的极大进步;20世纪90年代以后,近景摄影测量发展日趋成熟,开始应用于各个领域。

人类对于机器视觉的研究也起源于20世纪60年代,发展初期研究内容主要包括图像预处理、匹配、边缘检测等技术;20世纪70年代,机器视觉技术进一步发展,逐渐形成各个分支:①从二维图像提取三维信息;②目标制导的图像处理;③运动参量求解等;20世纪90年代,发展趋于成熟,此后,进入系统推广和应用拓展阶段。

在机器视觉崛起并迅猛发展的过程中,源于测绘学的近景摄影测量也经历了巨大的技术革新,两者具有相同的理论基础和目标诉求,只是在基本公式和计算方法等方面存在着差异,近年来两者之间的部分学科出现了深度融合,在某些领域取得了突破性进展。进入21世纪以后,基于图像的位移测量技术优点日益突出,研究工作和应用逐渐在土木领域中展开。

图像测量技术在土木行业的应用已有报道,在无人工标志情况下,能够对距离30 m外的控制点进行非接触测量,与LVDT相比,最大误差为2.83%。2002年,Lin等提出了一种新三维非接触测量算法,采用最小二乘法实现相机参数快速有效标定,该方法不仅显著降低了测量过程中的计算量,而且大大提高了测量的准确性,实验表明,在80 mm×60 mm×60 mm的视场范围内,误差小于0.06 mm。2003年,Peipe等利用条纹投影原理和数字图像近景测量原理,实现了汽车模型表面的三维重建。2004年,Schmidt等利用数字图像相关法软件、频闪照明、高速摄像机,集成了三维图像相关法场位移、应变测量系统,然后将该系统应用于离子聚合物应变测量和面板屈曲测量中。2009年,Fukuda等研发了一套基于机器视觉的位移实时测量系统,包括一台相机和具有图像采集功能的笔记本电脑,主要用来测量大型结构(桥梁、高楼)的位移,同时,该测量系统实现了对多点同步测量。2010年,LeBlanc等为了测量直升机在着陆过程中瞬时超荷对飞机带来的损伤,提出了三维数字图像相关法测量方法,通过测量直升机指定区域在着陆过程中的三维空间变形,实现对直升机特定区域空间位移和应变的测量,通过实验室缩尺模型实验验证了该测量方法的可行性。Fukuda等研发了一种基于机器视觉的位移测量系统,该系统包含相机、计算机和可调焦镜头,通过目标跟踪算法实现对目标位移的实时测量,将该测量系统应用于振动台位移与大跨桥梁位移测量,取得了良好的测量效果。2013年,Li等回顾了土木工程领域相对位移的测量技术,讨论了各种测量方法的优缺点,指出机器视觉在位移测量方面的独有优势,如精度高、非接触、不受电磁干扰等,但目前该方法的成本仍然较高,测量范围受视觉传感器影响较大。Busca等在桥梁位移的监测研究中,采用视觉位移测量系统,实现对桥梁静动态位移的测量,测量系统特有的远距离非接触功能提高了设备的安装过程。Kohut等针对结构缺陷测量,介绍并对比分析了视觉和雷达干涉在铁路桥梁位移测量领域的应用。Schumacher等认为远距离非接触测量方式较传统的应变、加速度等测量方式无须电缆,以较高的综合性价比实现结构空间位移的测量,通过商业数字相机与图像处理算法的结合,亦可高质量地实现对建筑结构基频的测量。Kim等在对拉索索力的准确测量中,用图像测量技术,获取拉索在车辆荷载作用下的索力估计,现场实验结果表明,该方法基本满足桥梁索力测量要求,误差控制在5%以内。2014年,Laroche等在研究视觉传感器曝光过程机理时,发现标志点发生明显移动会影响测量系统的准确性,他们将这种移动定义为测试噪声,并探讨用数学模型降低该噪声的可能性。Ribeiro等介绍了图像测量技术在铁路位移测量应用中的发展史,并集成了一整套测量系统,该系统主要包括高频摄像机、光学镜头、光源、标定靶等仪器设备,能够实现桥梁高频振动位移的测量,数据采样频率为500 Hz,系统具有良好的可靠性。2015年,Poozesh等用图像相关法的视觉测量技术,在风力发电机叶片足尺模型上布置散斑模板测量风力发电机叶片的表面变形,测量结果表明测量精度较高。Feng等用方向码特征匹配算法对铁路桥梁在火车荷载作用下的位移进行测量,在无人工标志的情况下,实现了对桥梁位移的准确测量。

Feng 等将灰度模板匹配算法用于图像测量识别,在无人工标志的情况下,获得较高的测量精度。

从上述非接触图像测量技术研究工作和实际应用成果来看,该技术具有传统测量技术的能力,但精度、效率更高,如果进一步克服图像非接触测量技术的缺点,与临时结构组成一个整体,将对临时结构具有推动作用。

4.1.2 相机成像模型

相机模型主要包括线性模型和非线性模型,目前人们广泛采用线性模型,亦即针孔模型,对视觉传感器进行标定,标定过程中涉及像素坐标系、物理坐标系、相机坐标系、世界坐标系四个坐标系,以及这四个坐标系之间的坐标变换。

如图 4.1 所示,针孔成像模型描述了四个坐标系之间的相互关系,三维场景中任意一点 A 经过透镜中心 O,将物像投影在成像平面上,像点为 A'。点 A 在世界坐标系下的三维坐标为 (X_w, Y_w, Z_w),在以透镜中心为坐标原点的相机坐标系下的坐标为 (X_c, Y_c, Z_c)。

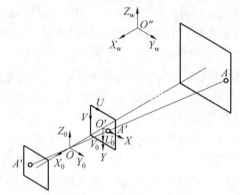

图 4.1　相机针孔成像模型

由 A 点在相机坐标系和世界坐标系下的坐标,则有

$$\begin{bmatrix} X_c \\ Y_c \\ Z_c \end{bmatrix} = \boldsymbol{R} \begin{bmatrix} X_w \\ Y_w \\ Z_w \end{bmatrix} + \boldsymbol{T} \tag{4.1}$$

式中　$\boldsymbol{R}$——旋转矩阵,维数为 3×3;

　　　$\boldsymbol{T}$——平移矩阵,维数为 3×1。

如图 4.1 所示,O' 为图像坐标系原点,(U_0, V_0) 为光心在像素坐标系下的像素坐标,(U, V) 为像点 A' 在像素坐标系下的齐次坐标。$X - Y$ 坐标系为图像的物理坐标系,单位像素在 U 方向上的物理尺寸为 $\mathrm{d}X$,在 V 方向上的物理尺寸为 $\mathrm{d}Y$。由 A' 的像素坐标和图像坐标,则有

$$\begin{bmatrix} U \\ V \\ 1 \end{bmatrix} = \begin{bmatrix} 1/\mathrm{d}X & 0 & U_0 \\ 0 & 1/\mathrm{d}Y & V_0 \\ 0 & 0 & 1 \end{bmatrix} \begin{bmatrix} X \\ Y \\ 1 \end{bmatrix} \tag{4.2}$$

根据中心投影原理,得

$$Z_c \begin{bmatrix} X \\ Y \\ 1 \end{bmatrix} = f \begin{bmatrix} X_c \\ Y_c \\ Z_c \end{bmatrix} \qquad (4.3)$$

式中　f——镜头焦距。

由式(4.1)、式(4.2)、式(4.3),得到

$$Z_c \begin{bmatrix} U \\ V \\ 1 \end{bmatrix} = \begin{bmatrix} f/dX & 0 & U_0 \\ 0 & f/dY & V_0 \\ 0 & 0 & 1 \end{bmatrix} \begin{bmatrix} R & T \end{bmatrix} \begin{bmatrix} X_w \\ Y_w \\ Z_w \\ 1 \end{bmatrix} = K \begin{bmatrix} R & T \end{bmatrix} \begin{bmatrix} X_w \\ Y_w \\ Z_w \\ 1 \end{bmatrix} \qquad (4.4)$$

式中　K——内参数矩阵,由 f/dX, f/dY, U_0, V_0 决定;

$\begin{bmatrix} R & T \end{bmatrix}$——外参数矩阵。

通过式(4.4),将空间中任意一点的物理坐标和相机中的像素坐标联系起来,从而利用像素坐标表达物理坐标,并最终完成空间中任意点的图像测量架起了联系的桥梁。

从式(4.4)可以看出,理论上的图像测试方程中,测点物理坐标与图像像素坐标是线性的,但实际中由于任何相机都存在几何光学的非线性以及设备制造中的误差,因此实际图像测量数据反映都不是式(4.4)中的线性模型,而是各种复杂因素叠加在一起形成的非线性模型,其中影响较大的有镜头制造误差和光学误差两个主要因素,下面分别予以简要陈述。

由于相机镜头在加工过程中的缺陷,以及相机在成像过程中并不遵循理想的线性模型,往往存在一定偏差,在引入各种畸变系数修正后,测点坐标方程就形成了非线性模型。根据镜头畸变产生的原因,畸变类型主要分为:径向畸变、离心畸变、薄棱镜畸变。

(1)径向畸变。

径向畸变主要由镜头形状缺陷引起,并且该类畸变关于主光轴对称。如图4.2所示,根据光轴区域的不同,又分为桶形畸变和枕形畸变。

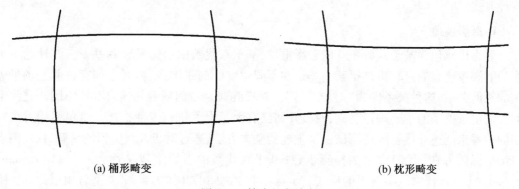

(a) 桶形畸变　　　　　　　　　　　　　(b) 枕形畸变

图4.2　镜头径向畸变

只考虑前两阶畸变系数,其数学模型为

$$\Delta_r = k_1 r^3 + k_2 r^5 \qquad (4.5)$$

式中　Δ_r——物体中某点到给定的图像平面中心距离的畸变值;

k_1、k_2——1 阶、2 阶径向系数。

（2）离心畸变。

离心畸变是光学中心偏离几何中心，两者不在一条直线上造成的。离心畸变既包括径向畸变，也包括切向畸变，只考虑其前两阶畸变系数，数学模型为

$$\begin{cases} \Delta u_d = 2p_1 u_d v_d + p_2(u_d^2 + 3v_d^2) \\ \Delta v_d = p_1(3u_d^2 + v_d^2) + 2p_2 u_d v_d \end{cases} \tag{4.6}$$

式中　　p_1、p_2——切向畸变系数；

　　　　u_d、v_d——实际像点坐标，$u_d = r\sin\alpha$，$v_d = r\cos\alpha$，r 为点到图像平面中心的距离。

（3）薄棱镜畸变。

薄棱镜畸变主要由加工、安装误差造成，随着生产水平和加工工艺的提高，镜头薄棱镜畸变已经非常小，因此本书提出的位移测量系统忽略了由薄棱镜畸变带来的误差影响，得到

$$\begin{cases} u_u = u_d + \Delta u_r + \Delta u_d \\ v_u = v_d + \Delta v_r + \Delta v_d \end{cases} \tag{4.7}$$

式中　　u_d、v_d——实际像点坐标；

　　　　u_u、v_u——理想像点坐标；

　　　　Δu_r、Δv_r——径向畸变；

　　　　Δu_d、Δv_d——离心畸变。

4.1.3　三维重建

图像重建是现代图像处理中的重要内容，利用有限的局部图像信息构建出图像全部或者重要部位的详细信息。三维重建的核心是重建算法，分为隐式和显式算法两种，基于几何约束关系的重建算法由于避免了图像测量中相机定标的烦琐，是非接触图像测量重建算法中最具有挑战的研究领域，也是图像测量最为重要的数据预处理技术。三维重建在计算机视觉、摄影测量学等领域有着广泛而深入的应用，主要包括射影重建、仿射重建和欧氏重建三种方式。

1. 射影重建

射影重建包含基于基础矩阵的射影重建、基于双代数的射影重建和基于三线性约束关系的射影重建。通过相机拍摄某一场景在不同角度的两张图像，两者之间存在着与场景无关的几何关系，这种关系即为"对极几何"。对极几何是专门研究物体自身任意图片之间空间几何定量关系的主要理论基础，对极几何已有大量专著进行专业描述。这里引用对极几何的关系来阐述非接触图像测试三维重建的基本方法，通过对极几何关系的求解，恢复测点三维坐标的方法，我们称之为摄影重建；基于双代数的射影重建又称为 GCA（Grassmann Cayley Algebra），它以不变量的形式表示点与平面之间的几何关系，非常适合用来计算三维射影不变量；三线性约束关系描述了三幅图像对应点之间的匹配关系。随着计算机视觉的迅速发展，这一关系逐渐显示出其巨大的作用。

2. 仿射重建

仿射重建主要包括基于模约束的仿射重建和基于相机平移运动的仿射重建。20 世纪 90 年代，Luong 将模约束关系引入相机自标定过程中，Stem 则提出了通过灭点和模约束求解空间点的仿射变换；基于相机平移运动的仿射重建是指当相机在两幅图像间的运动为平移

运动时,可以从理论上证明使用相机模型重构空间点与实际空间点时,两者满足仿射变换,由此实现物体的三维重建。

3. 欧氏重建

在欧式几何下,三维重建是指相机在精确标定的情况下,从空间点开始,先由三维顶点计算得到空间曲线,再由空间曲线重组形成二次曲面,最后由二次曲面重建实体模型,在欧式重建过程中,图像匹配点的精确对应以及相机标定是计算的核心。目前,欧式重建的常用方法为最小二乘法。

从不同角度拍摄某一物体在空间中的图像,如果能得到物体在左右成像平面上的像素坐标,则该物体的空间位置是唯一确定的。如图 4.3 所示,假设空间中的 P 点在左右相机成像平面上的投影点为 p_1、p_2,像点 p_1、p_2 在投影平面的像素坐标,则有

$$Z_{c1}\begin{bmatrix} u_1 \\ v_1 \\ 1 \end{bmatrix} = \begin{bmatrix} m_{11}^l & m_{12}^l & m_{13}^l & m_{14}^l \\ m_{21}^l & m_{22}^l & m_{23}^l & m_{24}^l \\ m_{31}^l & m_{32}^l & m_{33}^l & m_{34}^l \end{bmatrix}\begin{bmatrix} X \\ Y \\ Z \\ 1 \end{bmatrix} = \boldsymbol{M}^l\begin{bmatrix} X \\ Y \\ Z \\ 1 \end{bmatrix} \tag{4.8}$$

$$Z_{c2}\begin{bmatrix} u_2 \\ v_2 \\ 1 \end{bmatrix} = \begin{bmatrix} m_{11}^r & m_{12}^r & m_{13}^r & m_{14}^r \\ m_{21}^r & m_{22}^r & m_{23}^r & m_{24}^r \\ m_{31}^r & m_{32}^r & m_{33}^r & m_{34}^r \end{bmatrix}\begin{bmatrix} X \\ Y \\ Z \\ 1 \end{bmatrix} = \boldsymbol{M}^r\begin{bmatrix} X \\ Y \\ Z \\ 1 \end{bmatrix} \tag{4.9}$$

式中　$\boldsymbol{M}^l$、$\boldsymbol{M}^r$——相机的投影矩阵;

　　　(u_1,v_1)、(u_2,v_2)——投影点的齐次坐标;

　　　(X,Y,Z)——世界坐标系下的坐标。

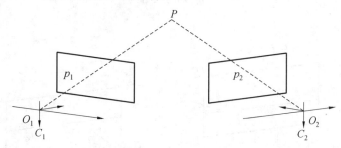

图 4.3　三角测量原理图

式(4.8)和式(4.9)分别消去深度系数,即可得到关于未知数 X、Y、Z 的 4 个线性方程:

$$(u_1 m_{31}^l - m_{11}^l)X + (u_1 m_{32}^l - m_{12}^l)Y + (u_1 m_{33}^l - m_{13}^l)Z = m_{14}^l - u_1 m_{34}^l$$
$$(v_1 m_{31}^l - m_{21}^l)X + (v_1 m_{32}^l - m_{22}^l)Y + (v_1 m_{33}^l - m_{23}^l)Z = m_{24}^l - v_1 m_{34}^l \tag{4.10}$$

$$(u_2 m_{31}^r - m_{11}^r)X + (u_2 m_{32}^r - m_{12}^r)Y + (u_2 m_{33}^r - m_{13}^r)Z = m_{14}^r - u_2 m_{34}^r$$
$$(v_2 m_{31}^r - m_{21}^r)X + (v_2 m_{32}^r - m_{22}^r)Y + (v_2 m_{33}^r - m_{23}^r)Z = m_{24}^r - v_2 m_{34}^r \tag{4.11}$$

现在有 3 个未知数 X、Y、Z,4 个方程,为了减小噪声对重建结果带来的影响,采用最小二乘法进行求解,将式(4.10)、式(4.11)写成矩阵的形式:

$$
\begin{bmatrix}
u_1 m_{31}^l - m_{11}^l & u_1 m_{32} - m_{12}^l & u_1 m_{31}^l - m_{13}^l \\
v_1 m_{31}^l - m_{21}^l & v_1 m_{32}^l - m_{22}^l & v_1 m_{33}^l - m_{23}^l \\
u_2 m_{31}^r - m_{11}^r & u_2 m_{31}^r - m_{12}^r & u_2 m_{33}^r - m_{13}^r \\
v_2 m_{31}^r - m_{21}^r & v_2 m_{32}^r - m_{22}^r & v_2 m_{33}^r - m_{23}^r
\end{bmatrix}
\begin{bmatrix} X \\ Y \\ Z \end{bmatrix}
=
\begin{bmatrix}
m_{14}^l - u_1 m_{34}^l \\
m_{24}^l - v_1 m_{34}^l \\
m_{14}^r - u_2 m_{34}^r \\
m_{24}^r - v_2 m_{34}^r
\end{bmatrix}
\tag{4.12}
$$

通过该方法对空间物体进行位移测量时需要对相机进行严格标定,尽量提高标定精度,减小相对外方位元素带来的误差。

4.1.4 双目视觉的对极几何

由两个相机拍摄的同一场景的图像之间存在着一定的约束,该约束称之为对极几何。根据拍摄时两相机镜头光轴之间是否平行,分为平行双目视觉系统和非平行双目视觉系统两大类。对极几何在计算机视觉方面有着广泛的应用,譬如图像校正、立体匹配、场景的仿射或者射影重建等。如图4.4所示的对极几何关系为平行双目视觉几何关系,左右相机的坐标系在 x 方向上相差一个平移量,在这种情况下,空间中一点在两成像平面上的图像坐标 v 相同,u 相差一个固定偏移量,该偏移量也称为视差。对极几何的特点是扫描线与极线平行,由于摆放误差或者畸变等因素影响,两者并不是严格意义上的共线。

如图4.4所示,直线 E_1 和 E_2 分别为两条极线,空间中任意一点 $P(x,y,z)$,在左右成像平面上的像点分别为 p_1 和 p_2。像点 p_1 在左成像平面上的图像齐次坐标为 $m_1(u_1,v_1)$,像点 p_2 在右成像平面上的图像齐次坐标为 $m_2(u_2,v_2)$。$l_2 = Fm_1 \equiv (\alpha_2,\beta_2,\gamma_2)$ 为像点 p_2 在右成像平面上的极线方程,$l_1 = Fm_2 \equiv (\alpha_1,\beta_1,\gamma_1)$ 为像点 p_1 在左成像平面上的极线方程,其中 α、β、γ 为直线方程的系数,两个像点之间的图像坐标与基础矩阵之间存在着一定的联系,即

$$
m_2^T F m_1 = 0
\tag{4.13}
$$

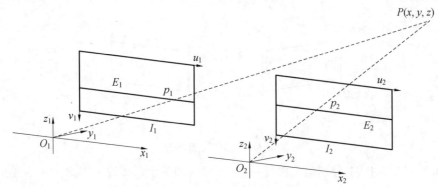

图 4.4 对极几何原理

目前基础矩阵的求解分为三大类,分别是线性算法、非线性算法和鲁棒估计算法。线性算法主要有 Longuet - Higgins 提出的八点法,以及 Hartly 在八点法基础上改进的算法。线性算法具有简单方便、计算速度快等优点,但是该方法对噪声比较敏感,精度较差。非线性算法计算量大,精度要求较高,且比较稳定。鲁棒估计算法应用相对较少,但其在消除误匹配点方面有着良好的表现。

在所有基础矩阵的求解方法中,八点法是其他求解方法的基础,也是最简单的方法,在

求解基础矩阵之前,首先需要对输入数据进行归一化处理,该处理主要提高算法的稳定性,降低噪声对基础矩阵求解结果的影响。归一化是指对图像进行适当的缩放和平移处理,使点到原点的距离为$\sqrt{2}$。

采用八点法求解基础矩阵,其原理如下,首先把基础矩阵写成列矢量形式,即$f = [F_{11},F_{12},F_{13},F_{21},F_{22},F_{23},F_{31},F_{32},F_{33}]^{T}$,每对对应像点都可以写出一个方程:

$$[u_2u_1,u_2v_1,u_2,v_2u_1,v_2v_1,v_2,u_1,v_1,1]f = 0 \tag{4.14}$$

当有n对对应点时,得到

$$\begin{bmatrix} u_{21}u_{11} & u_{21}v_{11} & u_{21} & v_{21}u_{11} & v_{21}v_{11} & v_{21} & u_{11} & v_{11} & 1 \\ \vdots & \vdots & \vdots & \vdots & \vdots & \vdots & \vdots & \vdots & \vdots \\ u_{2n}u_{1n} & u_{2n}v_{1n} & u_{2n} & v_{2n}u_{1n} & v_{2n}v_{1n} & v_{2n} & u_{1n} & v_{1n} & 1 \end{bmatrix}f = 0 \tag{4.15}$$

当$n = 8$时,基础矩阵F有唯一解;当$n > 8$时,采用最小二乘法计算基础矩阵F,减小噪声带来的影响。

4.1.5　图像匹配

图像匹配是指针对同一景物在不同地点、时间下拍摄的两幅或者多幅图像在空间上的对准。模板匹配共包含两种基本模型,一是找出多幅图像之间的对应关系,经过匹配算法处理,得到各幅图像之间的差异;二是在待处理图像中,根据已知模板,搜索与之类似的目标。图像匹配是位移测量系统中极其重要的一部分,在立体视觉、目标追踪等系统中有着广泛的应用。

图像匹配过程主要分为图像输入、预处理、信息提取、图像匹配、结果输出等部分。通常情况下,匹配算法分为三类,分别为基于灰度、特征、语义的图像匹配算法。基于灰度的图像匹配算法简单明确,不需要对待搜索图像进行分割和特征提取,有通用的误差分析模型,但是该类方法对噪声比较敏感,当待搜索对象发生旋转或缩放时,基于灰度的图像匹配将不再适用。目前,基于灰度的匹配算法主要有:归一化积相关算法(NCC)、MAD 匹配算法、序贯相似性检测算法(SSDA)、分层搜索算法,各种算法具有各自的优缺点,适用于不同的环境状况。

1. 归一化积相关算法

在基于灰度的图像匹配中,NCC 算法具有精度高、易于实现等优点,在图像匹配中应用非常广泛,其原理如下:

如图4.5所示,待搜索图像 I 的像素尺寸是$M \times N$,匹配模板 M 的像素尺寸是$m \times n$,匹配模板的尺寸小于待搜索图像的尺寸,即满足关系式$m \leqslant M, n \leqslant N$。匹配时模板 M 在图像 I 上平移,假设搜索窗口覆盖的子图区域为S_i^j,通过相关函数计算模板 M 与子图S_i^j的互相关值,记录下图像 I 在每个像素坐标(i,j)处的互相关值。互相关值最大值时,匹配成功。

计算模板 M 与子图S_i^j的互相关值得

$$R(i,j) = \frac{\sum_{m=1}^{M}\sum_{n=1}^{N}[S^{i,j}(m,n) - \overline{S^{i,j}}] \times [T(m,n) - \overline{T}]}{\sqrt{\sum_{m=1}^{M}\sum_{n=1}^{N}[S^{i,j}(m,n) - \overline{S^{i,j}}]^2} \times \sqrt{\sum_{m=1}^{M}\sum_{n=1}^{N}[T(m,n) - \overline{T}]^2}} \tag{4.16}$$

NCC 算法具有较强抵抗白噪声的能力,在灰度或者畸变较小的情况下,匹配精度较高,但是该算法也具有一定的局限性,容易受光照强度变化的影响。

(a) 待搜索图像   (b) 匹配模板

图 4.5 模板匹配图像

2. MAD 匹配算法

MAD 匹配算法也称为平均绝对差算法,该方法由 Lee 提出,如图 4.6 所示,待搜索图像尺寸为 $M \times N$,模板图像尺寸为 $m \times n$,通过下式来评价模板 M 与子图 S^{ij} 的相似程度:

$$d(x,y) = \frac{1}{MN} \sum_{i=1}^{M} \sum_{j=1}^{N} \mid S(i+x,j+y) - T(i,j) \mid \qquad (4.17)$$

式中 $d(x,y)$ ——模板在待搜索图像偏移量为 (x,y) 时的匹配度量值。

当 $d(x,y)$ 最小时,认为匹配成功。MAD 匹配算法计算简单,但是该方法在噪声情况下,准确率下降。

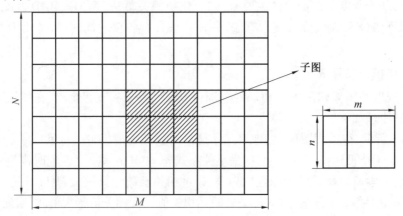

图 4.6 待搜索图像与模板图像

3. 序贯相似性检测算法

序贯相似性检测算法也称为 SSDA 算法,该检测算法由 Silverman 和 Barnea 在 20 世纪 70 年代提出,SSDA 算法是在传统模板匹配算法的基础上经过改进得到的,在匹配过程中,

SSDA 算法较 MAD 匹配算法在计算速度方面有较大的提高。其原理如下：

假设待搜索图像 I 尺寸为 $M \times N$，模板 T 在图像 I 上的覆盖区域为子图 S^{xy}，(x,y) 为子图 S^{xy} 左上角点在图像 I 上的图像坐标，则有

$$\begin{cases} 1 \leqslant x \leqslant M - m + 1 \\ 1 \leqslant y \leqslant N - n + 1 \end{cases} \tag{4.18}$$

（1）定义绝对误差。

$$\varepsilon(x,y,i_k,j_k) = \left| S^{xy}(i_k,j_k) - \hat{S}(x,y) - T(i_k - j_k) + \hat{T} \right| \tag{4.19}$$

式中

$$\hat{S}(x,y) = \frac{1}{M^2} \sum_{i=1}^{m} \sum_{j=1}^{n} S^{xy}$$

$$\hat{T} = \frac{1}{M^2} \sum_{i=1}^{m} \sum_{j=1}^{n} T(i,j)$$

（2）取不变阈值 T_t。

（3）在 $S^{xy}(i,j)$ 中随机选取像素点，计算其同 M 中对应点的误差值 ε，然后将误差值 ε 进行累加计算，累加误差超过阈值 T_t 时，停止累加，记录下累加次数 p。定义检测曲面：

$$I(x,y) = \left\{ P \Big| \min_{1 \leqslant P \leqslant m^2} \Big[\sum_{p=1}^{P} \varepsilon(x,y,i_p,j_p) \geqslant T_t \Big] \right\} \tag{4.20}$$

当 $I(x,y)$ 值取得最大值时，将 (x,y) 定义为图像 I 的匹配点。

SSDA 算法通过随机不重复选取像素对，按照式（4.20）累计误差，不需要对所有的像素对都进行计算，如图 4.7 所示，只要累积误差超过 T_t 即可停止当前计算，进行下一位置的计算，SSDA 算法较 MAD 匹配算法的计算速度大幅度提高，但是该方法也存在着精度低、匹配效果差的缺点。

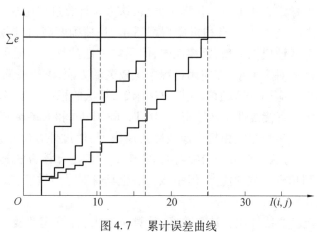

图 4.7　累计误差曲线

4. 分层搜索算法

根据上述可知，图像模板匹配结果的好坏与两方面因素有关：匹配度量函数和搜索方法。关于搜索算法，Labview 中的 IMAQ 采用了梯度分层搜索算法，这是一种提高搜索效率的有效方法，使用塔式的数据结构，从低分辨率开始匹配计算，逐层提高分辨率，找到匹配点，其搜索步骤如下：

（1）通过取 $n \times n$ 邻域内灰度平均值，降低模板图像和搜索图像的分辨率。

（2）按步骤（1），对图像再进行一次预处理，得到更低一级分辨率的图像，以此类推，得到一组塔式的图像。

（3）如图4.8所示，从塔式图像最顶层（分辨率最低图层）开始匹配搜索，搜索到粗匹配位置后，再在下一层图像的附近位置进行匹配搜索，以此类推，直到分辨率最高的图层。

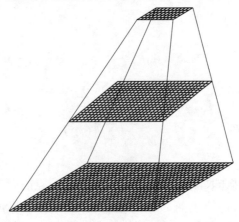

图4.8　分层搜索算法

4.1.6　双目立体视觉系统标定

1.相机标定方法

对相机进行精确标定是利用视觉传感器进行位移测量的前提和基础，在三维重建等领域具有重要的应用。目前，相机标定的方法主要有传统的标定方法、自标定方法以及主动视觉标定方法。传统的标定方法也称为强标定方法，该方法计算过程比较复杂，需要特定的标定板，易用性差，但是该方法对所有相机模型都适用，且精确度高；自标定方法又称为弱标定，精度较差，属于非线性成像模型，鲁棒性弱，但是该方法的优点是无须特定的标定板，只需建立拍摄图像之间的对应关系，在应用过程中比较灵活方便；主动视觉标定方法只能在已知相机运动情况条件下应用，可以通过线性方法求解，算法的稳定性较强。

（1）线性标定法。直接线性变换标定法（DLT）是 Abdel 和 Karsra 提出的，DLT 法根据一系列物理参数和光学参数建立相机成像线性几何模型，通过外方位元素和内方位元素描述相机的空间姿态，该方法简单方便，在线性标定中应用广泛。该方法具有速度快，通过线性方程求解即可得到相机参数的优点，但是该方法也具有对噪声敏感、未考虑镜头畸变等缺点，适合小畸变、长焦距镜头标定。

（2）非线性标定。非线性模型计算精确，计算量较大，计算速度慢，在一定程度上考虑了镜头畸变带来的测量误差，但是该方法中的迭代方程需要较好的初始值，否则优化结果可能不理想。

（3）两步标定法。在两步标定法中，最具代表性的为 Tsai 两步法和张氏两步标定法，Tsai 两步法只考虑镜头径向畸变，计算适中，且精度较高；张氏两步标定法将相机标定从高精度台上解放出来，相机通过拍摄在不同位置或不同角度的标定板来得到相机的内方位元素和外方位元素。

考虑到自标定方法和主动视觉标定方法精度较低，鲁棒性较弱，因此以离线强标定为例,根据张氏两步标定法原理对视觉传感器进行标定。

2. 张氏两步标定法

张正友提出的标定法采用二维标定靶,相机通过拍摄在不同位置的标定靶图像,实现相机内方位元素和外方位元素的标定。相机成像模型中,内方位元素共包含 5 个参数,即

$$\boldsymbol{M} = \begin{bmatrix} k_x & k_s & u_0 \\ 0 & k_y & v_0 \\ 0 & 0 & 1 \end{bmatrix} \tag{4.21}$$

首先,不考虑相机的畸变,对相机的 5 个内方位元素进行线性标定,获得相机内方位元素的初始值,然后,在利用线性标定得到的内参数初始值的基础上,对非线性参数进行标定。由于线性标定得到的内参数初始值是在不考虑镜头畸变的情况下得到的,因此内参数初始值精确度并不高,为了提高内参数的精确性,需要在非线性参数的基础上,重新计算线性参数,经过反复迭代计算,得到相机内方位元素和外方位元素。张氏两步标定法原理如下:

标定板上各个点的世界坐标为 (x_{wi}, y_{wi}, z_{wi}),成像平面上坐标为 (x_{ci}, y_{ci}, z_{ci}),图像平面上的像素坐标为 (u_i, v_i),以标定板平面为 $z_w = 0$ 平面,由式(4.4) 得

$$s \begin{bmatrix} u_i \\ v_i \\ 1 \end{bmatrix} = \boldsymbol{M}[\boldsymbol{n} \quad \boldsymbol{o} \quad \boldsymbol{a} \quad \boldsymbol{p}] \begin{bmatrix} x_{wi} \\ y_{wi} \\ 0 \\ 1 \end{bmatrix} = \boldsymbol{M}[\boldsymbol{n} \quad \boldsymbol{o} \quad \boldsymbol{p}] \begin{bmatrix} x_{wi} \\ y_{wi} \\ 1 \end{bmatrix} \tag{4.22}$$

将式(4.22) 改为矩阵形式:

$$s\boldsymbol{I}_i = \boldsymbol{H}\boldsymbol{P}_i \tag{4.23}$$

式中　$\boldsymbol{I}_i$——p_i 点的像素坐标,$\boldsymbol{I}_i = [u_i \quad v_i \quad 1]$;

　　　$\boldsymbol{P}_i$——p_i 点的世界坐标,$\boldsymbol{P}_i = [x_{wi} \quad y_{wi} \quad 1]$;

　　　$\boldsymbol{H}$—— 世界坐标系至图像平面坐标系转换的单应性矩阵,$\boldsymbol{H} = \boldsymbol{M}[\boldsymbol{n} \quad \boldsymbol{o} \quad \boldsymbol{p}]$。

在理想情况下,$\boldsymbol{I}_i$ 和 $\boldsymbol{P}_i$ 满足式(4.23),但由于镜头畸变、噪声等因素的影响,上式基本不满足。假设各种噪声服从高斯分布,则单应性矩阵 $\boldsymbol{H}$ 可以根据式(4.24) 进行最大似然估计:

$$F = \sum_i (\boldsymbol{I}_i - \hat{\boldsymbol{I}}_i)^{\mathrm{T}} \hat{\boldsymbol{I}}_i (\boldsymbol{I}_i - \hat{\boldsymbol{I}}_i) \tag{4.24}$$

式中　$\hat{\boldsymbol{I}}_i = \dfrac{1}{\overline{\boldsymbol{h}}_3^{\mathrm{T}} \boldsymbol{p}_i} \begin{bmatrix} \overline{\boldsymbol{h}}_1^{\mathrm{T}} \boldsymbol{p}_i \\ \overline{\boldsymbol{h}}_2^{\mathrm{T}} \boldsymbol{p}_i \end{bmatrix}$;

　　　$\overline{\boldsymbol{h}}_i^{\mathrm{T}}$——$\boldsymbol{H}$ 的第 i 行。

假设方差矩阵 $\boldsymbol{\Lambda}_{li} = \sigma^2 \boldsymbol{I}$,式(4.24) 可以改写为

$$F' = \sum_i \| \boldsymbol{I}_i - \hat{\boldsymbol{I}}_i \|^2 \tag{4.25}$$

利用 Levenberg - Marquardt 优化算法,对式(4.25) 中的 F' 最小化,采用该方法对镜头进行标定,需要先得到单应性矩阵 $\boldsymbol{H}$ 的初始值,将式(4.25) 展开,消去系数 s,可以将式(4.25) 写为

$$\begin{bmatrix} \boldsymbol{p}_i^{\mathrm{T}} & 0 & -u_i\boldsymbol{p}_i^{\mathrm{T}} \\ 0 & \boldsymbol{p}_i^{\mathrm{T}} & -v_i\boldsymbol{p}_i^{\mathrm{T}} \end{bmatrix}\begin{bmatrix} \overline{h}_1 \\ \overline{h}_2 \\ \overline{h}_3 \end{bmatrix} = 0 \tag{4.26}$$

n 个特征点可以得到 n 个如式(4.26)所示的方程,写成矩阵的形式为

$$A\overline{H} = 0 \tag{4.27}$$

A 的最小特征值对应的特征向量即为 $\overline{H}$,求得单应性矩阵 H,作为 Levenberg – Marquardt 优化算法的初始值。

对于式(4.27),向量 o 和 n 是正交的,且向量 o、向量 n 都为单位向量,于是向量 o 与向量 n 存在一定约束,即

$$\begin{cases} \boldsymbol{h}_1^{\mathrm{T}}\boldsymbol{M}^{-\mathrm{T}}\boldsymbol{M}^{-1}\boldsymbol{h}_2 = 0 \\ \boldsymbol{h}_1^{\mathrm{T}}\boldsymbol{M}^{-\mathrm{T}}\boldsymbol{M}^{-1}\boldsymbol{h}_1 = \boldsymbol{h}_2^{\mathrm{T}}\boldsymbol{M}^{-\mathrm{T}}\boldsymbol{M}^{-1}\boldsymbol{h}_2 \end{cases} \tag{4.28}$$

下面将根据上式得到的相机内方位元素的两个约束条件求解内、外方位元素,得到

$$\boldsymbol{B} = \boldsymbol{M}^{-\mathrm{T}}\boldsymbol{M}^{-1} = \begin{bmatrix} B_{11} & B_{12} & B_{13} \\ B_{12} & B_{22} & B_{23} \\ B_{13} & B_{23} & B_{33} \end{bmatrix} \tag{4.29}$$

B 是一个对称矩阵,因此定义一个六维向量:

$$\boldsymbol{b} = \begin{bmatrix} B_{11} & B_{12} & B_{22} & B_{13} & B_{23} & B_{33} \end{bmatrix} \tag{4.30}$$

$$\boldsymbol{h}_i^{\mathrm{T}}\boldsymbol{B}h_j = \boldsymbol{v}_{ij}^{\mathrm{T}}\boldsymbol{b} \tag{4.31}$$

$\boldsymbol{v}_{ij} = \begin{bmatrix} h_{i1}h_{j1} & h_{i1}h_{j2}+h_{i2}h_{j1} & h_{i2}h_{j2} & h_{i3}h_{j1}+h_{i1}h_{j3} & h_{i3}h_{j2}+h_{i2}h_{j2} & h_{i3}h_{j3} \end{bmatrix}$,因此两个相机的内参数基本约束可以写为

$$\begin{bmatrix} \boldsymbol{v}_{12}^{\mathrm{T}} \\ (\boldsymbol{v}_{11}+\boldsymbol{v}_{12})^{\mathrm{T}} \end{bmatrix}\boldsymbol{b} = 0 \tag{4.32}$$

n 张平面模板图像可以得到 n 组如式(4.32)所示的方程,将方程组写成矩阵的形式:

$$\boldsymbol{V}\boldsymbol{b} = 0 \tag{4.33}$$

当平面模板的数量 $n \geqslant 3$ 时,与矩阵 V 最小特征值对应的特征向量即为未知数 b 的解,因此可得相机的内方位元素:

$$\begin{cases} v_0 = (B_{12}B_{13}-B_{11}B_{23})/(B_{11}B_{22}-B_{12}^2) \\ k_x = \sqrt{c/B_{11}} \\ k_y = \sqrt{cB_{11}/(B_{11}B_{22}-B_{12}^2)} \\ k_s = -B_{12}k_x^2k_y/c \\ u_0 = k_sv_0/k_y - B_{13}k_x^2/c \end{cases} \tag{4.34}$$

式中 c——$c = B_{33} - [B_{13}^2 + v_0(B_{12}B_{13}-B_{11}B_{23})]/B_{11}^2$。

得到相机的内方位元素后,根据单应性矩阵求解公式,得到相机的外方位元素:

$$\begin{cases} \lambda = 1/\parallel \boldsymbol{M}^{-1}\boldsymbol{h}_1 \parallel = 1/\parallel \boldsymbol{M}^{-1}\boldsymbol{h}_2 \parallel \\ \boldsymbol{n} = \lambda\boldsymbol{M}^{-1}\boldsymbol{h}_1 \\ \boldsymbol{o} = \lambda\boldsymbol{M}^{-1}\boldsymbol{h}_2 \\ \boldsymbol{a} = \boldsymbol{n}\times\boldsymbol{o} \\ \boldsymbol{p} = \lambda\boldsymbol{M}^{-1}\boldsymbol{h}_3 \end{cases} \tag{4.35}$$

镜头畸变系数采用前四阶径向畸变模型,并认为镜头在 u、v 方向的畸变系数相同,得到

$$\begin{cases} x = x' + x'[\,k_1(x'^2 + y'^2) + k_2\,(x'^2 + y'^2)^2\,] \\ y = y' + y'[\,k_1(x'^2 + y'^2) + k_2\,(x'^2 + y'^2)^2\,] \end{cases} \tag{4.36}$$

式中　　(x',y')——p 点在成像平面上的理想坐标;

(x,y)——p 点在成像平面上的实际坐标;

k_1、k_2—— 镜头畸变系数。

由相机成像模型得

$$\begin{cases} u = u_0 + k_x x + k_s y \\ v = v_0 + k_y y \end{cases} \tag{4.37}$$

在实际测量过程中 k_s 接近零,对实验结果带来的影响非常小,因此不考虑式(4.37) 中的 k_s,将式(4.37) 代入式(4.36),得

$$\begin{cases} u = u' + (u' - u_0)[\,k_1(x'^2 + y'^2) + k_2\,(x'^2 + y'^2)^2\,] \\ v = v' + (v' - v_0)[\,k_1(x'^2 + y'^2) + k_2\,(x'^2 + y'^2)^2\,] \end{cases} \tag{4.38}$$

式中　　(u_0,v_0)—— 图像的主点坐标。

将上式(4.38) 写成矩阵的形式:

$$\begin{bmatrix} (u'-u_0)(x'^2+y'^2) & (u'-u_0)\,(x'^2+y'^2)^2 \\ (v'-v_0)(x'^2+y'^2) & (v'-v_0)\,(x'^2+y'^2)^2 \end{bmatrix} \begin{bmatrix} k_1 \\ k_2 \end{bmatrix} = \begin{bmatrix} u-u' \\ v-v' \end{bmatrix} \tag{4.39}$$

对于 m 幅平面标定板图像,每幅图像上有 n 个特征点,则可以构成 $m\times n$ 个如式(4.39) 所示的方程组,通过最小二乘法求解畸变系数 k_1 和 k_2。

得到镜头的畸变系数后,根据特征点在图像中的实际坐标和投影得到的图像坐标计算二维重投影误差,通过求解 F'' 的最小值,得到优化后的相机参数。

$$F'' = \sum_{i=1}^{n}\sum_{j=1}^{m} \parallel I_{ij} - I_{ij}(M,k_1,k_2,R_i,p_i,P_j)\parallel^2 \tag{4.40}$$

采用张正友标定方法对视觉传感器镜头进行标定时,一般采集 5 ~ 7 幅图像即可,该种标定方法介于强标定方法和自标定方法之间,避免了强标定方法所必须的高精度标定台,精度也有提高。

4.2　基于图像分析的临时结构施工过程监测

为实现结构的多次重复利用,临时结构构件多为现场组装且多次使用,因此,构件质量和施工质量相对其他结构更加关键,也是施工过程中需要特别关注的。以扣件式和插销式杆件组装式结构为例,扣件节点在多次重复使用时易产生裂纹,扭力作用也会使裂纹扩展。

插销式节点在销子反复插入过程中,立杆节点连接处易产生裂纹,降低节点强度。而且,对于插销式节点,销子插入程度对结构整体性能至关重要,但采用传统监测方法难以实现销子插入质量的监测。采用图像处理的方法能够实现大量节点的裂纹检测和销子插入程度检测。因此,采用图像处理方法获取结构施工过程中构件质量和施工质量是临时结构施工过程监测的重要方面。

4.2.1　节点裂纹监测

传统裂纹检测技术多是采用人工肉眼观察的方法,此种方法受工人素质影响较大,对裂纹的识别度较差,也容易发生遗漏,效率低下。基于以上困境,我们将图像处理技术引入缺陷检测中,以新型连接节点为载体,在节点上设置标记点,并采用相机对节点拍照,利用图像处理技术自动识别裂纹特征和节点销子的插入情况,自动化程度高,缺陷识别精度高。

首先在临时结构节点上布置人工标志(图4.9),也可以在构件加工出厂时通过激光在构件表面加工人工标志点,标志点可以为圆形,也可以为矩形,然后通过相机拍摄节点照片,将照片传输到计算机,缺陷检测系统会将检测结果输出到指定路径下的文件夹。

图4.9　新型临时结构节点及普通人工标志

节点缺陷监测系统共分为图像预处理、目标区域定位、缺陷检测三部分,结构图如图4.10所示。图像预处理主要对节点图像进行灰度化、滤波等处理,然后根据Labview中的find circle函数搜索节点图像中的圆形区域,并根据圆形区域的像素半径确定是否为人工标志圆点,根据人工标志圆点的分布特点将人工标志圆点中心坐标与实际坐标一一对应,将预处理结果输出,进行下一步操作。目标区域定位主要根据先验知识确定目标区域的坐标,在得到相机的外参数矩阵后,对目标区域进行分割。缺陷检测部分主要包括对目标区域进行种子点识别,然后对种子点进行判别,剔除伪种子点,对种子点进行生长,得到节点目标区域的裂纹,并计算主要节点构件之间的相对位置,判断是否满足质量安装要求。

图像预处理完成后通过Labview中的circle detect函数搜索图像区域的圆形人工标志,circle detect的score初始值设为800,edge threshold初始值设为75,然后降低score值和edge threshold值,两者阈值分别为500和40,然后根据圆点像素半径剔除不符合的圆点标志,将检测结果存入数组。

裂纹目标区域定位如图4.11所示,以人工标志中左上角点为坐标原点建立坐标系,假

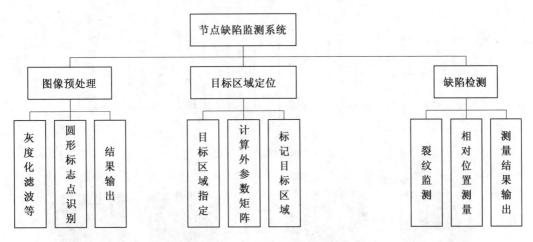

图 4.10　缺陷监测结构图

设目标区域为横杆端部,根据临时结构节点尺寸可知,目标区域圆心坐标为(32.3,－38.68),在确定相机外方位元素的情况下,可以得到目标区域圆点的像素坐标,进而得到整个目标区域。

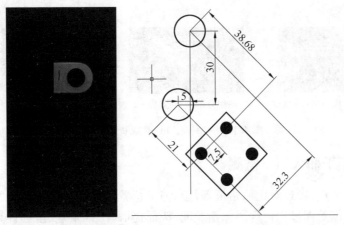

图 4.11　裂纹目标区域定位

　　缺陷检测部分主要为目标区域确定以后,在该区域进行种子点搜索,得到初步种子点位置后,再根据裂缝特性,剔除伪种子点,然后根据裂缝区域的生长规则和终止条件,进行区域生长,得到目标区域的裂纹位置和面积大小。识别关键构件处的人工标志,得到人工标志圆点图像坐标,进而求得关键构件的相对坐标,再根据已知的允许安装误差,计算节点构件是否安装准确。缺陷检测流程图如图 4.12 所示。

　　对于扣件式节点的裂纹检测,由于多数情况下难以用一张图片来捕捉裂纹位置,因此需要图像拼接技术。在图像拼接过程中,采用 SIFT 匹配算法对节点表面缺陷进行拼接,首先在多尺度空间检测特征点,然后对特征点生成的特征向量进行描述,最终实现匹配,将图像的重合区域进行融合,得到节点的全景图像。扣件式节点裂纹提取流程如图 4.13 所示。

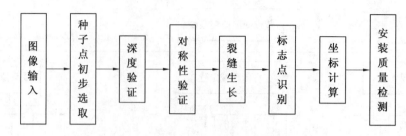

图 4.12　缺陷检测流程图

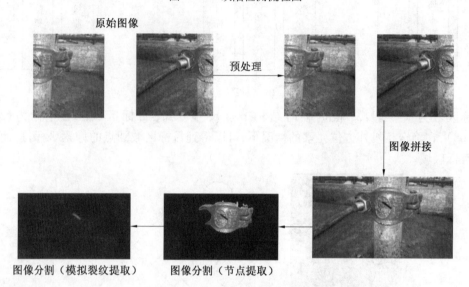

图 4.13　扣件式节点裂纹提取流程

4.2.2　销子插入质量监测

针对插销式节点,通过对比原始正常状态销子位置与检测时销子位置的方法来判断销子安装情况。图像处理过程包含图像预处理、特征提取、三维重建、坐标计算等步骤。这里只需得到立杆节点标志点与销子标志点的相对空间位置即可,相比于节点裂纹,既不需要图像拼接,也无须提取大量特征点,计算效率将大大提高,但此处需要与原始图像对比。在实际处理过程中,先一次性获取节点原始图像,然后通过图像处理计算出立杆节点标志点与销子标志点的相对位移。之后每次检测时,只需重复此步骤,然后将新计算的相对位移值与原始相对位移值对比即可。图 4.14 通过单张图片(左相机或右相机图片)显示节点销子相对位移检测流程。

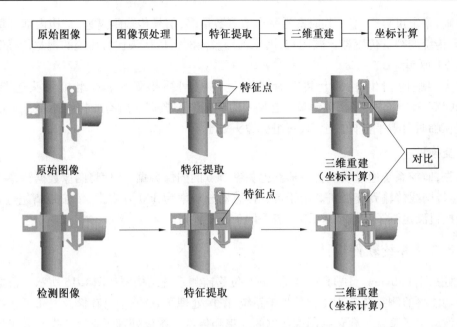

图 4.14　节点销子相对位移检测流程示意图

4.3　基于图像处理的临时结构服役监测

由于受工人施工质量、构件初始缺陷等因素的影响,实际工程中的临时结构难以达到所要求的设计精度。因此,为了保障临时结构在服役期的安全运行,需要对结构进行实时在线监测。为满足结构的可重用性,临时结构大部分构件都是可拆卸的,结构安全性的关键在于节点的安装性能以及服役性能,因此,对临时结构关键节点位移进行监测是临时结构服役安全的重要保障。

将图像处理技术应用于节点位移监测能够大大提高监测效率,实现节点位移的多维度实时监测。本书以某临时滑雪平台关键节点位移监测系统为例,系统阐述图像处理技术在临时结构服役过程中关键节点位移监测中的应用。该系统依据双目立体视觉原理,采用监控网络摄像头获取节点图像数据,然后通过预处理、图像识别、三维重建等一系列图像处理步骤得到关键节点的位移,对临时滑雪平台杆件局部破坏和整体偏移做出准确判断,并及时预警。

4.3.1　系统硬件组成

该系统硬件设备主要包含视觉传感器、加速度传感器、电荷放大器、交换机、PCI 采集卡和计算机。下面重点介绍视觉传感器和交换机。

1. 视觉传感器

目前,伴随着我国安防产业的迅猛发展,以及市场对高清、智能摄像机需求的不断提高,监控摄像头开始在住宅小区、银行、办公楼、商场等场合大量使用。网络摄像头与传统的模拟摄像头相比,实现了视频、音频、数据三者之间的真正融合,即插即用,系统扩充方便,布线更加简洁。其次,随着网络摄像头与互联网技术的深度融合,传输距离不再受到限制,而且图像清晰,稳定可靠。 鉴于临时滑雪平台节点数量多,信号传输距离远,结构内部环境条件差,布设传统的视觉传感器比较困难,因此选用监控网络摄像头代替传统的视觉传感器实现图像数据的采集。

在大型临时滑雪平台上共布置了两组监控网络摄像头,每组摄像头包括两个DS‒2CD3T35D 枪机,采集关键节点在同一时刻的图像数据。所有监控网络摄像头都牢固地安装在临时滑雪平台杆件上,且每组摄像头处于统一平面。

2. 交换机

首先,监控系统通过视觉传感器获得关键节点的图像数据,然后将图像数据转换为网络信号,经过网线传输到交换机。由于视觉传感器分辨率为 300 万像素,传输距离超过 20 m,百兆交换机满足不了传输要求,因此需采用千兆交换机。

4.3.2 系统软件设计

此处采用 Labview、MATLAB 混合编程,位移监测系统结构图如图 4.15 所示。根据软件系统的功能将监测系统分为图像采集子系统、图像处理子系统、信息存储及发布子系统三部分。图像采集子系统主要包括图像数据的采集和传输。图像处理子系统首先对采集到的图像数据进行滤波、灰度化等预处理,然后通过 pattern matching 函数得到测量点处的图像坐标,根据三维重建原理恢复节点的空间坐标。信息存储及发布子系统会实时显示并存储关键节点的位移,当节点位移超过预警值时,系统会发出警报。

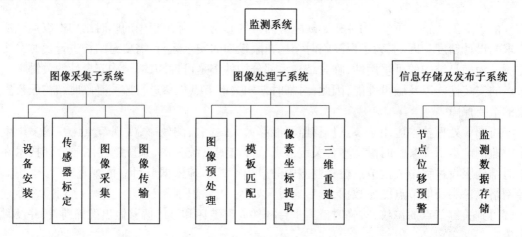

图 4.15　位移监测系统结构图

位移监测系统工作流程如图 4.16 所示,系统供电后,各类传感器进入工作状态,首先通过 start WampSever 软件实现本地数据库连接,然后加载图像采集程序 Camera Capture 和位移监测系统程序,位移监测系统程序读取 Camera Capture 存储在 PC 端的图像数据,经过一系列图像处理得到节点位移,最后将节点位移数据写入数据库。

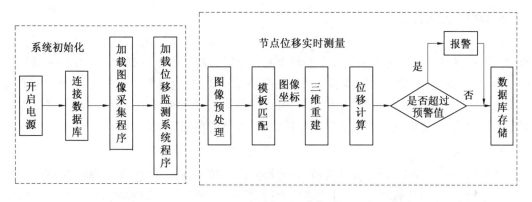

图 4.16 位移监测系统流程图

1. 图像采集子系统

RTSP 实时流传输协议定义了一对多应用程序如何有效地通过 IP 网络传送多媒体网络数据,与传统的 HTTP 传输协议相比,RTSP 协议可以由客户机和服务器双向发出请求。相对于各摄像头厂商的私有协议,使用标准公开 RTSP 协议可以有效地降低更换硬件导致的软件不兼容性。RTSP 协议在视频流传输方面具有优越性,因此,此处根据 RTSP 协议和开源的 FFmpeg 内嵌的 H264 解码器以及 OpenCV 图像处理库,在 Python 环境中编写了监控网络摄像头图像采集程序 Camera Capture,如图 4.17 所示。首先,运行图像采集程序,根据 IP 地址和端口号,计算机向每个监控摄像头发出请求,获得监控摄像头的媒体流数据,然后使用 FFmpeg 库对流媒体数据进行解码。

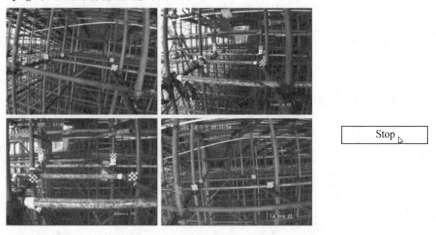

图 4.17 图像采集界面

2. 图像处理子系统

由于临时滑雪平台内部节点数量较多,节点与立杆之间的灰度变化不明显,为了提高监测系统的测量精度,可以采用棋盘格标志,该标志不仅有利于匹配模板的精确提取,而且还可以验证测量系统的准确性。

Labview 模板匹配算法具有图形化编程的特性,使得测量系统的调试更加简单方便,而且计算速度快,同时,匹配模板中含有边缘特征信息,在目标图像尺寸、角度和光照强度发生轻微变化的情况下,匹配算法仍具有较好的准确性。

3. 数据存储与查询

由于大型临时滑雪平台关键节点位移监测系统是实时监测系统,该过程中会产生大量的监测数据,如何快速、完整地保存监测数据是本书需要解决的重要问题。视觉传感器每秒采集 24 M 图像数据,对原始图像数据进行保存是不现实的,也是完全没有必要的。为了满足监测系统实时查询以及对临时滑雪平台节点位移进行分析处理的要求,宜将节点位移数据写入本地数据,这样既能满足实时监测的要求,又节约存储空间。

4. 报警机制

结构破坏分为三个阶段:弹性阶段、弹塑性阶段、塑性阶段。弹性阶段,面内位移和面外位移都比较小;随着荷载增加,构件边缘应力达到屈服点后,进入弹塑性阶段,控制点位移增加,构件发生屈曲,承载能力下降;荷载继续增加,构件全截面屈曲,进入塑性阶段,控制点位移迅速增加,直至结构倒塌破坏。

监测系统采用分级预警机制,当节点位移小于报警值时,结构处于安全状态;当节点位移值大于报警值时,监测系统发出黄色警报,现场管理人员采取适当措施;当节点位移达到极限位移值时,系统发出红色警报,工作人员即刻疏散人群。

第5章　智能临时结构的舒适度设计

5.1　临时结构舒适度定义

结构的振动一般由人体的运动、机械的振动以及环境振动所产生,会造成结构局部或整体发生位移或变形。我们所熟知的结构振动现象中最著名的是结构共振现象。1831年曼彻斯特布劳顿大桥因人群同步运动导致结构共振,如图5.1(a)所示;1850年法国昂热大桥因士兵迈着整齐的步伐通过导致桥梁断裂,如图5.1(b)所示;1902年英国格拉斯格的阿布罗球场因球迷进行有节奏的跺脚呐喊,造成看台共振破坏;1992年法国巴斯蒂亚一场足球赛中临时看台因观众有节奏的摇摆运动致使结构倒塌(图5.2),造成700人死亡;2000年英国千禧桥振动事件;2011年韩国首尔TechnoMart大楼健身房内因有节奏的人体运动,造成结构短暂的大幅度摇摆晃动。以上这些场景都是结构振动激励频率与结构自由频率相近造成的严重后果。

(a) 1831年曼彻斯特布劳顿大桥　　　　　　　(b) 1850年法国昂热大桥

图5.1　桥梁共振破坏

图5.2　法国巴斯蒂亚临时看台倒塌

结构的振动绝大多数情况下不会造成安全问题，而是会给工作、生活在该建筑中的人们带来很多烦恼和不适。随着社会经济和人们生活水平的提高，人们在关心结构的安全性的同时，也在逐步关注结构的舒适度问题。当前，新的高强轻质材料的运用，设计及施工技术的进步，导致现代结构更轻、更柔，整体结构在水平和竖向的自振频率越来越低，而这种现象在临时结构中更加普遍，特别是临时结构中存在的大量可拆卸节点，本身就能降低结构整体刚度，并且有些临时结构在设计时允许发生大变形，致使结构极易发生振动。所以研究临时结构的振动舒适度将成为一个非常重要的内容，由于临时结构种类繁多，且结构动力性能复杂，在此方面研究的内容较少。本书在5.2节中将详细介绍。

由于目前存在的舒适度评价标准各有区别，在这里首先介绍一下振动与舒适度之间的关系。

振动对人体的影响可以追溯到1879年以前，德国著名生理心理学家Wilheml Wund首先比较系统地研究了人对振动的感受。然而，把人对振动的反应特性运用到产品设计、环境评价中去，并使这些研究成为现代新兴学科——人机工程学的一个研究领域，却开始于20世纪初，其标志性的研究成果是1931年Reihe和Meiset的实验研究。尽管这项研究结果在很多方面还有疑问（如研究对象的数量、振动特性、噪声、实验设计、缺乏统计分析等），然而这项研究的重要意义不在于其数据的精确性，而在于其研究时间比较早，并提供了人对振动反应的一般描述（振感的定义）和振动频率效应的近似规律。在随后的时间里，英、德、美等国家的学者先后进行了大量的实验室和现场实验，在实验手段、实验方法、评价体系和实验数据等方面获得了大量成果，这些成果逐步地体现到一系列国际标准中，例如英国国家标准局发布的BS系列标准、德国的DNI系列和VDI系列标准，ISO发布的ISO系列标准等，已广泛应用到汽车、机械、航空、航天、船舶和土木工程等领域，有关这些研究成果已系统地总结在Griffin的著作中。

现代人体工程学主要从以下三个角度考虑振动对人的影响：

（1）振动与舒适感。

对结构来说，舒适感主要是指人在绝大部分时间内感受不到结构的振动。因此，满足振动舒适度要求的振动加速度水平往往和振感阈值有关。振感阈值是指大多数结构发生不可接受的振动加速度水平的下限，对于可接受振动加速度水平的上限则在一定的振感阈值范围内变化，一个合理的上限取值依赖于振动的特性、持续时间、人在结构上所从事的活动及其他视觉、听觉等诱导因素。在ISO标准、英国BS标准和德国DIN、VDI标准中，都以不同形式给出了振感阈值和一定振动持续时间下对应的振动加速度水平的限值，这些限值通常称为振动舒适度限值，以便评价结构的振动舒适度。

（2）振动与操作活动。

对于结构来说，影响人正常操作活动的主要是一些低频振动。有感觉的低频振动往往带来较大的位移响应，从而导致人丧失方向感和平衡。这些效应对人所从事工作的影响程度究竟如何尚难以定量化，对此问题可获得的资料并不多。目前，ISO 6897:1984根据一些相关数据给出了"在较恶劣环境条件下从事工作"的振动限度，主要适用于海上生产作业，针对临时结构人体操作或运动活动,本书作者进行了基础性的研究。

(3) 振动与人体健康。

尽管很多振动可以导致人的生理受损,但是在建筑物中能够直接导致人生理损伤的振动基本都是因为结构发生共振而产生的破坏现象,这已经不属于舒适度的问题了。虽然传统建筑物振动对人体生理影响往往是间接的,一般都是先影响人的心理健康和情绪状态,从而间接地影响到人的生理健康,但是这些效应在实践中很难预测。对于临时结构,建筑物振动对人体生理的影响更加直接。采用暴露极限来描述直接影响到人的生理健康的振动水平指标,在有关标准中虽然已经给出,但是对于临时结构来说仍是一个极大的挑战。

根据人机工程学的角度分析振动信号的频率,可以分为低频振动和高频振动。依据 ISO 标准和 BS 标准,低频振动主要是指 1 Hz 以下的振动,例如高层建筑在风荷载作用下的振动,海洋平台在海冰和波浪作用下的振动等。高频振动主要是指 1 ~ 80 Hz 的振动,由机器、交通、人的运动引起的振动。临时结构的激励频率几乎都在 80 Hz 以下,并且一般高于 1 Hz,而目前存在评价高频振动的主要标准是 ISO 2631 - 2:2003 和 BS 6472 - 1:2008。

从人体动力学讲,当人处在振动的环境中,人体振动的频率范围一般在 100 Hz 以下。大量研究表明:人体由软组织构成的内脏器官在竖向振动下,其系统对振动比较敏感,对于端坐的人,第一共振频率在 4 ~ 6 Hz;对于站立的人来说,第一共振频率发生在 5 ~ 12 Hz。也就是说,人体作为一个动力系统,发生共振的频率范围为 3 ~ 12 Hz,特别是对于临时结构,在水平方向更易发生振动,遗憾的是人体在水平方向振动所表现出的频率研究的很少,本书作者对此问题进行了较深入的研究,得出了一些有价值的结果,5.2 节中将给出必要的研究内容,以给出研究临时结构舒适度的必要性。

人类对结构振动的感觉是一种复杂的心理现象,与振动的种类、周围环境和人的敏感程度有关。举个简单的例子,我们经常会遇到连续的机械振动,比如工程中用于拆卸的手钻,振动时间久了会让你的手臂振动得发麻,相比瞬时振动,它很容易令人烦恼;再如我们如果处在安静的空间往往比喧闹的公共空间对振动的要求限制更高;在同等的振动环境下,人对振动的感觉程度也会不同,本书作者也对此进行了一些调查。人类活动引起的结构振动问题很早就得到研究人员的关注,绝大多数研究都集中在人走动引起的楼板振动。虽然目前已经获得了大量的振动人机工程学、结构分析方面的知识,但是在临时结构方面,由于不同知识体系之间的隔阂,缺乏有效的分析工具以及工程教育环节的疏忽,这些知识并没有能够充分地结合在一起,应用到实际工程。这些问题将是临时结构今后面临的重要研究内容,并且振动问题在临时结构中相当普遍,需要工程师结合人机工程学和结构分析的知识来解决。

简单来说,临时结构振动,特别是涉及上人结构的振动带来的人体感知的舒适度问题,是完全不同于结构强度的现象,它与人对结构振动的生理和心理反应有关,并且与结构也是相互作用导致的结果,图 5.3 描述了临时结构不同人群荷载引发的心理反应,临时结构振动舒适度测试是一项人体心理实验或心理调查的统计,通过大量数据,根据一定模型获得临时结构振动的感知程度,从而反馈结构振动时自身的舒适程度。

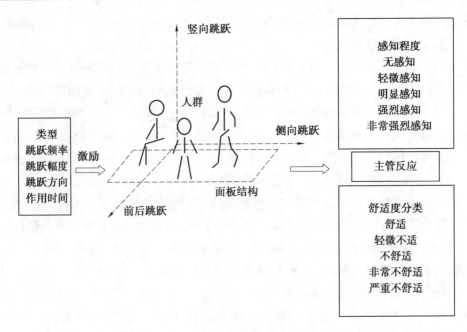

图 5.3　结构振动舒适度研究框架

5.2　临时结构舒适度设计

本书讨论的临时结构舒适度设计,主要考虑上人的临时结构。振动源可以是外部激励,也可以是人体自身激励,前者通过基础、梁柱等构件传递到人体,而后者直接使结构发生整体或局部振动,两者的激励最终又会通过结构的传递和过渡,变成了接受者的振动感觉。在这整个过程中,传播介质(结构)的动力特性,如刚度、质量和阻尼等,会直接影响到振动响应的大小。在临时结构体系的振动中,人既是结构振动的激励者,也是接受者。

下面将结合研究的临时看台振动对舒适度的影响,对分析模型、结构动力特性、人体固有频率以及分析方法进行详细的阐述。

5.2.1　分析模型

在分析临时结构振动舒适度问题时,首先要明确人与结构相互作用问题,那么不得不提及人–结构相互作用(Human – Structure Interaction,HSI)模型。该研究内容一直被反复地提及,特别是系统地分析 HSI 问题是近 20 年来新的研究方向。对容纳大量人群的临时结构,人的运动可导致结构自身产生过大振动,甚至破坏。因此,在研究临时结构振动舒适度时,结构的模型应该考虑人与结构的相互作用。

怎样才能考虑结构与人一起的计算模型,目前有很多的简化模型,其中将结构看作一个自由度,将人体或者人群看作另一个自由度是一种简洁实用的计算模型,如图 5.4 所示。

但是也有学者将人体模型更细化,有时会单独将人体简化为 2 个自由度。那么根据实际情况,可以将人体简化为单个或多个自由度计算,如图 5.5 所示。总体来说,在满足工程设计的精度要求下,尽量降低人体结构的自由度,以提高模型的计算成本和效率。

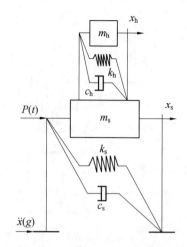

图 5.4　人 – 结构相互作用简化模型

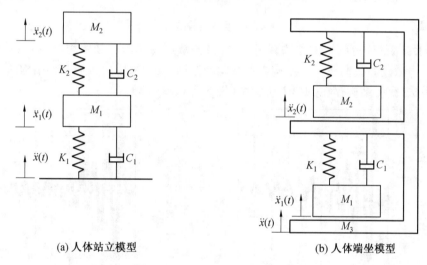

(a) 人体站立模型　　　　　　　　(b) 人体端坐模型

图 5.5　静态人体简化为 2 自由度模型

5.2.2　结构动力特性

临时结构动力特性一般包括结构的频率和阻尼。不同临时结构的形式具有不同的动力特性，并且同种类的临时结构也可能存在不同的动力特性。例如，Littler's 通过调查了大约 50 个、15 种不同形式的临时看台，看台的容量从 243 人到 3 500 人不等，获得临时看台结构侧向固有频率在 1.8 ～ 6.0 Hz 之间。Valkisfran 测试了一个 100 人的临时看台结构得出结构第 1 阶固有频率为 5.78 Hz。本书所展开描述的对象为一个 20 人的小型临时看台结构，围绕该结构进行了一系列的实验研究，在此将一一描述，作为临时结构设计方法的展示。

首先在结构实验室安装了一个具有 20 人座椅的临时看台结构，并将结构固定在振动台上（图 5.6）。

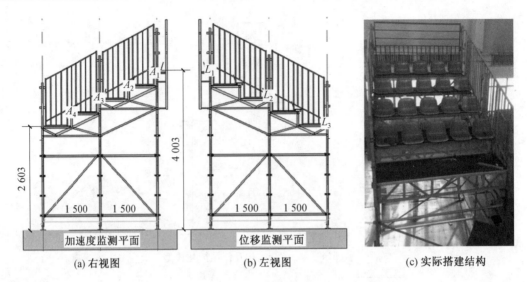

(a) 右视图   (b) 左视图   (c) 实际搭建结构

图 5.6 实验结构

  获得结构的固有频率的方法有很多种,譬如常用的锤击法或牵引法,以及在振动台上采用白噪声激励。我们在对该结构进行实验的过程中,既采用白噪声获得结构高阶频率,又采用牵引法,获得结构存在的第 1 阶频率(图 5.7 和图 5.8)。

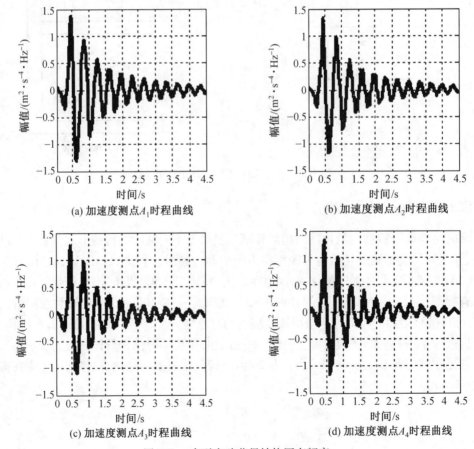

(a) 加速度测点A_1时程曲线   (b) 加速度测点A_2时程曲线

(c) 加速度测点A_3时程曲线   (d) 加速度测点A_4时程曲线

图 5.7 牵引实验获得结构固有频率

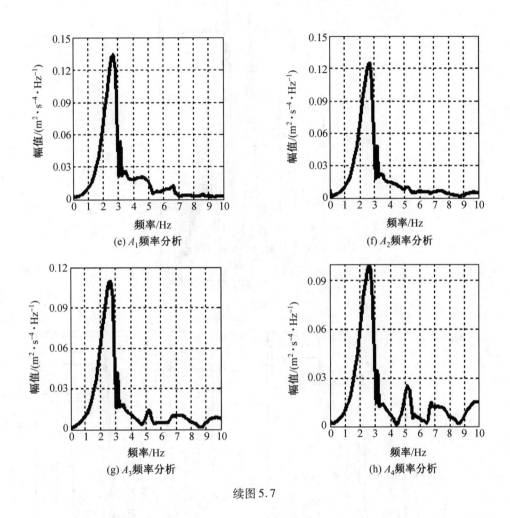

续图 5.7

总结得出该临时看台结构的固有频率见表 5.1,对于牵引实验获得的仅有一个频率约在 2.7 Hz,而对于白噪声扫频获得的第 1 阶频率约在 3.38 Hz,出现偏差的原因可能为牵引实验的作用点在结构的上部,白噪声实验激励点在结构的底部。虽然数值有些不同,但是仍能表明临时结构的固有频率较低,并且接近人体运动荷载的激励。

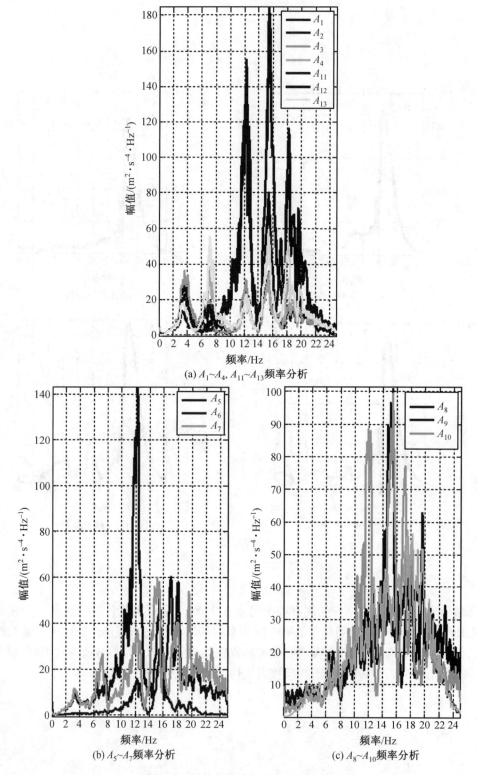

(a) $A_1 \sim A_4$, $A_{11} \sim A_{13}$频率分析

(b) $A_5 \sim A_7$频率分析

(c) $A_8 \sim A_{10}$频率分析

图 5.8　结构白噪声扫频固有频率分析

表 5.1   结构测点固有频率

振型	测点 $A_1 \sim A_4, A_{11} \sim A_{13}$/Hz	测点 $A_5 \sim A_7$/Hz	测点 $A_8 \sim A_{10}$/Hz	平均固有频率/Hz
1	3.64	3.28	3.23	3.38
2	7.01	7.24	7.68	7.31
3	12.24	12.08	12.10	12.14
4	15.40	15.40	15.40	15.40

关于结构的阻尼计算,可以通过衰减曲线(图 5.9),利用公式(5.1)获得结构各测点的阻尼比,发现直接与人体相接触的上部结构的空载阻尼比一般在 0.02 ~ 0.03 之间(图 5.10)。

$$\zeta_s = \frac{1}{2\pi j}\ln\frac{\ddot{x}_i}{\ddot{x}_{i+j}} \tag{5.1}$$

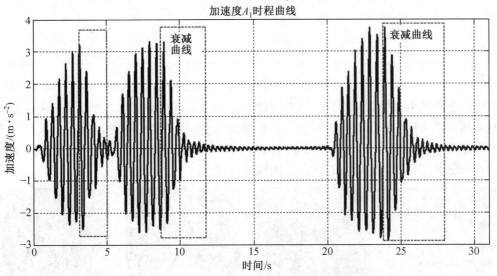

图 5.9   临时看台结构测点 A_1 区域结构衰减曲线

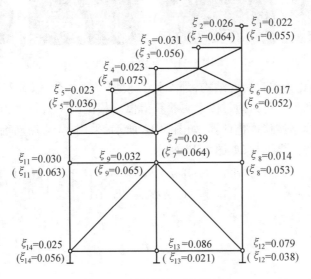

图 5.10   结构测点区域阻尼比

5.2.3 人体固有频率

在研究人体固有频率方面,主要集中在交通设施领域。Griffin 和 Lundstrom 在此方面进行了一系列的研究,将人体看作单自由度或 2 自由度,进行了实验研究,也得出了相应的成果(表 5.2)。其实,在临时结构上存在两种人体状态:静态人体(Passive Human)和动态人体(Active Human),但是作为响应接受者,静态人体的感受程度要远远大于动态人体。当前,很少有人关注临时结构上的静态人体在结构侧向振动时所表现出的动力响应。只有获得静态人体在侧向所表现出的动力特性,才能更好地评价人体的振动舒适度。

表 5.2 静态人体固有频率

静态人体	固有频率
人体坐在有靠背的座椅	$f_h = 1.5\ Hz$
人体坐在无靠背的座椅	$f_{h1} = 2 \sim 4\ Hz$, $f_{h2} = 5 \sim 7\ Hz$
端坐人体	$f_{h1} = 1.9\ Hz$, $f_{h2} = 5\ Hz$
站立人体	$f_h = 0.5\ Hz$

那么,怎样可以获得静态人体在临时看台结构上所表现出动力特性。接下来,我们通过一系列的实验结果,加以参数分析,来获得静态人体的固有频率范围。为此通过在看台上增加站立和端坐人群(图 5.11),给结构一定的激励波,获得结构的响应。通过 5.2.1 节的相互作用计算模型,以及 5.2.2 节得出的结构基本动力参数,建立计算模型,依据人体参数优化,对比理论计算结构和实验结果,获得人体动力参数。

图 5.11 结构上人工况

首先将人体简化为单自由度结构,那么计算模型公式为公式(5.2)。其中公式中的结构模型质量、刚度和阻尼可以通过以上实验获得值。根据给定人体动力特性合理的取值范围,利用空间状态模型迭代优化计算,如图 5.12 所示,采用 VDV 振动剂量值累积误差作为优化指标,形成迭代计算框架,如图 5.13 所示。

$$\begin{bmatrix} m_s & 0 \\ 0 & m_h \end{bmatrix}\begin{Bmatrix} \ddot{x}_s \\ \ddot{x}_h \end{Bmatrix} + \begin{bmatrix} c_s + c_h & -c_h \\ -c_h & c_h \end{bmatrix}\begin{Bmatrix} \dot{x}_s \\ \dot{x}_h \end{Bmatrix} + \begin{bmatrix} k_s + k_h & -k_h \\ -k_h & k_h \end{bmatrix}\begin{Bmatrix} x_s \\ x_h \end{Bmatrix} = \begin{bmatrix} p(t) \\ 0 \end{bmatrix} 或 \begin{bmatrix} -(m_s + m_h)\ddot{x}(g) \\ 0 \end{bmatrix}$$

(5.2)

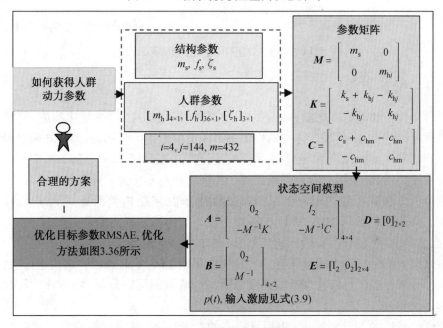

图 5.12　结构计算模型空间状态公式

图 5.13　优化算法简要框架

最终通过大量的对比分析,可知静态人体结构频率一般在 2 Hz 左右、阻尼为 0.5,以及模型质量是人体质量的 70% ,如图 5.14 所示。通过获得的静态人体频率,发现该频率非常接近临时结构被激励的频率范围,很容易与结构产生共振,造成振动过大人体不适的现象。

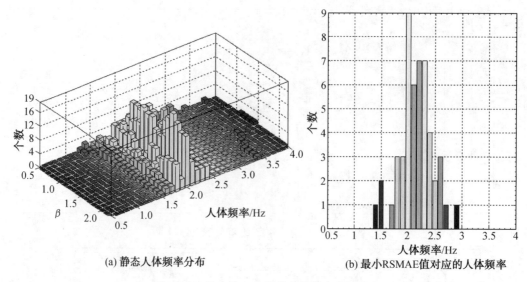

(a) 静态人体频率分布   (b) 最小RSMAE值对应的人体频率

图 5.14　端坐站立获得的人体频率荷载分布

5.2.4　分析方法

在评价结构振动舒适度之前,首先要知道结构的振动响应,通过结构响应,依据一定的振动舒适度设计标准,以反映人体在结构上是否满足舒适指标。那么,怎样才能获得结构的响应呢? 有两种常见的计算手段:一是采用简化计算方法,如5.2.1 节和5.2.2 节介绍的简化理论计算模型;二是采用有限元分析方法。其中后者也不失为一种有效的手段。

简化分析方法简单实用,适用于结构布置相对简单,或结构类型统一、结构特性不宜变化的建筑。采用简化计算方法,可以直接使用该类型结构的动力参数,通过给定的计算模型,计算出结构的动力响应,有助于初步判断结构的振动舒适度。

当所遇到的临时结构形式复杂且动力特性变化较大时,此时难以将结构进行简化,那么采用有限元分析方法进行结构振动舒适度分析。一般采用模态分析、稳态分析及时程分析等三块内容,相对来说要求较高,计算成本较大。

如何评价结构的振动舒适度,出现了很多的参考标准,各国也都给出了相应的参考标准。控制指标一般包括挠度控制、频率控制、加速度控制以及其他控制指标。但是这些标准几乎都是针对永久结构的楼板和人行天桥。本书在介绍临时结构舒适度标准之前,先简要归纳总结我国和欧美地区在此方面给出的一些相关研究资料。

1. 挠度控制

一般来说,结构的挠度过大会影响建筑物的观感,进而影响建筑的使用,从而对人的舒适感产生影响。

我国《钢结构设计标准》(GB 50017—2017) 规定了楼板梁的挠度限定值,《城市人行天桥与人行地道技术规范》(CJJ 69—95) 同样对人行天桥在人群荷载作用下的挠度值给出了容许限值。

2. 频率控制

我国在此方面对不同结构的楼板有针对性地提出了控制指标,如《高层民用建筑钢结构技术规程》(JGJ 99—2015)、《混凝土结构设计规范》(GB 50010—2010) 以及《组合楼板设计与施工规范》(CECS 273:2010) 分别对楼板自振频率给出了不同的指标。加拿大标准委员会给定的频率限定更加严格。

3. 加速度控制

加速度是最常用的振动舒适度评价指标。欧美地区在此方面有大量成熟的设计标准,如美国钢结构协会(AISC)和加拿大钢结构协会(CISC)联合 Murray、Allen 和 Ungar 撰写了《钢结构设计指南》,该书中提高 AISC 和 CISC 在 1997 年共同提出的双对数坐标曲线舒适度标准,加拿大标准委员会建立了自己的楼板结构振动设计。我国《高层建筑混凝土结构技术规程》(JGJ 3—2010) 以及《组合楼板设计与施工规范》也都给出了具体的规定值。

4. 其他控制指标

一般以分贝作为控制指标,具有代表性的是德国 DIN EN 4510—2018 标准。

由以上总结归纳的楼板和人行天桥振动舒适度标准来看,客观存在的事实是:不同人对同一振动的敏感度不一样,同一人在不同的振动环境下对相同的振动反应也会有所差别,这种人与结构件的相互差异和内在差异,造成振动舒适度评价是一个非常复杂的问题。显然,对于临时结构振动舒适度的相关标准或规定中几乎没有针对临时看台振动舒适度的相关规定。

那么对于临时结构的振动舒适度,采用怎样的分析方法和控制指标,将是本书接下来要阐述的内容。

5.3　临时结构舒适度设计应用

虽然大量实验研究发现,临时结构自振频率较低,频率控制方法不失为一种有效的分析方法,但是后期发现,即使结构频率低于限定值,也没有发生振动不舒适现象,而高于频率限定值的结构也会出现振动不舒适的现象。由此,人们又开始重新面对这个问题,进行一系列理论、实验和实测研究,试图从中找到一种合理的评价方法,重新建立新的评价体系。近年来,本书作者在临时看台方面也进行了响应的探索,努力给出简单的设计方法,基本思路如下:

以加速度振动剂量值(VDV)作为临时看台结构振动舒适度的参考指标,通过上人结构的大变形振动实验得到的结构加速度响应,同时获得振动过程中人的振动感应调查表,基于模糊理论烦恼率模型,寻找人体舒适度与结构加速度响应之间的关系值,最后,依照给定的限值衡量临时看台结构的适用性。

5.3.1 测试者及调查表

参加测试的受试者是经过社会招募,并通过一定的身体测试要求,年龄在20～35岁之间,男女都有,图5.15所示为各受试者的照片及体重。调查表将人体感知程度分为6个等级,对应的结构振动等级也分为6个层次。人群自激结构振动实验工况和实验调查表如表5.3和图5.16所示。

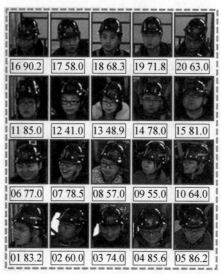

图5.15 受试者照片及体重

表5.3 人群自激结构振动实验工况和实验调查表

实验工况	实验工况种类	节拍器激发频率/Hz
1	所有人站立摇摆	1.0,1.5,2.0,2.2,2.5,2.8,3.0,3.4,3.6
2	所有人端坐摇摆	1.0,1.5,2.0,2.2,2.5,2.8,3.0,3.4,3.6
3	所有人跳跃	1.0,1.5,2.0,2.2,2.5,2.8,3.0
4	所有人弹跳	1.0,1.5,2.0,2.2,2.5,2.8,3.0,3.5
5	站立后三排摇摆,第一排端坐	1.0,1.5,2.0,2.2,2.5,2.8
6	站立后两排摇摆,前两排端坐	1.0,1.5,2.0,2.2,2.5,2.8
7	站立后一排摇摆,前三排端坐	1.0,1.5,2.0,2.2,2.5,2.8
8	站立后三排摇摆,第一排站立	1.0,1.5,2.0,2.2,2.5,2.8
9	站立后两排摇摆,前两排站立	1.0,1.5,2.0,2.2,2.5,2.8
10	站立后一排,前三排站立摇摆	1.0,1.5,2.0,2.2,2.5,2.8
11	端坐后三排摇摆,第一排端坐	1.0,1.5,2.0,2.2,2.5,2.8
12	端坐后两排摇摆,前两排端坐	1.0,1.5,2.0,2.2,2.5,2.8
13	端坐后一排,前三排端坐摇摆	1.0,1.5,2.0,2.2,2.5,2.8
14	突发事件,10人随机运动	/

图 5.16　实验调查表

5.3.2　激励波

采用 3 种不同类型的地震波,对上人结构进行左右方向的振动,通过合理地增大振动幅度将结构振动级别有序渐进地增加,以满足人体振动的感觉变化,最终通过 53 个激励波,完成了人体在结构上出现恐慌的现象。激励波的具体信息见表 5.4。

表 5.4　实验激励波

激励波		峰值加速度/Gal	峰值位移/mm		持续时间/s	最大增幅
			正向(观众左侧)	负向(观众右侧)		
Chi Chi (1999s)	东西	18.29 ~ 91.45	09.78 ~ 48.90	12.53 ~ 62.65	48	50%
	南北	16.26 ~ 89.43	06.61 ~ 36.36	06.87 ~ 37.78	46	55%
El Centro (1940s)	东西	21.48 ~ 96.66	11.19 ~ 50.36	11.38 ~ 51.21	40	45%
	南北	31.29 ~ 140.81	50.81 ~ 26.15	08.91 ~ 40.10	40	45%
Kobe (1995s)	东西	30.78 ~ 153.90	13.39 ~ 66.95	16.82 ~ 84.10	30	45%
	南北	30.57 ~ 152.85	17.80 ~ 89.00	13.26 ~ 66.30	40	45%

5.3.3　振动舒适度指标

评价人体振动舒适度一是确定人的感觉程度,通过将人对振动的感觉划分为不同等级,并以调查表的形式体现,二是使用合理的评价参数,一般采用结构加速度的三种形式,其代表值有峰值、均方根值(RMS)和振动剂量值(VDV)。如果外部激励具有随机性,且峰值随时间变化,则宜选用 VDV 方法。在计算此加速度指标时,为了考虑人体对不同频率振动的敏感程度,引入频率计权函数 $W(f)$ 乘以原始加速度曲线,$W(f)$ 一般采用 ISO 建议的曲线,如图 5.17 所示。图中坐标轴为双对数坐标系,横坐标为结构频率,纵坐标为加权值,不同频率的结构的加权曲线函数各不相同。

根据各试验工况获得的结构振动加速度时程曲线计算结构频率加权后的加速度指标,即按式(5.3)分别计算峰值 a_{wp}、RMS 值 a_{wrms},以及采用式(3.2)计算加速度 VDV 值 a_{wvdv}。

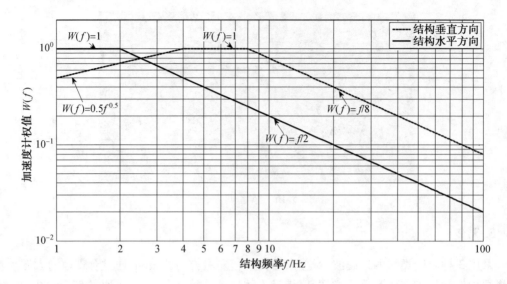

图 5.17 ISO 频率计权曲线

$$a_w(t) = W(f) \cdot a(t)$$

$$a_{wp} = \max | a_w(t) |$$

$$a_{wrms} = \left[\int_0^T a_w^2(t) \, dt \right]^2 \tag{5.3}$$

$$a_{VDV} = \left[\int_0^T a_w^4(t) \, dt \right]^{0.25} = \left(\lim_{\lambda \to 0} \sum_{i=1}^n a_w^4(\xi_i) \cdot \Delta t_i \right)^{0.25} = \left(\sum_{i=1}^n [W(f) a(t_i)]^4 \cdot f' \right)^{0.25}$$

$$\lambda = \max\{ \Delta t_1, \Delta t_2, \cdots, \Delta t_n \}$$

式中　　a_{VDV}——计算的加速度振动剂量值,m/s$^{1.75}$;

　　　　$a(t_i)$——实测的加速度数据,m/s^2;

　　　　$a_w(t)$——加权后的中速度数据,$a_w(t) = a(t) \times W(f)$,m/s^2;

　　　　$W(f)$——频率加权系数,f 为激励频率;

　　　　f'——数据采样频率,Hz;

　　　　ζ_i——每个时间小区间$[t_{i-1}, t_i]$上的任一点;

　　　　Δt_i——每个时间小区间的长度;

　　　　T——振动持续时间,s;

　　　　n——采样点个数。

　　分析振动台实验的人群端坐工况,如图 5.18 所示,图中横坐标为台面加速度峰值,纵坐标为结构座椅处 3 种加速度形式的分布情况,其中空心圆点为峰值,方形点为 RMS 值,菱形点为 VDV 值。采用二次多项式拟合公式拟合这三种数据,得到式(5.4),由图中 3 条拟合曲线走势可知,RMS 值的曲线(虚线)高于加速度峰值(点划线),而 VDV 值的曲线(实线)最低。

$$a_{wp} = -0.708\,1 a_{inp}^2 + 2.349 a_{inp} - 0.062\,73$$

$$a_{wrms} = -1.245 a_{inp}^2 + 3.435 a_{inp} - 0.177\,0$$

$$a_{wvdv} = -0.688\,3 a_{inp}^2 + 2.124 a_{inp} - 0.114\,3 a_{inp} \in (0.15, 1.52) \tag{5.4}$$

式中　　a_{inp}——振动台台面加速度峰值。

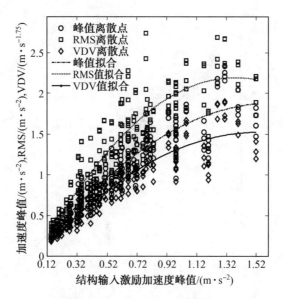

图 5.18　结构输入加速度与输出加速度峰值、RMS 值和 VDV 值间的关系

虽然规范 ISO 2631 - 1:1997 和 BS 6472 - 1:2008 给出了 VDV 值与 RMS 值的计算关系，Ellis 和 Littler 给出了 VDV 值与峰值的计算关系，如公式 (5.5) 所示，ea_{VDV} 为等效计算的 VDV 值。但是图 5.18 各曲线纵坐标之间的差距变化表明它们之间并不满足公式 (5.5) 的关系，分析原因或许为：计算 RMS 值和 VDV 值时，考虑了振动持续时间 T 的影响，T 的选择可以是整个持续过程，也可以是某一段时间，当所考虑的时间段内每一时刻的加速度值都大于 1 时，可能满足式 (5.5)；如果在该时间段内某时刻的加速度值小于 1 时，则 RMS 值将会大于 VDV 值，所以式 (5.5) 的使用情况需要一定的条件。虽然 Griffin 引入峰值因数 $C_f = \dfrac{a_{wp}}{a_{wrms}}$，认为当 C_f 小于 6 时，可以采用公式 (5.5)，但是就本书实验获得的结果，C_f 小于 1。

$$ea_{wvdv} = \sqrt[4]{(1.4a_{wrms})^4 T}$$
$$a_{wvdv} = 1.35a_{wp} \tag{5.5}$$

分析以峰值因数 C_f 为自变量，以 $\dfrac{a_{wvdv}}{a_{wp}}$ 为因变量的关系曲线，如图 5.19 所示，分别采用一次和二次多项式拟合，两者（实线和虚线）之间的差别不大，表明数据符合线性关系，按一次多项式公式拟合，公式为 (5.6)，该拟合曲线明显不同于 Setareh 提出的二次多项式拟合式。

$$\frac{a_{wvdv}}{a_{wp}} = -0.568\ 2C_f + 1.278 \tag{5.6}$$

根据以上分析的内容，分别给出本书实验获得的峰值 a_{wp}、RMS 值 a_{wrms} 与 VDV 值 a_{wvdv} 的离散点分布情况，以及两者间的线性拟合曲线如图 5.20 所示，拟合度分别为 0.946 和 0.942，可以认为它们具有良好的线性关系。

$$a_{wvdv} = 0.827\ 6a_{wp} - 0.001\ 54 \tag{5.7a}$$
$$a_{wvdv} = 0.644\ 2a_{wrms} + 0.002\ 197 \tag{5.7b}$$

同样，计算人群运动引起结构振动的加速度 3 种形式。与振动台实验所用的地震波为随机振动不同，人群运动属于有规律的简谐振动，激励形式不同。统计表 5.3 所有实验工况

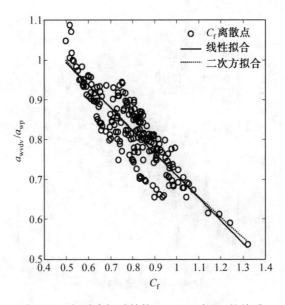

图 5.19　振动台振动结构 a_{wvdv}/a_{wp} 与 C_f 的关系

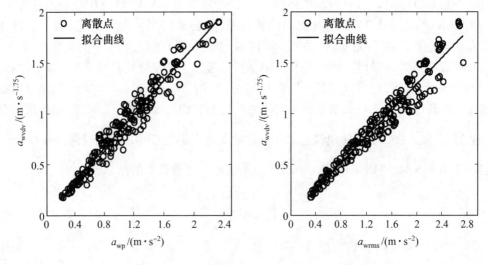

图 5.20　振动台实验 a_{wvdv} 与 a_{wp} 和 a_{wrms} 的关系

的结构加速度测点的数据,图 5.21(a) 为 20 名观众在摇摆激励为 3.0 Hz 下端坐摇摆产生的结构加速度曲线,计算各工况的结构加速度曲线峰值、RMS 值和 VDV 值,图 5.21(b) 所示横坐标为人群运动实际频率,纵坐标为计算的加速度参数,圆圈点为峰值,方形点为 RMS 值,菱形点为 VDV 值。从图中离散点分布情况可知,VDV 值能达到 85 $m/s^{1.75}$,将纵坐标范围降低至 15.85 $m/s^{1.75}$ 后,大多数工况表明 RMS 值大于峰值,峰值大于 VDV 值,与振动台实验结果分布类似。当 20 名观众摇摆频率大于 2.5 Hz 之后,VDV 值最大,峰值最小,分析所对应的加速度曲线发现,曲线值大于 1 m/s^2 的时间段多于其他工况,正如图 5.21(a) 中曲线峰值表明多数峰值大于 1 m/s^2。

　　计算所有实验工况的 C_f 值,均小于 6,按照公式(5.6) 的变量和自变量作图 5.22,其中图 5.22(a) 为 20 名观众协同性运动形成的结构 a_{wvdv}/a_{wp} 与 C_f 的关系,并没有存在明显的关

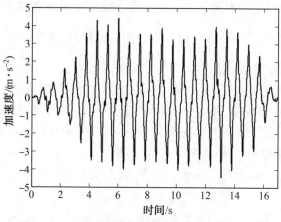

(a) 人群端坐摇摆产生的结构加速度

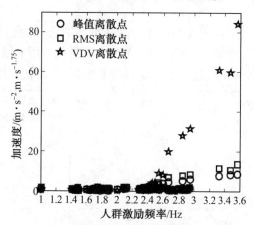

(b) 结构加速度与人群摇摆频率的关系

图 5.21　人群运动引起的看台加速度及其峰值、RMS 值和 VDV 值

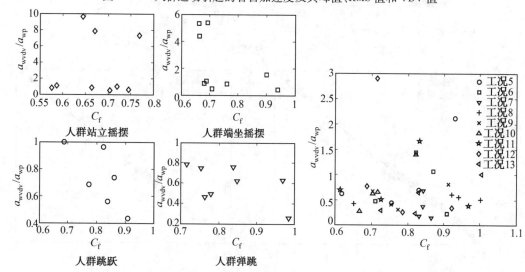

(a) 20 名观众协同性运动

(b) 5~13 名观众运动 9 种工况的振动分布

图 5.22　人致振动结构 a_{wvdv}/a_{wp} 与 C_f 的关系

系,除此之外,图 5.22(b) 为其他工况,离散点分布也表明两者并未存在明显的可拟合关系。这种情况表明,C_f 与 $\dfrac{a_{wvdv}}{a_{wp}}$ 两者之间具有一定的离散性,无法定量分析,相比振动台激励能够按一定的能量输出,人群激励的大小本身存在波动性。

同样分别以峰值 a_{wp}、RMS 值 a_{wrms} 作为横坐标,以 VDV 值 a_{wvdv} 作为纵坐标,整理如图 5.23(a) 所示,两者与 VDV 值都呈现非线性关系。将纵横坐标进行对数变换时,如图 5.23(b) 所示,发现两者呈明显的线性关系,坐标转换前曲线拟合公式分别为式(5.8a) 和式(5.8c),坐标转换后分别为式(5.8b) 和式(5.8d):

$$\log_{10}(a_{wvdv}) = 2.079\,3\,\log_{10}(a_{wp}) - 0.144\,65 \tag{5.8a}$$

$$a_{wp} = 10^{0.069\,6} \cdot a_{wvdv}^{\frac{1}{2.079\,3}} \tag{5.8b}$$

$$\log_{10}(a_{wvdv}) = 2.019\,35\,\log_{10}(a_{wrms}) - 0.362\,9 \tag{5.8c}$$

$$a_{wrms} = 10^{0.179\,7} \cdot a_{wvdv}^{\frac{1}{2.019\,35}} \tag{5.8d}$$

通过分析以上两种激励作用的结构 3 种加速度参数可知,具有地震波形式激励的结构加速度 VDV 值与 RMS 和峰值呈线性关系,而在人群荷载作用下结构加速度在对数坐标下,VDV 值分别与 RMS 和峰值呈线性关系。值得注意的是,人群协同性运动能够导致临时看台

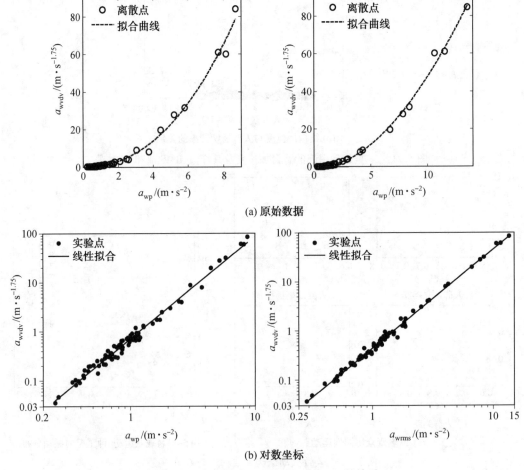

(a) 原始数据

(b) 对数坐标

图 5.23　人致振动 a_{wvdv} 与 a_{wp} 和 a_{wrms} 的关系

产生很大的动力响应,加速度峰值可以接近 $1g$,所以非常有必要研究由人群运动所引起的临时看台振动问题。

如上所述,即使临时看台在人群协同性运动作用下产生很大的动力响应,虽然结构未出现破坏现象,但是结构的振动却能使人群出现不舒服的现象。为评价临时看台出现这种状态的临界范围,根据本书振动台实验激励和人群运动激励所获得的人群调查感知度,探索人群与临时看台振动舒适度问题。

首先确定由振动台激励得出的舒适度设计指标。根据第 3 章分析的结构动力响应,加速度计 $A_1 \sim A_4$ 记录的临时看台 4 排座椅的加速度是观众直接感受看台振动的响应值。临时看台外部激励由振动台台面位移提供,台面位移控制采用 EI Centro、Kobe 和 Chi Chi 三种地震波,通过测定并分析台面实际加速度与临时看台座椅处加速度,如图 5.24 所示,随着每种激励幅值的线性增加,看台座椅的加速度基本呈线性增长,这样可以保证受试者对结构的振感遵循 Weber 规律:刺激强度线性增加才能主观感觉到一定的振感分辨率,特别是在中、强度振动下,线性关系特别明显。这种连续增量可以使受试者更好地感觉到刺激差别阈限,区分结构的振感。

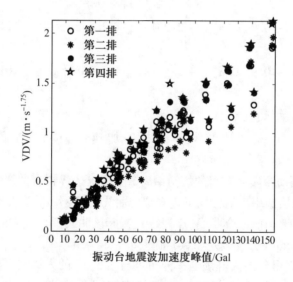

图 5.24　振动台激励与看台座椅加速度

整理测试者端坐状态下调查表的结果,采用公式(5.2)计算其每次振动工况的人群烦恼率并作为纵坐标,以每次振动工况下获得的每排座椅加速度 VDV 值作为横坐标,如图 5.25 所示。图中圆心实点、星形点、菱形点和方形点分别为从前至后四排座椅的 20 名观众承受不同振动强度下的烦恼率分布情况,从图中可知,在低强度下,人群的烦恼率分布相对集中,随着结构振动增加,在同一振动强度下,人群烦恼率的分布域变大和变宽,表明在该振动强度区域内,人群出现一定的适应期,但是当结构振动强度增加到一定程度,人群烦恼率将立即上升,并再次分布集中。同时也表明不同人群在经受相同振动强度时,虽然体现的人群振动烦恼率有所不同,但是处于一定的波动范围内,存在一个上限范围和一个下限范围。将所有离散点采用多项式曲线拟合,公式如式(5.9)所示:

$$R_1 = 0.039\ 38a_{\text{wvdv}}^5 - 0.378\ 9a_{\text{wvdv}}^4 + 1.26a_{\text{wvdv}}^3 - 1.845a_{\text{wvdv}}^2 + 1.413a_{\text{wvdv}} + 0.100\ 5$$

$$(5.9\text{a})$$

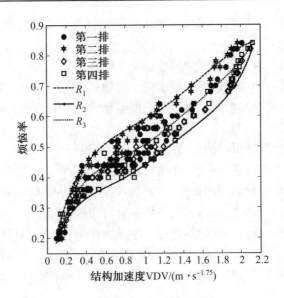

图 5.25　端坐人群烦恼率

$$R_2 = 0.141\ 5a_{\text{wvdv}}^5 - 0.907\ 6a_{\text{wvdv}}^4 + 2.231a_{\text{wvdv}}^3 - 2.545a_{\text{wvdv}}^2 + 1.521a_{\text{wvdv}} + 0.065\ 4$$

$$(5.9\text{b})$$

$$R_3 = 0.176\ 2a_{\text{wvdv}}^5 - 0.989\ 5a_{\text{wvdv}}^4 + 2.111a_{\text{wvdv}}^3 - 2.068a_{\text{wvdv}}^2 + 1.101a_{\text{wvdv}} + 0.108\ 5$$

$$(5.9\text{c})$$

式中　R_i——端坐人群烦恼率；

　　　a_{wvdv}——结构座椅处考虑频率加权的加速度振动计量值，在 $[0.1\ \text{m/s}^{1.75},$
　　　　　$2.12\ \text{m/s}^{1.75}]$ 之间。

R_1 为人群端坐振动台实验获得的烦恼率离散数据上边界拟合曲线（虚线），R_3 为人群端坐振动台实验获得的烦恼率离散数据下边界拟合曲线（实线），R_2 为人群端坐振动台实验获得的烦恼率离散数据平均值拟合曲线（点划线），判断该曲线拟合优劣的参数 SSE（和方差）值为 0.398 1，R - square（方程确定系数）值为 0.936。

另外，将人群站立得到的人群烦恼率分布点与图 5.25 的人群端坐数据对比，如图 5.26 所示，星形点为人群端坐时感受结构振动的烦恼率，空心圆点为人群站立时感受结构振动的烦恼率。该图可以明显看出，当结构振动强度增大到一定程度后，站立人群的烦恼率分布开始低于端坐人群，表明在同等人群烦恼率的情况下，人群站立需要的结构强度更大，即人群站立时对结构振动的容忍程度大于人群端坐状态。

从图 5.26 可知人群烦恼率随结构加速度增加呈非线性增长，如果将纵、横坐标分别取对数，则两者关系如图 5.27 所示，呈线性关系，曲线拟合如公式（5.10）所示：

$$\log_{10}(R_{\text{人群}}) = 0.422\ 92\log_{10}(a_{\text{wvdv}}) - 0.276\ 26 \tag{5.10}$$

式中　$R_{\text{人群}}$——静态人群烦恼率；

　　　a_{wvdv}——结构承受地震波激励人体座椅处加速度频率加权后的 VDV 值，且取值在 $0.1 \sim 2.5\ \text{m/s}^{1.75}$ 之间。

采用振动台激励结构振动以测试人群烦恼率，是模拟结构承受外部激励时静态人群的舒适度情况，而采用动态人群测试人群本身的舒适度情况，更多的是测试人群在运动状态或

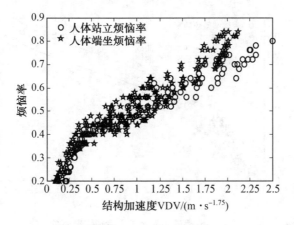

图 5.26　站立人群烦恼率

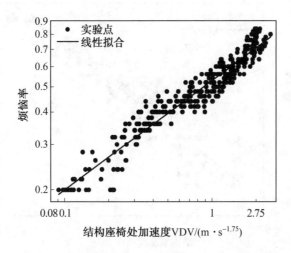

图 5.27　经对数处理后振动台实验获得的人群烦恼率分布

者部分人群静态时该类人群对结构振动的感觉情况。以人群自身运动引起的结构振动加速度的 VDV 值作为横坐标,以计算的人群烦恼率作为纵坐标,获得人群烦恼率与结构振动强度的关系,如图 5.28(a) 所示,方形离散点为人群端坐时的烦恼率,实心圆点为人群站立时的烦恼率,图中离散点的分布情况表明,在结构振动达到一定强度后,人群站立状态对结构的振动的舒适度要求更低,与振动台实验获得的现象类似。如果将两种离散点分布情况分别采用 3 次多项式拟合公式,曲线如图中虚线和实线,公式分别如式(5.11a) 和式(5.11b) 所示,SSE 值低于 3.0,R – square 值高于 0.8。

$$R_{\text{端坐}} = 0.077\ 7a_{\text{wvdv}}^3 - 0.428a_{\text{wvdv}}^2 + 0.964\ 2a_{\text{wvdv}} + 0.004\ 104 \tag{5.11a}$$

$$R_{\text{站立}} = 0.058\ 5a_{\text{wvdv}}^3 - 0.322\ 4a_{\text{wvdv}}^2 + 0.759\ 4a_{\text{wvdv}} + 0.042\ 95 \tag{5.11b}$$

同样,如果将纵横坐标采用对数处理后,结构加速度 VDV 值与人群反应烦恼率呈线性关系,如图 5.28(b) 所示,采用线性拟合,公式为

$$\log_{10}(R_{\text{人群}}) = 0.675\ 56\log_{10}(a_{\text{wvdv}}) - 0.253\ 58 \tag{5.12}$$

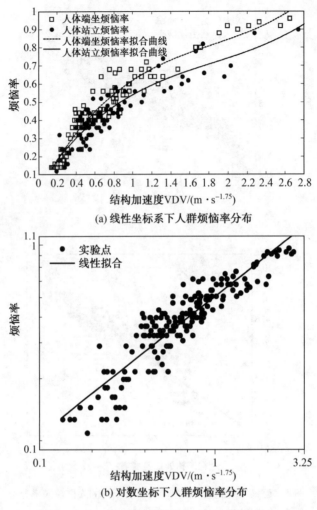

(a) 线性坐标系下人群烦恼率分布

(b) 对数坐标下人群烦恼率分布

图 5.28　人致振动实验获得的人群烦恼率分布

式中　$R_{人群}$——静态人群烦恼率；

　　　　a_{wvdv}——结构承受人群激励作用看台座椅处加速度频率加权后 VDV 值, 且取值在
　　　　　　　　0.1 ~ 2.8 m/s$^{1.75}$ 之间。

　　从图 5.27 和图 5.28 可知, 人群烦恼率随着结构振动强度的增加, 离散点在横向分布较广, 表明人群对结构的振动出现一定的适应期, 并且在同等振动等级下, 离散点在纵向分布扩大, 表明人群对于结构的振感和舒适度具有一定的波动性, 特别是在中等强度下, 这些现象非常明显。不仅如此, 站立人群对振动舒适度的要求低于端坐人群的这种现象与 Nhleko 研究的永久看台竖向振动实验获得人群的舒适度要求一致。与此同时, 两种实验获得的烦恼率分布在对数坐标系下都呈现线性关系, 所以将以上两种实验获得的烦恼率数据作为整体进行评价, 如图 5.29 所示为对数坐标系下实验获得的离散点, 不仅包括人群全部站立和端坐状态, 并且也包括全部人群或摆摆或跳跃, 以及部分人群运动部分人群静止等状态所获得的人群振动烦恼率。将离散点进行曲线拟合, 如公式如(5.13) 所示, 其中公式(5.13a) 为线性拟合公式, 在该公式的基础上, 两边取 10 的指数, 整理得出公式(5.13b), a_{wvdv}

在 $[0.091 \text{ m/s}^{1.75}, 2.65 \text{ m/s}^{1.75}]$ 之间取值。

$$\log_{10}(R) = 0.491\ 18 \log_{10}(a_{\text{wvdv}}) - 0.276\ 07 \tag{5.13a}$$

$$a_{\text{wvdv}} = 10^{0.562\ 05} \cdot R^{\frac{1}{0.491\ 18}} \tag{5.13b}$$

式中　　R——人群烦恼率；

　　　　a_{wvdv}——与人群直接接触的看台座椅加速度频率加权的 VDV 值,且取值在 0.1 ~
　　　　2.8 $\text{m/s}^{1.75}$ 之间。

　　本书根据烦恼率概念隶属度及其计算的值,认为当烦恼率 R 在 0.2 ~ 0.4 时人群处于舒适状态;当烦恼率 R 在 0.4 ~ 0.6 时人群中有些观众出现不舒适;当烦恼率 R 在 0.6 ~ 0.8 时,认为人群大部分观众不舒适。其中以烦恼率 $R = 0.6$ 所对应的结构座椅处加速度 VDV 值为人群舒适度设计值的下限,则对应的 VDV 值为 1.289 $\text{m/s}^{1.75}$;以烦恼率 $R = 0.8$ 所对应的结构座椅加速度 VDV 值作为舒适度设计值上限,则对应的 VDV 值为 2.316 $\text{m/s}^{1.75}$。当烦恼率大于 0.8 时,认为人群不适合长时间处在结构上。

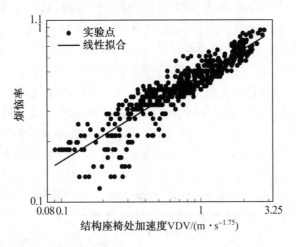

图 5.29　临时看台人群烦恼率分布

　　目前已有规范对交通和工业活动领域的结构振动舒适度规定了相应的限值,如 1987 年颁布的英国规范 BS 6841:1987,就已经给出了一定的参考范围,如图 5.30 所示,纵坐标为结构加速度 RMS 值(频率加权后),根据 5 个舒适程度级别,相应给出加速度 RMS 参考值或者参考区间。按照本书给出的烦恼率,其中人群舒适上限 $R = 0.2$,有点不舒服上限 $R = 0.4$,相当不舒服上限 $R = 0.6$,非常不舒服上限 $R = 0.8$。将这四种状态 R 值代入公式(5.8d) 以及公式(5.13b) 可以得出对应的加速度 RMS 值,并列于图 5.30 中。规范规定人群舒适状态结构加速度 RMS 值小于 3.2%g,本书得出舒适状态结构加速度 RMS 值小于 5.7%g;规范规定人群有点不舒适状态结构加速度值在 3.2% ~ 6.4%g 之间,本书得出上限值为 11.4%g;规范给出相当不舒适状态结构加速度值在 5.1% ~ 16.3%g 之间,本书得出上限值为 17.2%g;规范给出非常不舒适状态结构加速度值在 12.7% ~ 25.5%g 之间,本书得出上限值为 22.9%g;规范给出极度不舒适状态结构加速度值大于 20.4%g,本书得出的上限值大于 28.7%g。两者对比可知,本书得出的规定值大于该规范给定的值。这是因为两者在研究内容上有不同之处:一是结构振动方向不同,规范中结构振动方向为竖向,本书研究的结构振动主要为侧向;二是引起结构振动的振源不同,交通工具和机器产生的振动不同于人群运动产生的振动;三是结构施工方式不同,道路桥梁或者厂房一般采为永久建筑,而本书研究的看台为临时可拆卸结构。

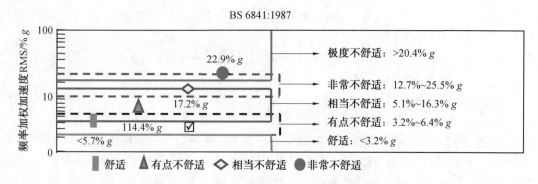

图 5.30　实验结果与规范 BS 6841:1987 比较

相比于交通和工业领域的结构,第1章中的表1.5已经总结了相关规范或学者们对于不同结构竖向振动的人群舒适度设计指标,其中包括永久看台,将其对比于图5.31中,从图中可知,房屋建筑对舒适度的要求高于看台结构,其中 IStructE2008 更是将舒适度要求放宽至规范 BS 6472−1:2008 给定的基本设计线的200倍。而对于临时看台的侧向振动舒适度,本书基于实验给出以临时看台座椅处加速度 RMS 值 < 17.2% g 作为临时看台人群侧向振动舒适度设计范围,该限值高于 Nhleko 的研究结果与 NBCC2005 规定值,但是与 IStructE2008 对永久看台竖向振动舒适度规定的范围相近。本书研究的临时看台侧向固有频率在2.7 ~ 3.5 Hz,为了充分考虑不同侧向频率的临时看台振动舒适度,并因调查的大量临时看台侧向频率基本都在 5 Hz 范围内,规定临时看台侧向固有频率在 1 ~ 5 Hz 之间,借鉴规范 BS 6472−1:2008 给出的以不同结构频率为横坐标和加速度 RMS 值为纵坐标形成的舒适

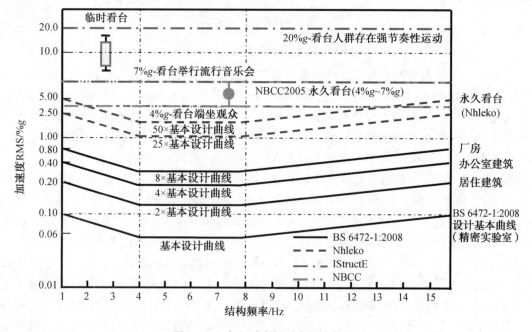

图 5.31　永久看台舒适度设计曲线

度设计基本线,并结合 ISO 10137:2007 附录 C 中 Figure C.2 给出的结构水平向振动敏感性曲线斜率,给出了临时看台侧向舒适度设计曲线,如图 5.32 所示。

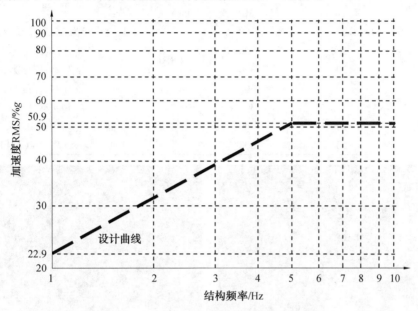

图 5.32　临时看台侧向振动舒适度设计曲线

当以 VDV 值作为舒适度评价参数时,BRE 在 BS 6841:1987 和 BS 6472－1:2008 对 Workshops 限值的基础上,进行了扩大,以应用到看台结构,并且给出了 VDV 值与感觉的对应值,而 Setaerh 基于 Kasperski 实验数据也提出了人群竖向振动舒适度可适用的限值范围,本书给出的临时看台水平侧向振动舒适度限值,见表 5.5。

表 5.5　看台振动舒适度结构加速度 VDV 值限值　　　　　　　　　　$m/s^{1.75}$

人群对振动的心理感觉	永久看台竖向振动		临时看台侧向振动
	Kasperski	Mehdi Setaerh	本书
人体被动响应	< 0.66	< 0.50	< 0.57
烦扰状态	0.66 ~ 2.38	0.50 ~ 3.50	0.57 ~ 1.29
不可接受状态	2.38 ~ 4.64	3.50 ~ 6.90	1.29 ~ 2.32
可能造成恐慌	> 4.64	> 6.90	> 2.32
	BRE		
可行但能感知不适		< 0.6	
低水平概率出现负面评价		0.6 ~ 1.2	
负面评价		1.2 ~ 4.8	
不可接受		> 4.8	

采用有限元模拟结构受力是一种常用的方法,合理的有限元模型可以有效地预测结构响应,特别是结构尺寸较大无法进行实验。本章采用有限元软件 ABAQUS,建立容纳1 000人的临时看台模型。模型中结构的构件材性及尺寸见表 5.6。结构整体模型及侧向斜撑布置形式,如图 5.33 所示,其中结构整体尺寸为:长 27.9 m、宽 17 m、高 8.6 m,侧向斜杆沿竖向之字形布置。

表 5.6　有限元模型中的构件尺寸及力学参数

构件	弹性模型 /GPa	屈服应力 /MPa	密度 /(kg·m⁻³)	尺寸 /(mm,mm × mm × mm)
立柱	200	300		半径为 25.5,厚度为 3.5
斜撑	200	300	7 850	半径为 24,厚度为 3.0
护栏杆	200	300		半径为 24,厚度为 3.0
水平杆	200	300		半径为 24,厚度为 3.0
走道板	200	300		厚度为 1.5
座椅梁	200	300	7 850	高 × 宽 × 厚 = 100 × 50 × 4
斜梁	200	300		高 × 宽 × 厚 = 60 × 40 × 2.5

(a) 结构整体图　　　　　　　　　　　　　　(b) 结构侧面图

图 5.33　结构有限元模型

走道板采用壳单元(Shell, S4R),水平杆和斜杆采用桁架单元(Truss, T3D2),立柱及座椅梁等其他构件均采用梁单元(Beam, B31),模型共计 67 080 个单元,其中走道板和座椅支撑构件间的接触采用 Tie 接触。钢质构件的本构模型采用理想弹塑性模型,泊松比 0.3。结构模型分析步考虑三种过程,首先,计算结构在静力荷载作用下的响应(General, Static General);其次,计算结构动力参数(Linera Perturbation,Frequency);最后,计算结构在人群动力荷载作用下的结构响应(Linera Perturbation, Model Dynamics)。底部支座约束简化为铰接支座,6 个约束中 UR1 和 UR3 不约束,另外 4 个约束全部限制。

5.3.4　结构动力参数及静力结果

首先,确定结构的动力参数,如 X(结构前后)、Y(结构竖向)和 Z(结构左右)方向的频率,以及对应的结构振型。分析.dat 结果文件,结构模型质量为 38 437 kg,当模型考虑结构 15 阶振型后,水平向结构有效质量 X 方向为 36 671 kg,Z 方向为 35 532 kg,两者都已经大于模型质量的 90%,虽然竖向有效质量远远小于 90%,但是由于本书重点关注结构侧向动力响应,故计算 15 阶振型已经满足分析要求。其中每阶振型对应的特征值、频率、集中质量、有效参与系数及有效质量见表 5.7。通过表中有效参数系数和有效质量的大小可知,有效参与系数或有效质量越大时,对应的振型为主振型,从而对应的频率为主频率,表中加粗数字为最大值,对应的结果为:X 方向的主振型为第 8 阶振型,对应的频率为 9.24 Hz;Z 方向的主振型变化范围较大,处于振型 1 至振型 7 之间,频率在 1.62 ~ 6.44 Hz 内变化。由此,通过有限元也表明了临时看台在左右方向的频率最小,并且主频变化在人群运动频率范围内。

表 5.7　有限元模型计算的结构特征参数

振型数	特征值	频率/Hz	集中质量/kg	有效参与系数 $\times 10^{-5}$(有效质量 $\times 10^{-5}$/kg)		
				X	Y	Z
1	103.4	1.62	834.2	$-37.0(12)$	3(0.07)	**135 730(1.54×10^8)**
2	148.3	1.94	772.6	9.7(0.7)	0.8(0.005)	**137 700(1.47×10^8)**
3	599.5	2.90	539.9	214(247)	3(0.06)	183 280(1.81×10^8)
4	979.8	4.98	521.4	20(2.2)	37(7.2)	247 290(3.19×10^8)
5	1 086.6	5.25	830.7	78(51)	23(4.5)	97 217(7.85×10^7)
6	1 395.4	5.95	1 047.6	148(229)	72(54)	200 950(4.23×10^8)
7	1 636.8	6.44	4 839.4	$-148(1\ 062)$	$-82(326)$	$-213\ 280(2.2 \times 10^9)$
8	3 375.5	9.25	7 903.0	**215 390(3.7×10^9)**	$-2\ 849(6.4 \times 10^5)$	$-59(272)$
9	3 531.1	9.46	5 049.3	3 587(649 790)	$-23(27)$	$-17\ 128(1.48 \times 10^7)$
10	4 886.8	11.13	636.3	94(56)	$-41(11)$	14 608(1.35×10^6)
11	4 990.9	11.24	332.3	475(750)	$-27(2.4)$	9 055(2.73×10^5)
12	6 564.9	12.90	459.0	113(59)	$-37(6.3)$	47 575(1.03×10^7)
13	7 450.5	13.74	84.9	2 353(4 704)	$-497(20\ 998)$	$-57\ 898(2.85 \times 10^6)$
14	7 518.7	13.80	132.1	1 651(3 602)	$-341(15\ 325)$	$-12\ 221(1.97 \times 10^5)$
15	8 226.4	14.44	3.8	17 989(12 416)	**$-35\ 580(48\ 626)$**	$-1\ 803(125)$

每一主频对应的结构振型,如图 5.34 所示。其中图 5.34(a)显示的结构前后方向振型,最明显的变化为结构最底层立柱发生平面内弯曲形态;图 5.34(b)～5.34(h)分别为结构左右方向第 1 阶至第 7 阶振动的变化,其中前 4 阶结构振型显示了结构在不同榀间的单波弯曲形态,而第 5 阶和第 6 阶显示了不同榀间的双波弯曲形态,第 7 阶振型表明结构除在同一榀面内出现双波形态,并且还出现了空间扭转形态。结合第 3 章测试的结构侧向瞬时振动形态,虽然实测结构尺寸较小,但是体现的形态变化与理论预测的结果,有相似之处。

其次,分析结构承受静力时的结构响应。荷载值按最不利的工况取值,因看台有限元模型的人均占用面积为 0.425 m²,故竖向荷载标准值取 5.2 kN/m²,水平荷载标准值分别为:左右方向 10% 竖向荷载,即 0.52 kN/m;前后方向为 1.37 kN/m。模型的荷载设计值分别在以上 3 个数的基础上乘以 1.4。计算静力状态下结构最大应力和最大位移,如图 5.35 所示。图中显示结构应力最大为 256 MPa,最大位移为 30 mm。

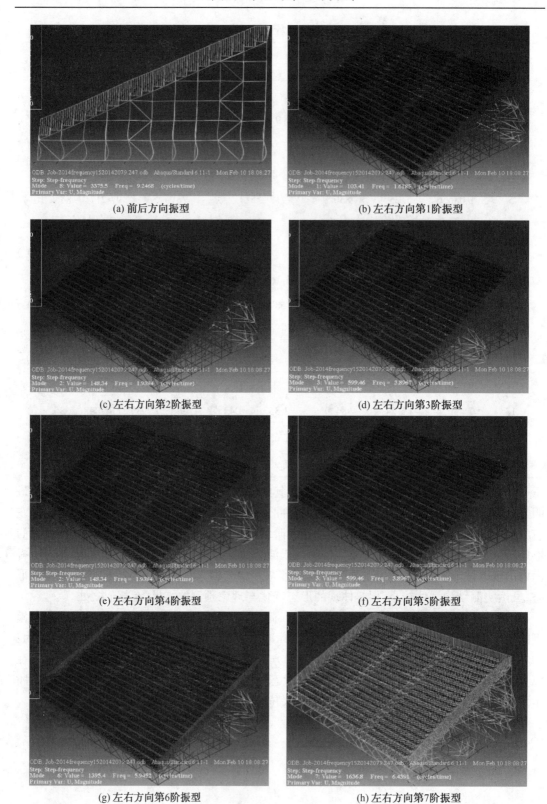

(a) 前后方向振型 (b) 左右方向第1阶振型

(c) 左右方向第2阶振型 (d) 左右方向第3阶振型

(e) 左右方向第4阶振型 (f) 左右方向第5阶振型

(g) 左右方向第6阶振型 (h) 左右方向第7阶振型

图 5.34　模型结构侧向振型

(a) 最大应力　　　　　　　　　　　　　　(b) 最大位移

图 5.35　静力作用下结构最大应力和位移

　　分析临时看台在人群作用下的动力结果时,本书主要计算了人群摇摆和人群跳跃两种激励作用下的结构动力响应。目的是获得结构在不同荷载激励和不同人群数量以及考虑人群质量 – 刚度 – 阻尼系统情况下,结构响应的变化情况。

5.3.5　摇摆作用下结构动力响应

　　摇摆荷载选频率 f_1 在 1.0 ~ 1.8 Hz 之间,其中以单人自重为 70 kg 计算的摇摆荷载值作为每个人体的荷载曲线,荷载峰值为 140 N。在 ABAQUS 软件的 Step 模块 Model dynamic 添加动力分析步骤,并在 Load 模块施加 Surface traction 力,由于模型中采用 0.24 m × 0.18 m 作为人体脚部占用面积,故 Magnitude 值为 23.15。在考虑人群作用时,分别考虑了 3 种人群情况:一是 1 000 人同步性为 100% 的摇摆运动;二是 200 人同步性为 100% 的摇摆运动;三是 200 人非同步性的摇摆运动。

　　(1) 模拟最不利工况,即所有人进行一致性摇摆运动。分别考虑人体看作质量 – 弹簧 – 阻尼单自由度系统并提供荷载和仅提供荷载这两种情况,其中动态人群频率设为 2.1 Hz、阻尼比为 0.2,人体质量为模型有效质量,则人体模型刚度为 12 175 N/m,阻尼为 369 (N·s)/m。依次计算了这两种模型在 9 种摇摆荷载作用下结构 25 s 的动力响应。当结构承受动力荷载时,虽然结构出现最大应力的位置在第一排第 2 列的立柱底部(图 5.36 左上图),但是结构出现最大位移的区域并不固定,一般在结构中部区域(图 5.36 左下图),提取结构最大应力和位移,发现结构应力(Mises 应力)随摇摆荷载频率先增大后减小,当摇摆频率为 1.2 Hz 时,最大应力为 75.6 MPa,远小于材料屈服应力 300 MPa;而结构最大侧向位移值随着摇摆荷载频率的变大也是先增大后减小,且摇摆频率为 1.6 Hz 时,最大位移为 22.2 mm。

　　由于人群对结构振动的感觉更多的是直接来自脚底走道板的振动,为此分别提取了每一排走道板相同位置区域的加速度 VDV 值,如图 5.37 所示。图中横坐标排数从 1 至 20 分别代表结构从前面第 1 排至最后第 20 排,数据点的分布表明,随着排数的增大,VDV 值变化规律基本相同,即 VDV 值逐渐变大。当摇摆荷载频率为 1.2 Hz 时,结构 VDV 值最大,并且最大值为 1.33 m/s$^{1.75}$,该值处于表 5.5 不可接受的限定值范围内,而与之对应的 RMS 值为 2.48 m/s^2,小于图 5.18 给出的振动舒适度限定值。

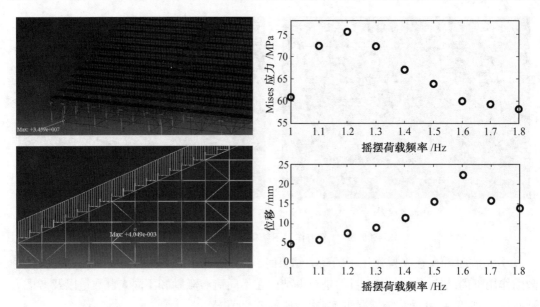

图 5.36　结构出现明显响应的区域及响应峰值随摇摆频率变化的情况

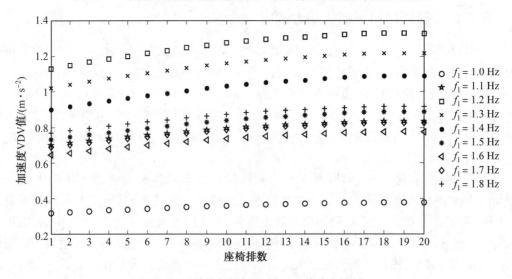

图 5.37　结构每排加速度 VDV 值分布情况

同样整理了人群为质量 – 阻尼 – 弹簧系统时,人群作为多点单自由度模型与结构耦合,其中结构的动力响应云图,如结构加速度云图如图 5.38(a)所示,为了与人体仅考虑荷载的结果相比较,也分别提取了同一节点的结构应力、位移以及结构每排加速度 VDV 值的变化情况,分别如图 5.38(b)~5.38(c)所示。其中图 5.38(b)显示结构 Mises 应力明显增大,特别是在摇摆荷载频率大于 1.5 Hz 之后,应力已经大于材料屈服强度,并且位移也呈明显增大的趋势,最大位移值达 115 mm,相比图 5.37,数值变大并且变化趋势也发生改变,即随着摇摆荷载频率的增大,结构响应相应地变大。除此之外,图 5.38(c)也显示了每排座椅处加速度 VDV 值随着摇摆频率的变大也在逐渐增大,并且在摇摆频率为 1.8 Hz 时,最大 VDV 值为 3.1 m/s$^{1.75}$,已经大于表 5.5 的限值 2.32 m/s$^{1.75}$,对应的 RMS 值 9.3 m/s^2 也已大于图 5.32 的设计曲线。由此可以说明,当人体考虑质量 – 弹簧 – 阻尼体系时,结构响应反

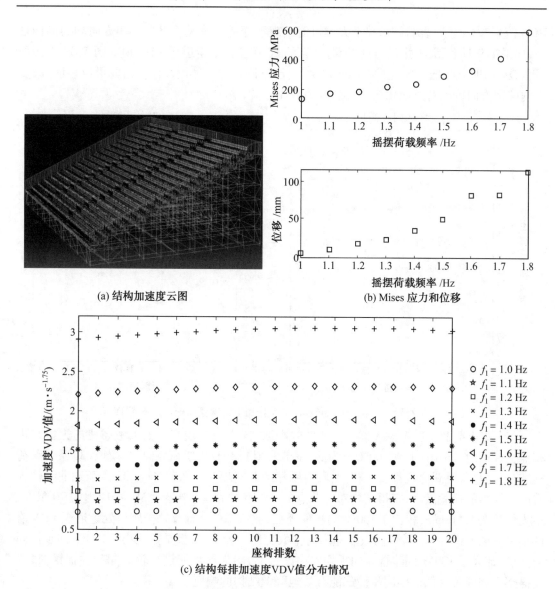

(a) 结构加速度云图

(b) Mises 应力和位移

(c) 结构每排加速度VDV值分布情况

图 5.38　人体模拟为质量 – 弹簧 – 阻尼体系后结构响应

而增大,并且会导致结构不满足安全和舒适度的要求。

(2) 以上计算是假定所有人进行同步性 100% 的摇摆运动,是一种极端情况。实际情况下,看台上的人群会有一部分人群运动,而另一部分人群相对静止,特别是对于专业啦啦队,一般安排在看台中部区域,为此本节以看台中部区域 5 排(第 8 排至第 12 排)共计 235 人进行 100% 同步性摇摆运动,剩余 765 人静止状态为例作为分析模型。其中单自由度静态人群频率设定为 2.0 Hz、阻尼比为 0.3,人体质量为模型有效质量,则人体模型刚度为11 043 N/m,阻尼为 352 (N·s)/m。为了不失一般性,仅分析在摇摆频率为 1.8 Hz 荷载作用下结构响应变化情况。其中最大 Mises 应力为 143 MPa,已经低于材料屈服强度,而对应的节点位移为 28 mm,远低于 1 000 人摇摆模型的 115 mm。整理每排座椅走道板处加速度VDV 值,如图 5.39 左图所示,走道板加速度 VDV 值随座椅排数先增大后减小,其中在人群摇摆区域最大为 1.54 m/s$^{1.75}$,该值也仍在表 5.5 不可接受的限定值范围内,而对应的最大

RMS 值为2.4 m/s²,表明该情况下人群可能出现不舒适的情况。以上摇摆方向均为同向摇摆,如果第9排和第11排反方向摇摆,计算的20排座椅处走道板 VDV 值如图5.39右图所示,VDV 值明显降低,最大值为 0.69 m/s^1.75,已经满足舒适度设计值。由此可以表明,改变人群摇摆方向可以有效地降低结构的振动响应。

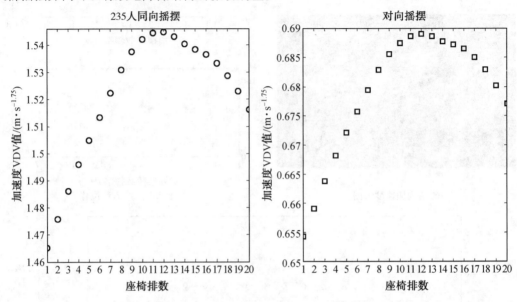

图 5.39　235 名人体 100% 同步性摇摆作用下结构座椅处加速度 VDV 值

(3) 以上荷载工况考虑人群为专业性啦啦队,同步性会较高。如果考虑普通人群在进行摇摆荷载时,同步性并非100%。为此,本节模拟1.8 Hz摇摆荷载曲线,模拟235条跳跃荷载,获得的每条跳跃曲线都各不相同,具有明显的非同步性。之后将这235条荷载曲线作为有限元模型的荷载激励,获得结构对应节点的应力和位移,其中最大 Mises 应力为 70 MPa,最大位移为13.6 mm,相比于100% 同步性摇摆,数值降低。计算每排座椅处走道板 VDV 值的结果如图5.40所示,虽然离散点随座椅排数变化趋势不变,但是数值小于100% 同步性同向摇摆,却大于100% 同步性相向摇摆。由此表明,当人群可能进行较高同步性摇摆时,改变摇摆方向或者降低摇摆同步性都能有效地降低结构的响应。

(4) 频域分析。对比以上 4 种模型进行结构的频率。当不考虑人体为单自由度系统时,结构前6阶侧向频率为表5.7的结果,当考虑人体为单自由度体系时,得出结构侧向频率主要为前 3 阶,并且对应的固有频率见表5.8。当人体考虑为质量－阻尼－弹簧系统后,结构上人后频率降低,从第二阶的 1.94 Hz 降至 1.85 Hz(1 000 人摇摆) 和 1.79 Hz(235 人摇摆和 765 人相对静止),而第三阶频率从 2.90 Hz 降至 1.94 Hz(1 000 人摇摆) 和 1.88 Hz(235 人摇摆和 765 人相对静止)。 频率变化表明上人后结构频率降低。除此之外,分析结构最后5 s衰减过程结构所体现的频率。以摇摆荷载频率1.8 Hz作用下的模型为例,其中图5.41(a) 为结构立杆同一节点的加速度时程曲线,图5.41(b) 为后 5 s 衰减曲线对应的频域结果。其中时程曲线变化形式与实测结构曲线形式相似,曲线峰值表明,当人群看作空间多点质量－阻尼－弹簧系统时,相比于人体仅为荷载时结构响应明显增大,而235人同向摇摆产生的结构响应大于235 人相向摇摆,235 人随机摇摆产生的结构响应出现明显的衰减现象,最大瞬时峰值仍然大于235 人100% 同步但相向摇摆的结果。分析结构体现的频率,当

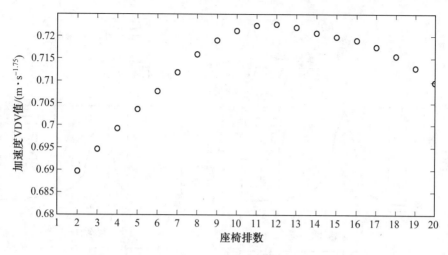

图 5.40　235 名人体摇摆作用下结构座椅处加速度 VDV 值

人体仅看作荷载时,结构出现的第一阶主频为 1.57 Hz,出现了第二阶主频为 4.7 Hz,而将人体考虑为质量 – 阻尼 – 弹簧系统时,结构仅体现一阶主频为 1.76 Hz。

表 5.8　结构侧向频率

阶数	仅考虑荷载	1 000 人摇摆单自由度	235 人摇摆单自由度和静止人群单自由度
1	1.62 Hz	1.62 Hz	1.62 Hz
2	1.94 Hz	1.85 Hz	1.79 Hz
3	2.90 Hz	1.94 Hz	1.88 Hz

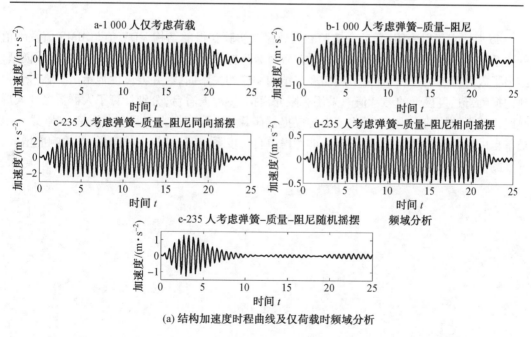

(a) 结构加速度时程曲线及仅荷载时频域分析

图 5.41　人体仅考虑荷载及考虑质量 – 弹簧阻尼系统时结构时程及频域分析

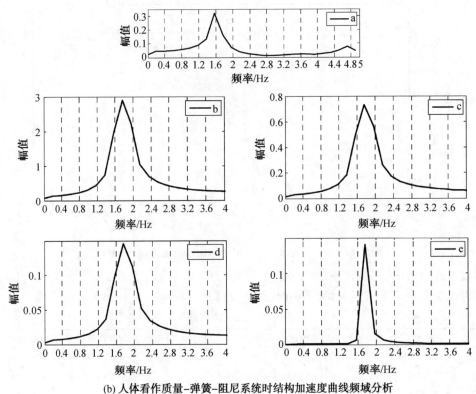

(b) 人体看作质量–弹簧–阻尼系统时结构加速度曲线频域分析

续图 5.41

以上研究可以表明:振动台实验和人致振动实验获得的结构 VDV 值与 RMS 值及峰值的关系并非满足已有的计算公式,而是在双对数坐标系下满足线性关系。基于烦恼率模型,给出了人群振感调查表,研究了烦恼率与结构响应的关系曲线,并尝试性地给出了临时看台侧向振动舒适度设计的参考值。采用有限元模拟 1 000 人看台,分别计算了人群摇摆和人群跳跃作用下结构的响应,并对比了人群仅提供荷载和人群模拟为空间多点质量 – 弹簧 – 阻尼单自由度系统两种情况,发现当人群考虑单自由度系统时,结构主频降低,结构响应增大,并预测了结构振动舒适度。

参 考 文 献

［1］沙海昂. 马可波罗行纪［M］. 上海：中华书局，2004.

［2］王永华. 沙漠地区输电线路装配式基础及应用［J］. 电力建设，2010，31（11）：14-17.

［3］中华人民共和国住房和城乡建设部. 建筑地基基础设计规范：GB 50007—2011［S］. 北京：中国建筑工业出版社，2012.

［4］郭静，罗华，张涛. 机器视觉与应用［J］. 电子科技，2014，27：185-188.

［5］LINK H，CHANG M，CHEN T J F. Novel coordinate mapping algorithm for three-dimensional profile noncontact measurement［J］. Optical Engineering，2002，41（7）：1615-1620.

［6］PEIPE J. Optical 3d coordinate measurement using a range sensor and photogrammetry［J］. Critical Care Medicine，2003，31（9）：2332-2338.

［7］SCHMIDT T，TYSON J，GALANULIS K. Full-field dynamic displacement and strain measurement using advanced 3d image correlation photogrammetry：part 1［J］. Experimental Techniques，2004，5265（3）：47-50.

［8］FUKUDA Y，FENG M Q，SHINOZUKA M. Cost-effective vision-based system for monitoring dynamic response of civil engineering structures［J］. Structural Control and Health Monitoring，2010，17：918-936.

［9］BUSCA G，CIGADA A，MAZZOLENI P，et al. Vibration monitoring of multiple bridge points by means of a unique vision-based measuring system［J］. Experimental Mechanics，2014，54（2）：255-271.

［10］KOHUT P，HOLAK K，UHL T，et al. Monitoring of a civil structure's state based on noncontact measurements［J］. Structural Health Monitoring，2013，12（5-6）：411-429.

［11］KIM S W，JEON B G，KIM N S，et al. Vision-based monitoring system for evaluating cable tensile forces on a cable-stayed bridge［J］. Structural Health Monitoring，2013，12（5-6）：440-456.

［12］RIBEIRO D，CALÇADA R，FERREIRA J，et al. Non-contact measurement of the dynamic displacement of railway bridges using an advanced video-based system［J］. Engineering Structures，2014，75（75）：164-180.

［13］TIMOTHY SCHMIDT，TYSON J，GALANULIS K. Full-field dynamic displacement and strain measurement using pulsed and high-speed 3d image correlation photogrammetry［J］. Proceedings of the SPIE，2004（5265）：145-156.

［14］FENG M Q，ASCE F，FUKUDA Y，et al. Nontarget vision sensor for remote measurement of bridge dynamic response［J］. Journal of Bridge Engineering，2015，20（12）：1-12.

［15］FAIG W. Calibration of close-range photogrammetric system：mathematical formulation［J］. Photogrammetric Engineering and Remote Sensing，1975，41（12）：1479-1486.

［16］BROWN D C. Decentering distortion of lenses. photogrammetric eng［J］. Remote Sensing, 1966: 444-462.

［17］马颂德, 张正友. 计算机视觉 —— 计算理论与算法基础［M］. 北京: 科学出版社, 2003.

［18］LONGUETHIGGINS H C. A computer algorithm for reconstructing a scene from two projections［J］. Nature, 1981, 293(5828): 133-135.

［19］张俊凯. 一种快速的旋转模板匹配算法的设计与实现［D］. 哈尔滨: 哈尔滨工业大学, 2013.

［20］刘锦峰. 图像模板匹配快速算法研究［D］. 长沙: 中南大学, 2007.

［21］佟非. 基于 Labview 的运动目标跟踪系统［D］. 大连: 大连理工大学, 2007.

［22］ZHANG Z. A flexible new technique for camera calibration［J］. IEEE Transactions on Pattern Analysis & Machine Intelligence, 2000, 22(11): 1330-1334.

［23］DALLARD P, FITZPATRICK A, FLINT A, et al. The London millennium footbridge［J］. The Structural Engineer, 2001, 79(171): 17-33.

［24］KASPERSKI K. Actual problems with stand structures due to spectator-induced vibrations［J］. EURODYN96, 1996, 455-465.

［25］LITTER J D. Frequencies of synchronized human loading from jumping and stamping［J］. Journal of Structure Engineering, 2003, 18(22):27-35.

［26］MATSUMOTO Y, GRIFFIN M J. Mathematical model for the apparent masses of standing subjects exposed to vertical whole body vibration［J］. Journal of Sound and Vibration, 2003, 260: 431-451.

［27］FARIRLEY T E, GRIFFIN M J. The apparent mass of the seated human body in the fore-and-aft and lateral directions［J］. Journal of Sound and Vibration, 1990, 139(2): 99-306.

［28］HOLMLUND P, LUNDSTROM R. Mechanical impedance of the human body in the horizontal direction［J］. Journal of Sound and Vibration, 1998, 215(4): 801-812.

［29］MANSFILED N J, LUNDSTROM R. The apparent mass of the human body exposed to non-orthogonal horizontal vibration［J］. Journal of Biomechanicas, 1999, 32: 1269-1278.

［30］MAFSUMOTO Y, GRIFFIN M J. The horizontal apparent mass of the standing human body［J］. Journal of Sound and Vibration, 2011, 330:3284-3297.

［31］JAMSHID MOHAMMADI, ASCE M, AMIR ZAMANI HEYDARI. Seismic and wind load considerations for temporary structures［J］. ASCE, 2008(13): 128-134.

［32］GORLIN W B. Wind-load concerns for temporary structures［J］. Entertainment Engineering, 2009(9): 101-104.

［33］武岳, 孙晓颖, 李强. 感知结构概念［M］. 北京: 高等教育出版社, 2009.

［34］黄强. 插销式钢管脚手架节点性能研究［D］. 重庆: 重庆大学, 2006.

［35］刘伟. 装配式临时架体的抗侧刚度及承载力分析［D］. 北京: 北京交通大学, 2009.

［36］秦敬伟, 杨庆山, 刘伟, 等. 装配式临时看台支承结构节点刚度研究［J］. 建筑结构,

2011, 41(6): 51-54.

[37] WILLIAM B GORLIN. Temporary structures need wind-load standards[J]. Structural Design, 2009.

[38] 沈斐敏, 陈伯辉, 黎凡. 大型户外演出舞台设计中的若干安全问题[J]. 福建工程学院学报, 2004, 2(1): 4-7.

[39] 严慧. 悬索结构的形式和设计选型[J]. 钢结构, 1994, 9(23): 32-42.

[40] 李清. 悬索结构的建构及艺术呈现研究[D]. 大庆: 东北石油大学, 2013.

[41] 建筑设计资料集编委会. 建筑设计资料集[M]. 北京: 中国建筑工业出版社, 1994.

[42] 易理告. 基于嵌入式系统的24通道舞台电脑灯控制系统的设计[D]. 广州: 广东工业大学, 2007.

[43] 蒋沧如, 章东强, 袁建. 大跨度方钢管空间桁架结构的稳定性分析[J]. 空间结构, 2009, 15(4): 56-59.

[44] 汪志香, 李惠强, 杜婷. 大跨钢管拱桁架结构计算简化模型的分析[J]. 基建优化, 2005, 26(6): 117-119.

[45] 吴连杰. 钢管桁架结构的整体稳定性能及设计方法研究[D]. 北京: 北京交通大学, 2007.

[46] 黄江. 大跨度管桁架承载力及稳定性分析[D]. 合肥: 合肥工业大学, 2012.

[47] 刘玉姝, 李国强, 张耀春. 一种新型格构式刚架平面外稳定影响参数分析[J]. 空间钢结构, 2002, 17(59): 5-8.

[48] 朱兆华, 黄菊花, 张庭芳, 等. ABAQUS前、后处理模块二次开发的应用[J]. 设计与研究, 2009, 1: 30-38.

[49] 胡安庆. 基于ABAQUS的配气机构有限元分析及其二次开发应用研究[D]. 杭州: 浙江大学, 2012.

[50] 曹金凤, 王旭春, 孔亮. Python语言在ABAQUS中的应用[M]. 北京: 机械工业出版社, 2012.

[51] 王田修, 甘忠, 张国志, 等. ABAQUS前处理二次开发在机构模拟中的应用[J]. 计算机仿真, 2008, 25(7): 54-76.

[52] 曹延波. 基于几何非线性有限元的膜结构找形分析[D]. 郑州: 郑州大学, 2007.

[53] 周焕廷, 郑大果, 朱保兵. 悬索结构计算中的索单元类型及其比较[J]. 结构工程师, 2006, 22(1): 43-45.

[54] 杨庆山, 姜忆南. 张拉索-膜结构分析与设计[M]. 北京: 科学出版社, 2004.

[55] 向阳, 李君, 沈世钊. 薄膜结构的初始形态设计分析[J]. 空间结构, 1999, 5(3): 19-27.

[56] 沈世钊, 徐崇宝, 赵臣, 等. 悬索结构设计[M]. 北京: 中国建筑工业出版社, 2006.

[57] 周强, 杨文兵, 杨新华. 斜拉桥索力调整在ANSYS中的实现[J]. 华中科技大学学报(城市科学版), 2005(S1): 81-83.

[58] 李琴琴. 大型索网结构网面形状优化设计[D]. 西安: 西安电子科技大学, 2008.

[59] 熊伟. 大跨度张弦桁架形态优化及竖向抗震设计方法研究[D]. 西安: 西安建筑科技大学, 2005.

［60］余凯. 新型张拉空间结构受力性能研究与优化［D］. 西安：西安理工大学，2007.

［61］余志祥. 索网结构非线性全过程分析与研究［D］. 四川：西南交通大学，2000.

［62］刘土光，张涛. 弹塑性力学基础理论［M］. 武汉：华中科技大学出版社，2008.

［63］蔡士杰，徐福培，高晓. 计算机读图与数字建筑［J］. 系统仿真学报，2002，14（12）：1652-1654.

［64］颜巍，罗志伟，蔡士杰. 建筑楼板结构平面图的自动识别方法［J］. 计算机辅助设计与图形学学报，2004，16（8）：1097-1105.

［65］任爱珠，喻强，王洪深. 基于图形识别的剪力墙标注方法［J］. 计算机工程，2002，28（5）：115-117.

［66］LANGRANA N A, CHEN Y A, DAS A K. Feature identification from vectorized mechanical drawings［J］. Computer Vision and Image Understanding, 1997, 68（2）：127-145.

［67］DOSCH P, TOMBER K, AH-SOON C, et al. A complete system for the analysis of architectural drawings［J］. International Journal on Document Analysis and Recognition, 2000, 3（2）：102-116.

［68］FUKADA Y. A primary algorithm for the under-standing of logic circuit diagrams［J］. Pattern Recognition, 1984, 17（1）：125-134.

［69］郭丙炎，常明，朱林，等. 工程图形扫描输入后的智能识别方法［J］. 中国机械工程，1992，3（6）：5-7.

［70］谭建荣，彭群生. 基于图形约束的工程图扫描图像直线整体识别方法［J］. 计算机学报，1994，17（8）：561-569.

［71］李新友，唐泽圣. 清华图纸自动输入及管理系统［J］. 软件学报，1996，7（2）：90-99.

［72］罗锐. 建筑图形识别系统研究与开发及在冷热负荷计算中的应用［D］. 哈尔滨：哈尔滨工业大学，2008.

［73］唐世润. 钢筋混凝土框架结构设计的智能 CAD 系统［D］. 哈尔滨：哈尔滨工业大学，2006.

［74］任爱珠，喻强，王洪深. 基于图形识别的剪力墙标注方法［J］. 计算机工程，2002，28（5）：115-117.

［75］田景成，刘晓平，唐卫清，等. 钢结构中节点图的自动标注算法［J］. 计算机辅助设计与图形学学报，1999，11（3）：210-213.

［76］贾根莲，黄晓剑，唐卫清，等. 钢结构 CAD 系统自动布置设计研究［J］. 计算机应用，2000，20（增刊）：73-75.

［77］贾根莲，黄晓剑，唐卫清，等. 钢结构计算简图中荷载的自动分层标注［J］. 计算机辅助设计与图形学学报，2001，13（4）：294-298.

［78］刘颖滨，田景成，唐卫清，等. 钢结构节点详图的自动标注算法［J］. 中国图象图形学报，2001，6（6）：582-585.

［79］王姝华，曹阳，杨若瑜，等. 基于规则的建筑结构图钢筋用量自动识别系统［J］. 软件学报，2002，13（4）：574-579.

［80］罗志伟，颜巍，蔡士杰. 截面表示法柱平面图的自动识别方法［J］. 计算机应用研究，

2004(8)：132-135.

[81] 颜巍，罗志伟，蔡士杰. 建筑楼板结构平面图的自动识别方法[J]. 计算机辅助设计与图形学学报，2004(8)：1097-1105.

[82] 贾哲明，付永刚，戴国忠. 建筑平面图理解中对墙体符号的识别方法[J]. 计算机工程与应用，2004，40(10)：201-204.

[83] LAI C P, KASTURI R. Detection of dimension sets in engineering drawings[J]. IEEE Transaction on Pattern Analysis and Machine Intelligence, 1994, 16(8)：848-855.

[84] 芮明，路通，苏丰，等. 基于视觉的表格自动识别方法[J]. 计算机应用研究，2005，22(4)：256-257.

[85] 范帆，关佶红. 工程图纸字符串及标注信息提取[J]. 计算机工程与应用，2012，48(7)：161-164.

[86] 胡笳，杨若瑜，曹阳，等. 基于图形理解的建筑结构三维重建技术[J]. 软件学报，2002，13(9)：1873-1880.

[87] 路通，杨若瑜，杨华飞，等. 三维结构构件渐进式整合与重组方法[J]. 计算机辅助设计与图形学学报，2007，19(4)：491-495.

[88] 杨若瑜，蔡士杰. 三维数字建筑的自动生成和应用技术研究[J]. 智能系统学报，2008，3(1)：1-8.

[89] 杨晔，姜晓彤，况迎辉. 基于图形理解的室内建筑三维重建算法[J]. 信息与电子工程，2011，9(11)：105-108.

[90] 王景涛，罗洪伯，杨波. 钢管临时看台事故原因分析及现场检测建议[J]. 工程质量，2012，9(30)：22-24.

[91] 师瑜莹，郑希明，马杰. 2008 奥运会丰台垒球场结构设计[J]. 工程结构与设计，2013，1：52-55.

[92] 中华人民共和国住房和城乡建设部. 建筑结构荷载规范：GB 50009—2012 [S]. 北京：中国建筑工业出版社，2012.

[93] 中华人民共和国住房和城乡建设部. 建筑施工碗扣式钢管脚手架安全技术规范：JGJ 166—2008 [S]. 北京：中国建筑工业出版社，2008.

[94] 中华人民共和国住房和城乡建设部. 建筑施工扣件式钢管脚手架安全技术规范：JGJ 130—2011 [S]. 北京：中国建筑工业出版社，2011.

[95] 王栎. 空间立体桁架结构体系的抗风特性研究[D]. 西安：西安建筑科技大学，2004.

[96] 向言刚. 关于脚手架风荷载体型系数中挡风系数的计算[J]. 建筑安全，2008(1)：44-45.

[97] 丁洁民，方江生，王田友. 复杂体型大跨屋盖结构的抗风研究[J]. 建筑结构，2006，30(增刊)：64-69.

[98] 孙瑛. 大跨屋盖结构风荷载特性研究[D]. 哈尔滨：哈尔滨工业大学，2007.

[99] 康继武，聂国隽，钱若军. 大跨结构抗风研究现状及展望[J]. 空间结构，2009，15(1)：41-48.

[100] 朱川海，顾明. 大型体育场主看台挑蓬抗风研究现状及展望[J]. 空间结构，2005，11(2)：27-33.

[101] 李鸿基. 体育场大跨度悬挑屋盖结构的风荷载数值模拟[D]. 广西:广西大学, 2012.

[102] 张朝辉. 大跨度环形悬挑屋盖结构表面风荷载特性研究[D]. 重庆:重庆大学, 2011.

[103] 黄本才, 王国砚, 林颖儒. 上海虹口足球场大型悬挑刚屋盖抗风分析[J]. 噪声与振动控制, 1999, 6: 6-10.

[104] 郑远海. 输电塔平均风荷载数值模拟研究[J]. 山西建筑, 2008, 34(10): 75-76.

[105] 李春祥, 李锦华, 于志强. 输电塔线体系抗风设计理论与发展[J]. 振动与冲击, 2009, 28(10): 15-25.

[106] 谢平华, 何敏娟. 钢管输电塔平均风荷载数值模拟[J]. 结构工程师, 2009, 25(2): 104-107.

[107] 宋芳芳, 欧进萍. 城市巨型广告牌台风损伤成因与动力分析[C]. 第十四届全国结构风工程学术会议论文集, 2009: 829-834.

[108] 阳芳, 张海, 周芝兰. 独立柱双面广告牌风荷载计算研究[J]. 特种结构, 2011, 28(1): 50-53.

[109] 邓毅. 多功能组装式看台技术及设计要点[J]. 演艺科技, 2011(4): 33-37.

[110] 黄本才, 汪从军. 结构抗风分析原理及应用[M]. 2 版. 上海:同济大学出版社, 2008.

[111] ELLIS B R, LITTLER J D. Response of cantilever grandstands to crowd loads. Part 1: serviceability evaluation[J]. Structures and Buildings, 2004, 157(4): 235-241.

[112] GRIFFIN M J. Handbook of human vibration[M]. London: Academic Press, 1990.

[113] NHLEKO S. Human induced lateral excitation of public assembly structures[D]. Oxford: University of Oxford, 2011.

名 词 索 引